超人气PPT模版设计素材展示

毕业答辩类模板

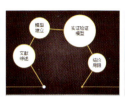   

教育培训类模板

    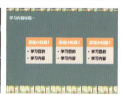

商务类模板

 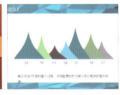   
    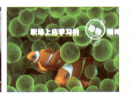

生活类模板

龙马高新教育

◎ 编著

新手学电脑

(Windows 10 + Office 2016版)

从入门到精通

北京大学出版社
PEKING UNIVERSITY PRESS

图书在版编目（CIP）数据

新手学电脑从入门到精通：Windows 10+Office2016 版 / 龙马高新教育编著. —北京：北京大学出版社，2016.7
　ISBN 978-7-301-27125-4

　Ⅰ.①新… Ⅱ.①龙… Ⅲ.① Windows 操作系统②办公自动化－应用软件 Ⅳ.① TP316.7 ② TP317.1

中国版本图书馆 CIP 数据核字 (2016) 第 101144 号

内容提要

本书通过精选案例引导读者深入学习，系统地介绍电脑的相关知识和应用方法。

全书分为 4 篇，共 17 章。第 1 篇"新手入门篇"主要介绍全面认识电脑、轻松掌握 Windows 10 操作系统、个性化设置操作系统、输入法的认识和使用、管理电脑中的文件资源和软件的安装与管理等；第 2 篇"上网娱乐篇"主要介绍网络的连接与设置、开启网络之旅、网络的生活服务、多媒体和网络游戏及网络沟通与交流等；第 3 篇"高效办公篇"主要介绍使用 Word 2016、Excel 2016 和 PowerPoint 2016 等；第 4 篇"高手秘籍篇"主要介绍电脑的优化与维护、备份与还原等。

在本书附赠的 DVD 多媒体教学光盘中，包含了 16 小时与图书内容同步的教学录像及所有案例的配套素材和结果文件。此外，还赠送了大量相关学习内容的教学录像及扩展学习电子书等。为了满足读者在手机和平板电脑上学习的需要，光盘中还赠送龙马高新教育手机 APP 软件，读者安装后可观看手机版视频学习文件。

本书既适合电脑初级、中级用户学习，也可以作为各类院校相关专业学生和电脑培训班学员的教材或辅导用书。

书　　名	新手学电脑从入门到精通（Windows 10+Office 2016 版） XINSHOU XUE DIANNAO CONG RUMEN DAO JINGTONG
著作责任者	龙马高新教育 编著
责任编辑	尹毅
标准书号	ISBN 978-7-301-27125-4
出版发行	北京大学出版社
地　　址	北京市海淀区成府路 205 号　100871
网　　址	http://www.pup.cn　新浪微博：@ 北京大学出版社
电子信箱	pup7@pup.cn
电　　话	邮购部 62752015　发行部 62750672　编辑部 6258065
印 刷 者	北京大学印刷厂
经 销 者	新华书店
	787 毫米 ×1092 毫米　16 开本　28.5 印张　675 千字 2016 年 7 月第 1 版　2018 年 3 月第 5 次印刷
印　　数	11001–15000 册
定　　价	69.00 元

未经许可，不得以任何方式复制或抄袭本书之部分或全部内容。
版权所有，侵权必究
举报电话：010-62752024　电子信箱：fd@pup.pku.edu.cn
图书如有印装质量问题，请与出版部联系，电话：010-62756370

电脑很神秘吗?
不神秘!
学习电脑难吗?
不难!
阅读本书能掌握电脑的使用方法吗?
能!

为什么要阅读本书

如今,电脑已成为人们日常工作、学习和生活中必不可少的工具之一,不仅大大地提高了工作效率,而且为人们生活带来了极大的便利。本书从实用的角度出发,结合实际应用案例,模拟真实的办公环境,介绍电脑的使用方法与技巧,旨在帮助读者全面、系统地掌握电脑的应用。

本书内容导读

本书分为 4 篇,共 17 章,内容如下。

第 0 章　共 5 段教学录像,主要介绍新手学电脑的最佳学习方法,读者可以在正式阅读本书之前对学电脑有一个初步了解。

第 1 篇(第 1 ~ 6 章)为新手入门篇,共 42 段教学录像,主要介绍电脑的各种操作。通过对本篇内容的学习,读者可以全面认识电脑、掌握 Windows 10 操作系统、个性化设置操作系统、输入法的认识和使用、管理电脑中的文件资源及软件的安装与管理等操作。

第 2 篇(第 7 ~ 11 章)为上网娱乐篇,共 32 段教学录像,主要介绍上网娱乐。通过对本篇内容的学习,读者可以掌握网络的连接与设置、网络的生活服务、多媒体和网络游戏及网络沟通与交流等。

第 3 篇(第 12 ~ 14 章)为高效办公篇,共 29 段教学录像,主要介绍 Office 办公软件各种操作。通过对本篇内容的学习,读者可以掌握使用 Word 2016、Excel 2016 和 PowerPoint 2016 等软件。

第 4 篇(第 15 ~ 16 章)为高手秘籍篇,共 13 段教学录像,主要介绍电脑的优化

与维护以及备份与还原等。

选择本书的 N 个理由

❶ 简单易学，案例为主

以案例为主线，贯穿知识点，实操性强，与读者需求紧密吻合，模拟真实的工作学习环境，帮助读者解决在工作中遇到的问题。

❷ 高手支招，高效实用

每章最后提供有一定质量的实用技巧，满足读者的阅读需求，也能解决在工作学习中一些常见的问题。

❸ 举一反三，巩固提高

每章案例讲述完后，提供一个与本章知识点或类型相似的综合案例，帮助读者巩固和提高所学内容。

❹ 海量资源，实用至上

光盘中，赠送大量实用的模板、实用技巧及学习辅助资料等，便于读者结合光盘资料学习。另外，本书赠送《微信高手技巧随身查》手册，在强化读者学习的同时也可以在工作中提供便利。

超值光盘

❶ 16 小时名师视频指导

教学录像涵盖本书所有知识点，详细讲解每个实例及实战案例的操作过程和关键点。读者可更轻松地掌握电脑办公的方法和技巧，而且扩展性讲解部分可使读者获得更多的知识。

❷ 超多、超值资源大奉送

随书奉送 Office 2016 软件安装指导录像、通过互联网获取学习资源和解题方法、办公类手机 APP 索引、办公类网络资源索引、Office 十大实战应用技巧、电脑常见故障维护查询手册、电脑常用技巧查询手册（100 招）、200 个 Office 常用技巧汇总、1000 个 Office 常用模板、Windows 10 安装指导录像、《手机办公 10 招就够》手册、《QQ 高手技巧随身查》手册及《高效能人士效率倍增》手册等超值资源，以方便读者扩展学习。

❸ 手机 APP，让学习更有趣

光盘附赠了龙马高新教育手机 APP，用户可以直接安装到手机中，随时随地问同学、问专家，尽享海量资源。同时，我们也会不定期向你手机中推送学习中常见难点、使用技巧、行业应用等精彩内容，让你的学习更加简单有效。扫描下方二维码，可以直接下载手机 APP。

光盘运行方法

1．将光盘印有文字的一面朝上放入光驱中，几秒钟后光盘会自动运行。

2．若光盘没有自动运行，可在【计算机】窗口中双击光盘盘符，或者双击"MyBook.exe"光盘图标，光盘就会运行。播放片头动画后便可进入光盘的主界面，如下图所示。

3．单击【视频同步】按钮，可进入多媒体教学录像界面。在左侧的章节按钮上单击鼠标左键，在弹出的快捷菜单上单击要播放的小节，即可开始播放相应小节的教学录像。

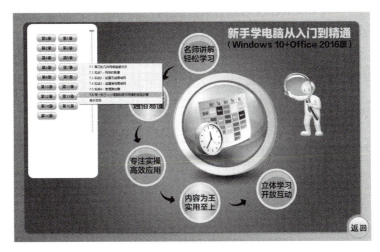

4．另外，主界面上还包括 APP 软件安装包、素材文件、结果文件、赠送资源、使用说明和支持网站 6 个功能按钮，单击可打开相应的文件或文件夹。

5．单击【退出】按钮，即可退出光盘系统。

本书读者对象

1．没有任何电脑应用基础的初学者。
2．有一定应用基础，想精通电脑应用的人员。
3．有一定应用基础，没有实战经验的人员。
4．大专院校及培训学校的教师和学生。

后续服务：QQ 群（218192911）答疑

本书为了更好地服务读者，专门设置了 QQ 群为读者答疑解惑，读者在阅读和学习本书过程中可以把遇到的疑难问题整理出来，在"办公之家"群里探讨学习。另外，群文件中还会不定期上传一些办公小技巧，帮助读者更方便、快捷地操作办公软件。"办公之家"的群号是 218192911，读者也可直接扫描二维码加入本群，如下图所示。欢迎加入"办公之家"！

创作者说

本书由龙马高新教育策划，左琨任主编，李震、赵源源任副主编，为您精心呈现。您读完本书后，会惊奇地发现"我已经是电脑办公达人了"，这也是让编者最欣慰的结果。

本书编写过程中，我们竭尽所能地为您呈现最好、最全的实用功能，但仍难免有疏漏和不妥之处，敬请广大读者不吝指正。若您在学习过程中产生疑问，或有任何建议，可以通过 E-mail 与我们联系。

我们的电子邮箱是：pup7@pup.cn。

目 录

第 0 章　新手学电脑最佳学习方法

本章 5 段教学录像

0.1　电脑在日常工作和生活中可以干什么 2
0.2　新手如何学电脑 2
0.3　快人一步：不得不记的电脑快捷键 3
0.4　如何解决电脑学习中的疑难杂症 4
0.5　如何阅读本书 4

第 1 篇　新手入门篇

第 1 章　从零开始——全面认识电脑

本章 8 段教学录像

电脑办公是目前最常用的办公方式，使用电脑可以轻松步入无纸化办公时代，节约能源提高效率。

1.1　什么是电脑与智能终端 7
    1.1.1　台式电脑 7
    1.1.2　笔记本电脑 7
    1.1.3　一体机电脑 8
    1.1.4　平板电脑 8
    1.1.5　智能手机 9
    1.1.6　智能可穿戴设备 9
1.2　电脑常见配件及说明 10
    1.2.1　内存 10
    1.2.2　机械硬盘和固态硬盘 10
    1.2.3　显卡和声卡 11
    1.2.4　显示器 12
1.3　电脑的软件组成 13
    1.3.1　操作系统 13
    1.3.2　应用软件 16
    1.3.3　驱动程序 16
1.4　实战 1：连接电脑的各个设备 19
    1.4.1　连接显示器 19
    1.4.2　连接键盘和鼠标 20
    1.4.3　连接网络 20
    1.4.4　连接音箱 20
    1.4.5　连接主机电源 20
1.5　实战 2：正确使用鼠标 21
    1.5.1　认识鼠标的指针 21
    1.5.2　鼠标的握法 21
    1.5.3　鼠标的基本操作 22
1.6　实战 3：正确使用键盘 23
    1.6.1　键盘的布局 23
    1.6.2　指法和击键 25
    1.6.3　提高打字速度 26
1.7　实例 4：正确启动和关闭电脑 27
    1.7.1　启动电脑 27
    1.7.2　关闭电脑 28
    1.7.3　重启电脑 29
    1.7.4　电脑的睡眠和唤醒 29

高手支招

- 创建关机的快捷方式 ········· 30
- 解决双击变单击的问题 ········· 31
- 解决左手使用鼠标的问题 ········· 31

第 2 章 快速入门——轻松掌握 Windows 10 操作系统

本章 6 段教学录像

Windows 10 是美国微软公司所研发的新一代跨平台及设备应用的操作系统，在正式版本发布一年内，所有符合条件的 Windows 7、Windows 8 的用户都将可以免费升级到 Windows 10。

- 2.1 认识 Windows 10 桌面 ········· 34
  - 2.1.1 桌面图标 ········· 34
  - 2.1.2 桌面背景 ········· 34
  - 2.1.3 任务栏 ········· 35
  - 2.1.4 Task View ········· 35
- 2.2 实战 1：桌面的基本操作 ········· 35
  - 2.2.1 添加常用的系统图标 ········· 35
  - 2.2.2 添加桌面快捷图标 ········· 36
  - 2.2.3 设置图标的大小及排列 ········· 37
  - 4.3.4 更改桌面图标 ········· 38
  - 2.2.5 删除桌面图标 ········· 39
  - 2.2.6 将图标固定到任务栏 ········· 39
- 2.3 实战 2：窗口的基本操作 ········· 40
  - 2.3.1 窗口的组成 ········· 40
  - 2.3.2 打开和关闭窗口 ········· 40
  - 2.3.3 移动窗口 ········· 42
  - 2.3.4 调整窗口的大小 ········· 42
  - 2.3.5 切换当前活动窗口 ········· 43
  - 2.3.6 使用分屏功能 ········· 44
- 2.4 实战 3："开始"屏幕的基本操作 ········· 45
  - 2.4.1 认识"开始"屏幕 ········· 45
  - 2.4.2 将应用程序固定到"开始"屏幕 ········· 46
  - 2.4.3 打开与关闭动态磁贴 ········· 47
  - 2.4.4 管理"开始"屏幕的分类 ········· 47
- ● 举一反三——使用虚拟桌面（多桌面）········· 48

高手支招

- 添加"桌面"到工具栏 ········· 49
- 将"开始"菜单全屏幕显示 ········· 50
- 让桌面字体变得更大 ········· 50

第 3 章 个性定制——个性化设置操作系统

本章 5 段教学录像

作为新一代的操作系统，Windows 10 进行了重大的变革，不仅延续了 Windows 家族的传统，而且带来了更多新的体验。

- 3.1 实战 1：电脑的显示设置 ········· 52
  - 3.1.1 设置合适的屏幕分辨率 ········· 52
  - 3.1.2 设置通知区域显示的图标 ········· 53
  - 3.1.3 启动或关闭系统图标 ········· 53
  - 3.1.4 设置显示的应用通知 ········· 54
- 3.2 实战 2：个性化设置 ········· 56
  - 3.2.1 设置桌面背景 ········· 56
  - 3.2.2 设置背景主题色 ········· 57
  - 3.2.3 设置锁屏界面 ········· 58
  - 3.2.4 设置屏幕保护程序 ········· 59
  - 3.2.5 设置电脑主题 ········· 60
- 3.3 实战 3：Microsoft 账户的设置与应用 ········· 61
  - 3.3.1 认识 Microsoft 账户 ········· 61
  - 3.3.2 注册和登录 Microsoft 账户 ········· 62
  - 3.3.3 本地账户和 Microsoft 账户的切换 ········· 64
  - 3.3.4 设置账户头像 ········· 65
  - 3.3.5 设置账户登录密码 ········· 66

目录

3.3.6 设置 PIN 密码 67
3.3.7 使用图片密码 69
3.3.8 使用 Microsoft 账户同步电脑设置 70
● 举一反三——添加家庭成员和其他用户 71

高手支招
◇ 解决遗忘 Windows 登录密码的问题 74
◇ 无须输入密码自动登录操作系统 75

第 4 章 电脑打字——输入法的认识和使用

本章 7 段教学录像

学会输入汉字和英文是使用电脑的第一步，对于输入英文字符，只要按着键盘上输入就可以了，而汉字不能像英文字母那样直接用键盘输入计算机中，需要使用英文字母和数字对汉字进行编码，然后通过输入编码得到所需汉字，这就是汉字输入法。

4.1 电脑打字基础知识 78
    4.1.1 认识语言栏 78
    4.1.2 常见的输入法 78
    4.1.3 常在哪打字 81
    4.1.4 半角和全角 82
    4.1.5 中文标点和英文标点 82
4.2 实战 1：输入法的管理 82
    4.2.1 添加和删除输入法 82
    4.2.2 安装其他输入法 84
    4.2.3 切换当前输入法 85
    4.2.4 设置默认输入法 86
4.3 实战 2：使用拼音输入法 87
    4.3.1 全拼输入 87
    4.3.2 简拼输入 87
    4.3.3 双拼输入 88
    4.3.4 中英文输入 89
    4.3.5 模糊音输入 90
    4.3.6 拆字辅助码 91

    4.3.7 生僻字的输入 91
4.4 实战 3：使用五笔输入法 93
    4.4.1 五笔字型输入的基本原理 93
    4.4.2 五笔字型字根的键盘图 93
    4.4.3 快速记忆字根 94
    4.4.4 汉字的拆分技巧与实例 97
    4.4.5 输入单个汉字 99
    4.4.6 万能【Z】键的妙用 102
    4.4.7 使用简码输入汉字 103
    4.4.8 词组的打法和技巧 105
4.5 实战 4：使用金山打字通练习打字 108
    4.5.1 安装金山打字通软件 108
    4.5.2 字母键位练习 110
    4.5.3 数字和符号输入练习 111
● 举一反三——使用写字板写一份通知 111

高手支招
◇ 添加自定义短语 114
◇ 快速输入表情及其他特殊符号 115
◇ 使用手写输入法快速输入英文、数字及标点 116

第 5 章 文件管理——管理电脑中的文件资源

本章 7 段教学录像

电脑中的文件资源是 Windows 10 操作系统资源的重要组成部分，只有管理好电脑中的文件资源，才能很好地运用操作系统完成工作和学习。

5.1 认识文件和文件夹 118
    5.1.1 文件 118
    5.1.2 文件夹 118
    5.1.3 文件和文件夹存放位置 118
    5.1.4 文件和文件夹的路径 119
5.2 实战 1：快速访问【文件资源管理器】........ 120
    5.2.1 常用文件夹 120

5.2.2 最近使用的文件	121
5.2.3 将文件夹固定在"快速访问"	121
5.2.4 从"快速访问"列表打开文件/文件夹	121

5.3 实战2：文件和文件夹的基本操作 ... 122
- 5.3.1 查看文件/文件夹（视图） ... 122
- 5.3.2 创建文件/文件夹 ... 124
- 5.3.3 重命名文件/文件夹 ... 126
- 5.3.4 打开和关闭文件/文件夹 ... 128
- 5.3.5 复制和移动文件/文件夹 ... 129
- 5.3.6 删除文件/文件夹 ... 130

5.4 实战3：搜索文件和文件夹 ... 131
- 5.4.1 简单搜索 ... 131
- 5.4.2 高级搜索 ... 132

5.5 实战4：文件和文件夹的高级操作 ... 133
- 5.5.1 隐藏文件/文件夹 ... 133
- 5.5.2 显示文件/文件夹 ... 135
- 5.5.3 压缩文件/文件夹 ... 136
- 5.5.4 解压文件/文件夹 ... 137
- 5.5.5 加密文件/文件夹 ... 137
- 5.5.6 解密文件/文件夹 ... 138

● 举一反三——规划电脑的工作盘 ... 140

高手支招
◇ 复制文件的路径 ... 143
◇ 显示文件的扩展名 ... 144
◇ 文件复制冲突的解决方式 ... 144

第6章 程序管理——软件的安装与管理

本章9段教学录像

在安装完操作系统后，用户首先要考虑的就是安装软件，通过安装各种需要的软件，可以大大提高电脑的性能。

6.1 认识常用的软件 ... 146
- 6.1.1 浏览器软件 ... 146
- 6.1.2 聊天社交软件 ... 146
- 6.1.3 影音娱乐软件 ... 147
- 6.1.4 办公应用软件 ... 148
- 6.1.5 图像处理软件 ... 149

6.2 实战1：获取安装软件包 ... 149
- 6.2.1 官网下载 ... 149
- 6.2.2 应用商店 ... 150
- 6.2.3 软件管家 ... 152

6.3 实战2：安装软件 ... 153
- 6.3.1 注意事项 ... 153
- 6.3.2 开始安装 ... 153

6.4 实战3：查找安装的软件 ... 154
- 6.4.1 查看所有程序列表 ... 154
- 6.4.2 按程序首字母查找软件 ... 155
- 6.4.3 按数字查找软件 ... 156

6.5 实战4：应用商店的应用 ... 156
- 6.5.1 搜索应用程序 ... 156
- 6.5.2 安装免费应用 ... 157
- 6.5.3 购买收费应用 ... 158
- 6.5.4 打开应用 ... 158

6.6 实战5：更新和升级软件 ... 159
- 6.6.1 QQ软件的更新 ... 159
- 6.6.2 病毒库的升级 ... 160

6.7 实战6：卸载软件 ... 162
- 6.7.1 在"所有应用"列表中卸载软件 ... 162
- 6.7.2 在"开始"屏幕中卸载应用 ... 162
- 6.7.3 在【程序和功能】中卸载软件 ... 163

● 举一反三——设置默认的应用 ... 164

高手支招
◇ 为电脑安装更多字体 ... 167
◇ 使用电脑为手机安装软件 ... 167

目录 CONTENTS

第 2 篇　上网娱乐篇

第 7 章　电脑上网——网络的连接与设置

📽 本章 7 段教学录像

互联网已经开始影响人们的生活和工作的方式，通过上网可以和万里之外的人交流信息。目前，上网的方式有很多种，主要的联网方式包括电话拨号上网、ADSL 宽带上网、小区宽带上网、无线上网和多台电脑共享上网等方式。

- 7.1 常见的几种网络连接方式 171
  - 7.1.1 家庭宽带上网（ADSL） 171
  - 7.1.2 小区宽带上网 171
  - 7.1.3 3G/4G 无线上网 172
- 7.2 实战 1：网络的配置 172
  - 7.2.1 ADSL 宽带上网 172
  - 7.2.2 小区宽带上网 174
  - 7.2.3 4G 上网 176
- 7.3 实战 2：组建无线局域网 177
  - 7.3.1 无线路由器的选择 177
  - 7.3.2 使用电脑配置无线网 178
  - 7.3.3 使用手机配置无线网 179
  - 7.3.4 将电脑接入 Wi-Fi 180
  - 7.3.5 将手机接入 Wi-Fi 181
- 7.4 实战 3：组建有线局域网 181
  - 7.4.1 硬件准备 182
  - 7.4.2 配置路由器 182
  - 7.4.3 开始上网 184
- 7.5 实战 4：管理路由器 185
  - 7.5.1 修改和设置管理员密码 185
  - 7.5.2 修改 Wi-Fi 名称 185
  - 7.5.3 防蹭网设置：关闭无线广播 186
  - 7.5.4 控制上网设备的上网速度 186
- ● 举一反三——电脑和手机网络的相互共享 187

● 高手支招
- ◇ 防蹭网：MAC 地址的克隆 190
- ◇ 诊断和修复网络不通问题 191

第 8 章　走进网络——开启网络之旅

📽 本章 8 段教学录像

计算机网络技术近年来取得了飞速的发展，正改变着人们的学习和工作的方式。在网上查看信息、下载需要的资源和设置 IE 浏览器是用户网上冲浪经常做的操作。

- 8.1 认识常用的浏览器 194
  - 8.1.1 Microsoft Edge 浏览器 194
  - 8.1.2 Internet Explorer 11 浏览器 194
  - 8.1.3 360 安全浏览器 194
  - 8.1.4 搜狗高速浏览器 195
  - 8.1.5 谷歌 Chrome 浏览器 195
- 8.2 实战 1：Microsoft Edge 浏览器 195
  - 8.2.1 Microsoft Edge 基本操作 196
  - 8.2.2 使用阅读视图 197
  - 8.2.3 添加收藏 198
  - 8.2.4 做 Web 笔记 199
  - 8.2.5 隐私保护——InPrivate 浏览 201
  - 8.2.6 安全保护——启用 SmartScreen 筛选 201
- 8.3 实战 2：Internet Explorer 11 浏览器 202
  - 8.3.1 设置主页 202
  - 8.3.2 使用历史记录访问曾浏览过的网页 203
  - 8.3.3 添加跟踪保护列表 204
  - 8.3.4 重新打开上次浏览会话 205
- 8.4 实战 3：私人助理——Cortana（小娜） 206
  - 8.4.1 什么是 Cortana 206
  - 8.4.2 启用 Cortana 207
  - 8.4.3 唤醒 Cortana 208
  - 8.4.4 设置 Cortana 208
  - 8.4.5 使用 Cortana 209
  - 8.4.6 强大组合：Cortana 和 Microsoft Edge 210
- 8.5 实战 4：网络搜索 211

- 8.5.1 认识常用的搜索引擎 211
- 8.5.2 搜索信息 211

8.6 实战5：下载网络资源 213
- 8.6.1 使用IE下载文件 213
- 8.6.2 使用IE下载软件 215
- 8.6.3 下载音乐 216
- 8.6.4 下载电影 217
- ● 举一反三——使用迅雷下载工具 218

高手支招
- ◇ 将电脑收藏夹网址同步到手机 221
- ◇ 屏蔽网页广告弹窗 223

第9章 便利生活——网络的生活服务

本章5段教学录像

网络除了可以方便人们娱乐、资料的下载等，还可以帮助人们进行生活信息的查询，常见的有查询日历、查询天气、查询车票等。

9.1 实战1：生活信息查询 226
- 9.1.1 查看日历 226
- 9.1.2 查看天气 227
- 9.1.3 查看地图 227
- 9.1.4 查询车票 228
- 9.1.5 查询招聘信息 229
- 9.1.6 查询租房信息 231

9.2 实战2：网上炒股与理财 231
- 9.2.1 网上炒股 232
- 9.2.2 网上理财 234

9.3 实战3：网上购物 237
- 9.3.1 在淘宝购物 237
- 9.3.2 在京东购物 240
- 9.3.3 在线购买火车票 241
- 9.3.4 在线订购电影票 243

- ● 举一反三——出行攻略——手机电脑协同，制定旅游行程 244

高手支招
- ◇ 如何网上申请信用卡 248
- ◇ 使用比价工具寻找最便宜的卖家 249

第10章 影音娱乐——多媒体和网络游戏

本章6段教学录像

网络将人们带进了一个更为广阔的影音娱乐世界，丰富的网上资源给网络增加了无穷的魅力，无论是谁，都会在网络中找到自己喜欢的音乐、电影和网络游戏，并能充分体验高清的音频与视频带来的听觉、视觉上的享受。

10.1 实战1：听音乐 252
- 10.1.1 使用Groove播放音乐 252
- 10.1.2 在线听音乐 253

10.2 实战2：看电影 256
- 10.2.1 使用"电影和电视"播放电影 257
- 10.2.2 在线看电影 257

10.3 实战3：玩游戏 258
- 10.3.1 Windows系统自带的扑克游戏 258
- 10.3.2 在线玩游戏 260

10.4 实战4：图片的查看与编辑 262
- 10.4.1 查看图片 262
- 10.4.2 图片的常用编辑操作 263
- 10.4.3 使用美图秀秀美化照片 265
- 10.4.4 使用Photoshop处理照片 267

- ● 举一反三——将喜欢的音乐/电影传输到手机中 268

高手支招
- ◇ 将歌曲剪辑成手机铃声 271
- ◇ 电影格式的转换 272

目录 CONTENTS

第 11 章 通信社交——网络沟通和交流

📽 本章 6 段教学录像

随着网络技术的发展，目前网络通信社交工具有很多，常用的包括 QQ、微博、微信、电子邮件等通信工具等。

- 11.1 实战 1：聊 QQ 276
  - 11.1.1 申请 QQ 276
  - 11.1.2 登录 QQ 277
  - 11.1.3 添加 QQ 好友 277
  - 11.1.4 与好友聊天 279
  - 11.1.5 语音和视频聊天 280
- 11.2 实战 2：刷微博 281
  - 11.2.1 添加关注 281
  - 11.2.2 转发评论微博 282
  - 11.2.3 发布微博 283
- 11.3 实战 3：玩微信 286
  - 11.3.1 使用电脑版微信 286
  - 11.3.2 使用网页版微信 288
  - 11.3.3 使用客户端微信 290
  - 11.3.4 微信视频聊天 291
  - 11.3.5 添加动画 292
  - 11.3.6 发送文件 294
- 11.4 实战 4：发邮件 294
  - 11.4.1 写邮件 294
  - 11.4.2 发邮件 295
  - 11.4.3 收邮件 297
  - 11.4.4 回复邮件 298
  - 11.4.5 转发邮件 298
- ◆ 举一反三——使用 QQ 群聊 299

🔔 高手支招

  ◇ 使用 QQ 导出手机相册 301
  ◇ 使用手机收发邮件 302

第 3 篇 高效办公篇

第 12 章 文档编排——使用 Word 2016

📽 本章 10 段教学录像

Word 是最常用的办公软件之一，也是目前使用最多的文字处理软件，使用 Word 2016 可以方便地完成各种文档的制作、编辑及排版等。

- 12.1 产品说明书 305
  - 12.1.1 案例概述 305
  - 12.1.2 设计思路 305
  - 12.1.3 涉及知识点 306
- 12.2 创建说明书文档 306
  - 12.2.1 新建文档 306
  - 12.2.2 页面设置 307
- 12.3 封面设计 309
  - 12.3.1 输入标题 309
  - 12.3.2 输入日期 309
- 12.4 格式化正文 310
  - 12.4.1 设置字体格式 310
  - 12.4.2 设置文字效果 311
  - 12.4.3 设置段落格式 311
- 12.5 图文混排 315
  - 12.5.1 插入图片 315
  - 12.5.2 插入表格 317
- 12.6 插入页眉和页脚 320
  - 12.6.1 添加页眉 320
  - 12.6.2 添加页脚 321
  - 12.6.3 插入页码 323
- 12.7 提取目录 324
  - 12.7.1 设置段落大纲级别 324
  - 12.7.2 插入目录 325

12.8 保存文档	327
● 举一反三——排版毕业论文	329

◆ 高手支招
- ◇ 给跨页的表格添加表头 332
- ◇ 删除页眉中的横线 332

第 13 章　表格制作——使用 Excel 2016

本章 9 段教学录像

Excel 2016 提供了创建工作簿、工作表、输入和编辑数据、计算表格数据、分析表格数据等基本操作，可以方便地记录和管理数据。

13.1 年度产品销售统计分析表	334
13.1.1 案例概述	334
13.1.2 设计思路	334
13.1.3 涉及知识点	335
13.2 创建工作簿和工作表	335
13.2.1 创建工作簿	335
13.2.2 创建工作表	337
13.3 输入标题	339
13.3.1 输入标题文本	339
13.3.2 合并单元格	340
13.4 输入数据内容	341
13.4.1 输入基本数据	341
13.4.2 数据的快速填充	342
13.4.3 编辑数据	343
13.5 计算表格数据	344
13.5.1 输入公式	344
13.5.2 输入函数	345
13.6 使用图表	347
13.6.1 插入图表	347
13.6.2 设置图表	348
13.6.3 创建数据透视表	351

13.7 分析表格数据	352
13.7.1 数据的筛选	352
13.7.2 数据的排序	353
● 举一反三——制作进销存管理 Excel 表	356

◆ 高手支招
- ◇ 【F4】键的妙用 357
- ◇ 筛选多个表格的重复值 358
- ◇ 巧妙制作斜线表头 359

第 14 章　演示文稿——使用 PowerPoint 2016

本章 10 段教学录像

PowerPoint 2016 主要用于幻灯片制作，可以用来创建和编辑用于幻灯片播放、会议和网页的演示文稿，也可以使会议或授课变得更加直观、丰富。

14.1 新年工作计划暨年终总结	362
14.1.1 案例概述	362
14.1.2 设计思路	362
14.1.3 涉及知识点	363
14.2 演示文稿的基本操作	363
14.2.1 新建演示文稿	363
14.2.2 保存演示文稿	364
14.2.3 打开与关闭演示文稿	365
14.3 PPT 母版的设计	366
14.3.1 母版的定义	366
14.3.2 认识母版视图	366
14.3.3 自定义母版	369
14.4 幻灯片的基本操作	370
14.4.1 认识幻灯片版式分类	370
14.4.2 新建幻灯片	371
14.4.3 移动幻灯片	372
14.4.4 删除幻灯片	373
14.5 文本的输入和格式化设置	373

目录 CONTENTS

　　14.5.1　在幻灯片首页输入标题 373
　　14.5.2　在文本框中输入内容 374
　　14.5.3　设置字体 375
　　14.5.4　设置对齐方式 378
　　14.5.5　设置文本的段落缩进 379
14.6　图文混排 380
　　14.6.1　插入图片 380
　　14.6.2　插入表格 382
　　14.6.3　插入图表 383
　　14.6.4　插入形状 385
　　14.6.5　插入 SmartArt 图形 388
14.7　添加动画和切换效果 391
　　14.7.1　添加幻灯片切换效果 391
　　14.7.2　添加动画 393
14.8　放映幻灯片 395
　　14.8.1　从头开始放映 395
　　14.8.2　从当前幻灯片开始放映 395
　　14.8.3　自定义多种放映方式 396
　　14.8.4　其他放映选项 396
◉ 举一反三——设置并放映房地产楼盘宣传活动策划案 398

高手支招
○ 巧用【Ctrl】和【Shift】键绘制图形 399
○ 使用取色器为 PPT 配色 400
○ 使用格式刷快速复制动画效果 400

第 4 篇　高手秘籍篇

第 15 章　安全优化——电脑的优化与维护

本章 6 段教学录像

　　随着计算机的不断使用，很多空间被浪费，用户需要及时优化系统和管理系统，包括电脑进程的管理和优化、电脑磁盘的管理与优化、清除系统垃圾文件、查杀病毒等。

15.1　电脑安全优化概述 403
15.2　实战 1：电脑系统与病毒查杀 404
　　15.2.1　使用 Windows 更新 404
　　15.2.2　修复系统漏洞 405
　　15.2.3　木马病毒查杀 406
　　15.2.4　使用 Windows Defender 408
　　15.2.5　启用防火墙 408
15.3　实战 2：硬盘优化 410
　　15.3.1　系统盘瘦身 410
　　15.3.2　整理磁盘碎片 411
　　15.3.3　查找电脑中的大文件 412
15.4　实战 3：系统优化 413
　　15.4.1　禁用开机启动项 413
　　15.4.2　清理系统垃圾 414
　　15.4.3　清理系统插件 414
◉ 举一反三——修改桌面文件的默认存储位置 415

高手支招
○ 管理鼠标的右键菜单 417
○ 启用和关闭快速启动功能 418

第 16 章　高手进阶——备份与还原

本章 7 段教学录像

　　如果系统遭受病毒与木马的攻击，系统文件丢失，或者不小心删除系统文件等，都有可能导致系统崩溃或无法进入操作系统，这时用户就不得不重装系统。但是，如果系统进行了备份，那么就可以直接将其还原，以节省时间。

16.1　实战 1：Windows 备份与还原 420
　　16.1.1　文件的备份与还原 420
　　16.1.2　系统映像备份与还原 424
16.2　实战 2：系统保护与系统还原 426
　　16.2.1　系统保护 426
　　16.2.2　系统还原 427
16.3　实战 3：使用一键 GHOST 备份与还原系统 429

16.3.1 一键备份系统 429	16.5.1 使用命令修复 Windows 10 434
16.3.2 一键还原系统 430	16.5.2 重置电脑系统 435
16.4 实战 4：手机的备份与还原 431	● **举一反三**——重装电脑系统 437
16.4.1 备份安装软件 431	
16.4.2 备份资料信息 433	 **高手支招**
16.4.3 还原备份内容 433	◇ 制作 U 盘系统启动盘 439
16.5 实战 5：修复系统 434	◇ 如何为电脑安装多系统 440

第 0 章
新手学电脑最佳学习方法

📖 本章导读

电脑已经深入人们的生活，是人们生活和工作的工具，掌握电脑的相关知识和技能，可以拓展工作空间，提高社会适应能力，提高工作效率，从而很好地为个人和单位服务。因此非常有必要学习和掌握它们。

🔖 思维导图

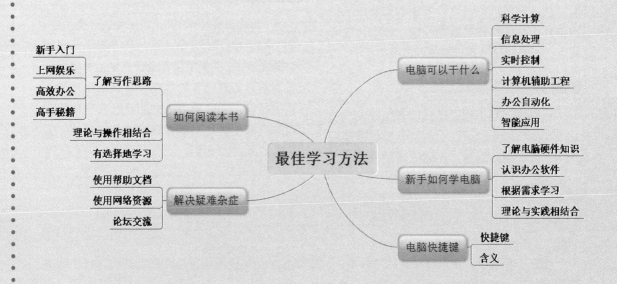

0.1 电脑在日常工作和生活中可以干什么

电脑在人们的日常工作、生活和学习中，已经成为必不可少的工具之一。作为人们的得力助手，电脑不但可以帮助用户处理日常的办公和学习事务，还可以上网看新闻、炒股、购物，在闲暇的时候还可以听听音乐、看看电影、玩玩游戏等。归纳起来，电脑的作用如下几个方面。

1. 科学计算

科学计算，即数值计算，是计算机应用的一个重要领域。计算机的发明和发展首先是为了完成科学研究和工程设计中大量复杂的数学计算，没有计算机，许多科学研究和工程设计，将是无法进行的。

2. 信息处理

信息是各类数据的总称。数据是用于表示信息的数字、字母、符号的有序组合，可以通过声、光、点、磁、纸张等各种物理介质进行传送和存储。信息处理一般泛指非数值方面的计算，如各类资料的管理、查询、统计等。

3. 实时控制

电脑在国防建设和工业生产都有着广泛的应用。例如，由雷达和导弹发射器组成的防空系统、地铁指挥控制系统、自动化生产线等，都需要在计算机控制下运行。

4. 计算机辅助工程

计算机辅助工程是近几年来迅速发展的一个计算机应用领域，它包括计算机辅助设计，计算机辅助制造，计算机辅助教学等多个方面。计算机辅助设计广泛应用于船舶设计、飞机设计、汽车设计、建筑设计、电子设计等，计算机辅助制造则是使用计算机进行生产设备的管理和生产过程的控制，CAI计算机辅助教学使教学手段达到一个新的水平，即利用计算机模拟一般教学设备难以表现的物理或工作过程，并通过交互操作极大地提高了教学效率。

5. 办公自动化

办公自动化OA（Office Automation）指用计算机帮助办公室人员处理日常工作。例如，用计算机进行文字处理、文档管理、资料、图像、声音处理和网络通信等。它既属于信息处理的范围，又是目前计算机应用的一个较独立的领域。

6. 智能应用

例如，语言翻译、模式识别等的一类工作，既不同于单纯的科学计算，又不同于一般的数据处理。它不但要求具备很高的运算速度，还要求具备对已有的数据进行逻辑推理和总结的功能，并能利用已有的经验和逻辑规则对当前事件进行逻辑推理和判断。对此，人们称其为人工智能。

0.2 新手如何学电脑

作为一名新手，在学习电脑的过程中，一定要有一个明确的学习思路和准则，这样才能提高学习效率，以最短的时间成为一名电脑高手。

首先，新手一定要先去了解电脑的一些硬件知识。不少初学者在学习电脑的过程中，总是先拿着一本操作指南的资料去练习系统的操作方法和技巧，这样的话，对电脑硬件一无所知，是不会深刻理解电脑中的操作的。例如，对内存和硬盘的概念不理解，就难以理解存盘与未存盘的区别。由于应用系统的操作有许多是针对硬件的，对硬件的掌握能推动应用软件的学习。

其次，对所学的软件要有清楚的认识。计算机软件分为系统软件和应用软件，应用软件是能直接为用户解决某一特定问题的软件，它必须以系统软件为基础。而系统软件则是对计算机进行管理、提供应用软件运行环境的软件。如 Windows、Linux、DOS 属于操作系统软件，它们的作用是实现对计算机硬件、软件的管理；Access、MySQL 等为数据库管理系统；Word、Excel、PowerPoint 为办公常用软件；Photoshop 则是图像处理软件等。学计算机操作其实就是计算机软件的操作，在每学一种新软件之前先明确它属于哪一类的软件，它能为我们做些什么。

再次，根据需求而学习。电脑中的操作和技巧是很多的，要想全部都掌握，那也是不现实的，所以建议读者根据自己实际需求而学习。学习目的明确了，就可以少走弯路，只要将必要的知识掌握好了，就能随轻松地使用电脑处理自己的业务。

最后，要学会理论与实践相结合。计算机的学习一定不能离开计算机，只看学习资料是远远不够的，要有计划地进行上机操作，反复练习不懂的知识，从而提高使用电脑的水平。

0.3 快人一步：不得不记的电脑快捷键

在学习使用电脑技能的过程中，如果要想提高工作效率，使用快捷键是一个非常有效的方法，电脑中常用的快捷键如下表所示。

快捷键	含义	快捷键	含义
F1	显示 Windows 的帮助内容	Windows+Tab	打开任务视窗
F2	重命名操作	Windows+ Ctrl + D	创建新的虚拟桌面
F3	打开【查找：所有文件】对话框	Windows + Ctrl + F4	关闭当前虚拟桌面
F5	刷新	Windows+Ctrl+ 左 / 右	切换虚拟桌面
F10	激活当前程序的菜单栏	Windows + R	打开运行对话框
Alt + Tab	切换窗口	Windows + Q	快速打开搜索
Windows 键或 Ctrl+Esc	打开【开始】菜单	Windows + I	快速打开 Windows 10 设置栏
Ctrl+Alt+Del	快速打开任务管理器	Windows+ ←	最大化窗口到左侧的屏幕上
Alt+F4	关机快捷键	Windows+Shift+ ←	将活动窗口移至左侧显示器
Windows+ P	演示设置	Windows+ 数字键	打开位于任务栏指定位置的程序
Windows+ Home	最小化所有窗口	Windows+B	光标移至通知区域
Windows+Break	显示【系统属性】对话框	Windows+E	打开此电脑
Windows+D	显示桌面	Windows+Ctrl+F	搜索计算机
Windows+G	循环切换侧边栏小工具	Windows+L	锁住电脑或切换用户
Windows+M	最小化所有窗口	Windows+T	切换任务栏上的程序
Windows+Shift+M	在桌面恢复所有最小化窗口	Windows+Alt+Enter	打开 Windows 媒体中心
Windows+U	打开轻松访问中心	Windows+ 空格键	切换输入语言和键盘布局
Windows+S	打开屏幕截图工具	Windows+O	禁用屏幕翻转
Windows+V	切换系统通知信息	Windows+K	打开连接显示屏
Windows+W	打开"设置搜索"应用	Windows+H	打开"共享栏"
Windows+Shift+Tab	反向循环切换应用	Windows+Z	打开"应用栏"
Windows+J	显示之前操作的应用	Windows+X	快捷菜单

0.4 如何解决电脑学习中的疑难杂症

特别对于新手而言，在学习的过程中，难免遇到各种各样的疑难问题，这时不要慌乱，沉稳面对困难。只要有一套合理的解决思路，大部分疑难问题还是可以轻松解决的。

首先，要善于使用帮助文档。读者在实际操作的过程中，如果遇到不能解决的问题，按【F1】快捷键，即可调出官方的帮助文档，从中寻求官方的指导方法。

其次，如果官方指导方案中没有相关的解决方法，此时可以使用网络资源寻求解决方法。目前，使用最为广泛的是百度搜索引擎，读者只需要组织好关键词，百度将会提供相关的解决方法。例如，当电脑桌面中的声音小图标不存在时，可以在百度中搜索，即可看到如下图所示的很多解决方案。

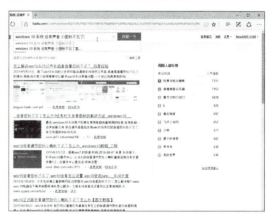

最后，读者要学会在论坛中交流经验。有些问题出现的概率很低，所以可能网上没有相关的解决方法，这时读者可以在电脑学习方面的论坛中把问题描述清楚，寻求电脑高手的帮助。

0.5 如何阅读本书

读者在没有学习这本书之前，首先需要了解这本书整体的写作思路和构架，首先这本书从最基础的硬件知识讲起，然后讲解Windows 10操作系统的使用方法，网络的配置和各种上网的技巧，网上的娱乐方法，接着讲述Office 2016软件在办公中的应用方法和技巧，最后讲述了如何成为电脑高手的方法和技巧，包括如何优化电脑、保护电脑和备份还原电脑等。

如果读者对电脑的知识一无所知，建议读者从头开始学习，按照本章节的规划，一步步去学习，多跟着书中的案例进行实战演练，在实操的过程中去理解电脑的应用技能。

如果读者对电脑的硬件常识和系统操作有了初步的掌握，只是对最新的Windows10操作系统还没有用过，建议读者有选择地进行学习，重点学习Windows10系统的新功能和Office 2016在办公中的应用技能，最后就是把系统的优化和安全等方面的知识掌握好，尽快成为一名会使用和管理电脑的高手。

第 1 篇

新手入门篇

第 1 章　从零开始——全面认识电脑
第 2 章　快速入门——轻松掌握 Windows 10 操作系统
第 3 章　个性定制——个性化设置操作系统
第 4 章　电脑打字——输入法的认识和使用
第 5 章　文件管理——管理电脑中的文件资源
第 6 章　程序管理——软件的安装与管理

本篇主要介绍基础电脑知识，通过本篇的学习，读者可以全面认识电脑，掌握 Windows 10 操作系统、个性化设置、学习输入法的知识、管理电脑中的文件资源以及软件的安装与管理等操作。

第1章
从零开始——全面认识电脑

📖 本章导读

电脑办公是目前最常用的办公方式，使用电脑可以轻松步入无纸化办公时代，节约能源提高效率。在学习电脑办公之前，读者需要了解什么是电脑和智能终端、电脑的常用配件、电脑如何连接、如何使用键盘与鼠标、如何打开或关闭电脑等操作。

🚀 思维导图

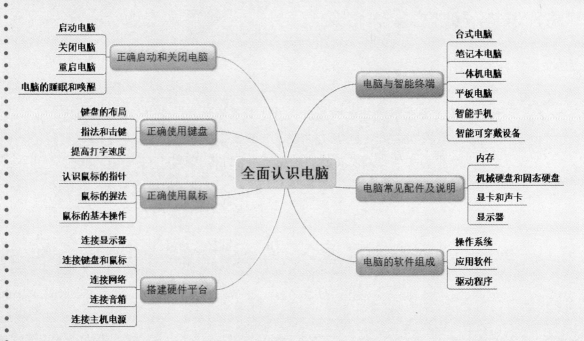

第1章
从零开始——全面认识电脑

1.1 什么是电脑与智能终端

在学习电脑办公之前,首先需要了解在办公环境中常见的电脑与智能终端。

1.1.1 台式电脑

电脑(Computer)是一种利用电子学原理根据一系列指令来对数据进行处理的机器。用户最常见的电脑为台式电脑,它优点是耐用和价格实惠,同时它的散热性较好,配件若损坏更换价格相对便宜;它的缺点是笨重、耗电量大。

台式电脑按照组装的类型不同分为两类,分别是组装电脑和品牌电脑。对于组装电脑,用户只需购买电脑的相关硬件,然后组装起来即可。购买这种类型的电脑,需要考虑的是硬件的兼容性。

品牌电脑是有一个明确品牌标识的电脑,它是由公司性质组装起来的电脑,并且经过兼容性测试,而正式对外出售的整套的电脑,称为品牌电脑,它有质量保证,以及完整的售后服务。例如,联想品牌的电脑的最大卖点就是质量。联想电脑生产时是专业化、流水线作业,出厂时都经过严格的质量把关,由专业人员在电磁干扰、高低温、辐射等方面进行严格规范化测试。其故障率比组装电脑要少得多。

1.1.2 笔记本电脑

笔记本与台式机相比,笔记本电脑有着类似的结构组成(显示器、键盘、鼠标、CPU、内存和硬盘),但笔记本电脑的优势还是非常明显的,其主要优点有体积小、重量轻、携带方便。一般来说,便携性是笔记本相对于台式电脑最大的优势,一般的笔记本电脑的重量只有2kg左右,无论是外出工作还是旅游,都可以随身携带,非常方便。

超轻超薄是目前笔记本电脑的主要发展方向,但这并没有影响其性能的提高和功能的丰富。

同时，其便携性和备用电源使移动办公成为可能。由于这些优势的存在，笔记本电脑越来越受到用户推崇，市场容量迅速扩展。

从用途上看，笔记本电脑一般可以分为 4 类：商务型、时尚型、多媒体应用、特殊用途。

商务型笔记本电脑的特征一般为移动性强、电池续航时间长；时尚型外观特异，也有适合商务使用的时尚型笔记本电脑；多媒体应用型的笔记本电脑是结合强大的图形及多媒体处理能力又兼有一定的移动性的综合体，市面上常见的多媒体笔记本电脑拥有独立的、较为先进的显卡，较大的屏幕等特征；特殊用途的笔记本电脑是服务于专业人士，可以在酷暑、严寒、低气压、战争等恶劣环境下使用的机型，多较笨重。

1.1.3 一体机电脑

电脑一体机是目前台式机和笔记本电脑之间的一个新型的市场产物，它将主机部分、显示器部分整合到一起的新形态电脑，该产品的创新在于内部元件的高度集成。随着无线技术的发展，电脑一体机的键盘、鼠标与显示器可实现无线链接，机器只有一根电源线。这就解决了台式电脑线缆多而杂的问题。在现有和未来的市场，一体机的优势不断被人们接受，成为他们选择的又一个亮点。

概括来说，一体机电脑有如下几大优势。

（1）外观时尚，轻薄精巧，高度集成化的设计，显得简约而时尚。

（2）一体机比一般的台式机更节省空间。液晶一体机就是将主机和液晶显示器、音箱结合为一体的机器，它将主机的硬件都放到了液晶显示器的后面，并尽量将它压缩起来，同时也内置音箱，使它的体积尽可能地小，这样可以使用户大大节省放置机器的空间。

（3）可移动性好，便携性高。由于液晶一体机集合了主机、显示器和音箱，因此其体积和总的重量都要比一般的台式机要小，大大方便了用户移动机器。其内部集成化很高，省去了过去的很多数据线缆，另外小巧的机身也省去了以往大的包装和运输成本。

（4）一体机不仅节省空间，而且还降低了生活成本，节省了电费。一台普通电脑的耗电从 200~400W 甚至更高，而一台一体机电脑的耗电量大概为 60~200W 之间。

1.1.4 平板电脑

平板电脑也称为便携式电脑，是一种小型、方便携带的个人电脑，以触摸屏作为基本的输入设备。它拥有的触摸屏，允许用户通过触控笔或数字笔来进行作业而不是传统的键盘或鼠标。用户可以通过内建的手写识别、屏幕上的软键盘、语音识别或者一个真正的键盘实现输入。

第1章
从零开始——全面认识电脑

1.1.5 智能手机

智能手机是指像个人电脑一样,具有独立的操作系统,独立的运行空间,可以由用户自行安装软件、游戏、导航等第三方服务商提供的程序,并可以通过移动通信网络来实现无线网络接入手机类型的总称。

智能手机具有以下特点。

(1) 具备无线接入互联网的能力,即需要支持 GSM 网络下的 GPRS 或者 CDMA 网络的 CDMA1X 或 3G 网络,甚至 4G 网络。

(2) 具有 PDA 的功能:包括个人信息管理、日程记事、任务安排、多媒体应用、浏览网页。

(3) 具有开放性的操作系统:拥有独立的核心处理器和内存,可以安装更多的应用程序,使智能手机的功能可以得到无限扩展。

(4) 人性化:可以根据个人需要扩展机器功能。根据个人需要,实时扩展机器内置功能,以及软件升级,智能识别软件兼容性,实现了软件市场同步的人性化功能。

(5) 功能强大:扩展性能强,第三方软件支持多。

(6) 运行速度快:随着半导体业的发展,核心处理器发展迅速,使智能手机运行速度越来越快。

1.1.6 智能可穿戴设备

智能可穿戴设备是应用穿戴式技术对日常穿戴进行智能化设计、开发出可以穿戴的设备的总称,如眼镜、手套、手表、服饰及鞋等。

广义穿戴式智能设备包括功能全、尺寸大、可不依赖智能手机实现完整或者部分的功能,例如,智能手表或智能眼镜等,以及只专注于某一类应用功能,需要和其他设备如智能手机配

· 9 ·

合使用，如各类进行体征监测的智能手环、智能首饰等。随着技术的进步以及用户需求的变迁，可穿戴式智能设备的形态与应用热点也在不断地变化。

穿戴式技术在国际计算机学术界和工业界一直都备受关注，只不过由于造价成本高和技术复杂，很多相关设备仅仅停留在概念领域。随着移动互联网的发展、技术进步和高性能低功耗处理芯片的推出等，部分穿戴式设备已经从概念化走向商用化，新式穿戴式设备不断传出，谷歌、苹果、微软、索尼、奥林巴斯、摩托罗拉等诸多科技公司也都开始在这个全新的领域深入探索。

1.2 电脑常见配件及说明

电脑由一定的标准的配件组成。下面介绍读者经常遇到的电脑配件。

1.2.1 内存

内存储器（简称内存，也称主存储器）用于存放电脑运行所需的程序和数据。内存的容量与性能是决定微机整体性能的一个决定性因素。内存的大小及其时钟频率（内存在单位时间内处理指令的次数，单位是 MHz）直接影响到电脑运行速度的快慢，即使 CPU 主频很高，硬盘容量很大，但如果内存很小，电脑的运行速度也快不了。

目前，常见的内存品牌主要有 Hyundai（现代）、Samsung（三星）、Kingmax（胜创）、Kingston（金士顿）和富豪、Gell（金邦）等，主流微机的内存容量一般是 4GB 或 8GB。下图为一款容量为 4GB 的金士顿内存。

1.2.2 机械硬盘和固态硬盘

硬盘是微机最重要的外部存储器之一，由一个或者多个铝制或者玻璃制的碟片组成。这些碟片外覆盖有铁磁性材料。绝大多数硬盘都是固定硬盘，被永久性地密封固定在硬盘驱动器中。由于硬盘的盘片和硬盘的驱动器是密封在一起的，因此通常所说的硬盘或硬盘驱动器其实是一回事。

与软盘相比，硬盘具有性能好、速度快、容量大等优点。硬盘将驱动器和硬盘片封装在一起，固定在主机箱内，一般不可移动。硬盘最重要的指标是硬盘容量，其容量大小决定了可存储信息的多少。目前，常见的硬盘品牌主要有迈拓、希捷、西部数据、三星、日立和富士通等。

常见的硬盘包括机械硬盘和固态硬盘。机械硬盘采用磁性碟片来存储，固态硬盘采用闪存颗粒来存储。固态硬盘在数据读取速度、抗震能力、功耗、运行声音以及发热方面，相比普通的机械硬盘拥有明显优势，这也是固态硬盘的最大卖点，具体优势如下。

1. 读取速度

固态硬盘的读取速度普遍可以达到 400Mbit/s，写入速度也可以达到 130Mbit/s 以上，其读写速度是普通机械硬盘的 3~5 倍。

2. 抗震能力

传统的机械硬盘内部有高速运转的磁头，其抗震能力很差，因此一般的机械硬盘如果是在运动或者震动中使用，很容易损坏硬盘。而机械硬盘采用芯片存储方案，内部无磁头，具备超强的抗震能力，即便是在运动或者震动中使用，也不容易损坏。

3. 功耗

固态硬盘功耗低，并且具备极低功耗待机功能，而机械硬盘则不具备。

4. 噪声

固态硬盘运行中基本听不到任何噪声，而机械硬盘一般凑近听可以听到内部的磁盘转动以及震动的声音，一些使用比较久的机械硬盘噪声更为明显。

5. 发热

固态硬盘发热较少，即便在运行一段时间后，其表面也感受不到明显的发热，而机械硬盘运行一段时间后，用手触摸可以明显感受到是热的。

1.2.3 显卡和声卡

显卡也称为图形加速卡，它是电脑内主要的板卡之一，其基本作用是控制电脑的图形输出。由于工作性质不同，不同的显示卡提供了性能各异的功能。

一般来说，二维（2D）图形图像的输出是必备的。在此基础上将部分或全部的三维（3D）图像处理功能纳入显示芯片中，由这种芯片做成的显示卡，就是通常所说的"3D显示卡"。有些显示卡以附加卡的形式安装在电脑主板的扩展槽中，有些则集成在主板上，下图所示即为太阳花 7300GT 显示卡。

3D 显示卡是具有 3D 图形功能的显示卡。3D 即三维，因为现在很多软件，特别是游戏软件，为了追求更真实的效果，在其软件中采用了大量三维动画。运行这类软件要求显示卡有较好的三维图形处理功能。否则，不能很好地再现软件所提供的三维效果。

声卡（也称为音频卡）是多媒体电脑的必要部件，是电脑进行声音处理的适配器。声卡有 3 个基本功能：一是音乐合成发音功能；二是混音器（Mixer）功能和数字声音效果处理器（DSP）功能；三是模拟声音信号的输入和输出功能。有些声卡以附加卡的形式安装在电脑主板的扩展槽中，有些集成在主板上，所使用的总线有 ISA 总线和 PCI 总线两种。如下图所示即为一块 PCI 声卡。

声卡是多媒体技术中最基本的组成部分，是实现声波或数字信号相互转换的一种硬件。声卡的基本功能是把来自话筒、磁带、光盘的原始声音信号加以转换，输出到耳机、扬声器、扩音机、录音机等声响设备，或通过音乐设备数字接口（MIDI）使乐器发出美妙的声音。

声卡是多媒体电脑中用来处理声音的接口卡。声卡可以把来自话筒、收录音机、激光唱机等设备的语音、音乐等声音变成数字信号交给电脑处理，并以文件形式存盘，还可以把数字信号还原成为真实的声音输出。声卡尾部的接口从机箱后侧伸出，上面有连接麦克风、音箱、游戏杆和 MIDI 设备的接口。目前大部分主板上都集成了声卡，一般不需要再另外配备独立的声卡，除非是对音质有太高的要求。

1.2.4 显示器

显示器是电脑重要的输出设备，也是电脑的脸面。电脑操作的各种状态、结果、编辑的文本、程序、图形等都是在显示器上显示出来的。显示器和键盘、鼠标三者是人和电脑对话的主要设备。

显示器主要分为阴极射线管（CRT）显示器和液晶（LCD）显示器两种。台式电脑、笔记本电脑和掌上型电脑多采用液晶显示器。目前著名的显示器制造商主要有飞利浦、三星、LG、索尼、日立、现代、明基、爱国者等。下图为液晶显示器。

1.3 电脑的软件组成

软件是计算机系统的重要组成部分。微机的软件系统可以分为系统软件、驱动软件和应用软件三大类。使用不同的计算机软件，计算机可以完成许多不同的工作，使计算机具有非凡的灵活性和通用性。

1.3.1 操作系统

操作系统（Operating System，OS）是一管理电脑硬件与软件资源的程序，同时也是计算机系统的内核与基石。操作系统是一个庞大的管理控制程序，大致包括5个方面的管理功能：进程与处理机管理、作业管理、存储管理、设备管理、文件管理。操作系统是管理计算机全部硬件资源、软件资源、数据资源、控制程序运行并为用户提供操作界面的系统软件集合。目前，应用最广泛的操作系统主要有 Windows 2003/2008 Server、Windows Vista Server、Windows XP、Windows 7、Windows 10、UNIX 和 Linux 等，这些操作系统所适用的用户人群也不尽相同，计算机用户可以根据自己的实际需要选择不同的操作系统。

1. Windows XP

Windows XP 中文全称为视窗操作系统体验版，是微软公司发布的一款视窗操作系统。它发行于 2001 年 10 月 25 日，原来的名称是 Whistler。Windows XP 操作系统可以说是最为经典的一个操作系统。

Windows XP 是目前使用最为广泛且使用人数最多的操作系统之一。拥有豪华亮丽的用户图形界面，自带有【选择任务】的用户界面，使得工具条可以访问任务的具体细节。Windows XP 对计算机硬件要求不是特别高，其安装方法也基本都是以图形界面形式的，而且 Windows XP 把很多以前由第三方提供了常用软件都整合到操作系统之中，这让用户使用起来更为方便、更为简单，这些都是 Windows XP 深受用户喜爱的原因，也是大多数用户选择 Windows XP 作为自己的操作系统的理由。下图就是 Windows XP 最为经典的界面。

2. Windows 7

Windows 7 是由微软公司开发的新一代操作系统,具有革命性变化的意义。Windows 7 操作系统继承了 Windows XP 的实用和 Windows Vista 的华丽,同时进行了一次升华。该系统旨在让人们的日常电脑操作更加简单和快捷,为人们提供高效易行的工作环境。如下图所示即为 Windows 7 操作系统的标志。

Windows 7 是微软继 Windows XP、Windows Vista 之后的下一代操作系统,它比 Windows Vista 性能更高、启动更快、兼容性更强,具有很多新特性和优点,如提高了屏幕触控支持和手写识别、支持虚拟硬盘、改善多内核处理器、改善开机速度和内核改进等。如下图所示即为 Windows 7 操作系统的界面。

Windows 7 操作系统为满足不同用户人群的需要,开发了6个版本,分别是 Windows 7 Starter(简易版)、Windows 7 Home Basic(家庭基础版)、Windows 7 Home Premium(家庭高级版)、Windows 7 Professional(专业版)、Windows 7 Enterprise(企业版)、Windows 7 Ultimate(旗舰版)。

3. Windows 10

Windows 10 是美国微软公司所研发的新一代跨平台及设备应用的操作系统。在正式版本发布一年内,所有符合条件的 Windows 7、Windows 8.1 的用户都将可以免费升级到 Windows 10,Windows Phone 8.1 则可以免费升级到 Windows 10 Mobile 版。所有升级到 Windows 10 的设备,微软都将提供永久生命周期的支持。Windows 10 是微软独立发布的最后一个 Windows 版本,下一代 Windows 将作为更新形式出现。Windows 10 发布了7个发行版本,分别面向不同用户和设备。

2015 年 7 月 29 日起,微软向所有的 Windows 7、Windows 8.1 用户通过 Windows Update 免费推送 Windows 10。下图所示为 Windows 10 操作系统的界面。

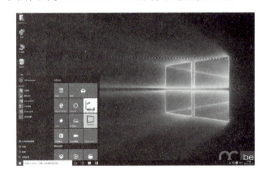

4. 服务器操作系统——Windows Server 2008

Windows Server 2008 是微软最新一个服务器操作系统的名称,它代表了下一代 Windows Server。使用 Windows Server

2008 可以使 IT 专业人员对其服务器和网络基础结构的控制能力更强。

Windows Server 2008 通过加强操作系统和保护网络环境提高了系统的安全性，通过加快 IT 系统的部署与维护，使服务器和应用程序的合并与虚拟化更加简单，同时，为用户提供了直观管理工具，为使 IT 专业人员提供了灵活性。

下面详细介绍一下选择 Windows Server 2008 为自己的操作系统的理由。

(1) 更强的控制能力。

使用 Windows Server 2008，IT 专业人员能够更好地控制服务器和网络基础结构，从而可以将精力集中在处理关键业务的需求上。增强的脚本编写功能和任务自动化功能可帮助 IT 专业人员自动执行常见 IT 任务。

通过服务器管理器进行的基于角色的安装和管理简化了在企业中管理与保护多个服务器角色的任务，服务器的配置和系统信息是从新的服务器管理器控制台这一集中位置来管理的。IT 人员可以仅安装需要的角色和功能，向导会自动完成许多费时的系统部署任务。

(2) 更安全的保护。

Windows Server 2008 提供了一系列新的和改进的安全技术，这些技术增强了对操作系统的保护，为企业的安全运营和发展奠定了坚实的基础。Windows Server 2008 提供了减小内核攻击面的安全创新，因而使服务器环境更安全、更稳定。

Windows Server 2008 通过保护关键服务器服务使之免受文件系统、注册表或网络中异常活动的影响，有助于提高系统的安全性。借助网络访问保护 (NAP)、只读域控制器 (RODC)、公钥基础结构 (PKI) 增强功能、Windows 服务强化、新的双向 Windows 防火墙和新一代加密支持等功能，Windows Server 2008 操作系统中的安全性得到了极大的提高。

(3) 更大的灵活性。

Windows Server 2008 的设计允许管理员修改其基础结构来适应不断变化的业务需求，同时保持此操作的灵活性。它允许用户从远程位置 (如远程应用程序和终端服务网关) 执行程序，这一技术为移动工作人员增强了灵活性。

(4) 更快的关机服务。

Windows 的一大历史问题就是关机过程缓慢。在 Windows XP 里，一旦关机开始，系统就会开始一个 20 秒的计时，之后提醒用户是否需要手动关闭程序，而在 Windows Server 中，这一问题的影响会更加明显。到了 Windows Server 2008 中，20 秒的倒计时被一种新服务取代，可以在应用程序需要被关闭的时候随时发出信号。

5. Linux 操作系统

Linux 是一套免费使用和自由传播的类 UNIX 操作系统，是一个基于 POSIX 和 UNIX 的多用户、多任务、支持多线程和多 CPU 的操作系统。它能运行主要的 UNIX 工具软件、应用程序和网络协议，支持 32 位和 64 位硬件。

Linux 继承了 UNIX 以网络为核心的设计思想，是一个性能稳定的多用户网络操作系统，主要用于基于 Intel x86 系列 CPU 的计算机上。这个系统是由全世界各地的成千上万的程序员设计和实现的。

Linux 之所以受到广大计算机爱好者的喜爱，主要原因有两个：一是它属于自由软件，用户不用支付任何费用就可以获得它的源代码，并且可以根据自己的需要对它进行必要的修改，无偿对它使用，无约束地继续传播。二是，它具有 UNIX 的全部功能，如稳定、可靠、安全，有强大的网络功能，任何使用 UNIX 操作系统或想要学习 UNIX 操作系统的人都可以从 Linux 中获益。

另外，Linux 以它的高效性和灵活性著称。Linux 模块化的设计结构，使得它既能在价格昂贵的工作站上运行，也能够在廉价的 PC 上实现全部的 UNIX 特性，具有多任务、多用户的能力。

1.3.2 应用软件

所谓应用程序，是指除了系统软件以外的所有软件，它是用户利用计算机及其提供的系统软件为解决各种实际问题而编制的计算机程序。由于计算机已渗透到了各个领域，因此应用软件是多种多样的。目前，常见的应用软件有：各种用于科学计算的程序包、各种字处理软件、信息管理软件、计算机辅助设计教学软件、实时控制软件和各种图形软件等。

应用软件是指为了完成某项工作而开发的一组程序，它能够为用户解决各种实际问题。主要包括类别如下。

(1) 办公处理软件，如 Office 2010 等。

(2) 图形图像处理软件，如 Photoshop、Corel DRAW 等。

(3) 各种财务管理软件、税务管理软件、辅助教育等专业软件。

目前应用最广泛的应用软件是文字处理软件，它能实现对文本的编辑、排版和打印，如 Microsoft 公司的 Word 软件。右图所示是 Word 2016 的主程序界面。

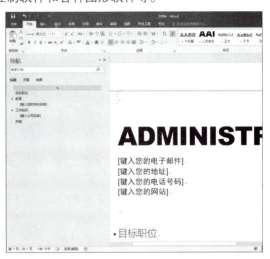

1.3.3 驱动程序

驱动程序的英文名为 "Device Driver"，全称为 "设备驱动程序"，是一种可以使计算机和设备通信的特殊程序，相当于硬件的接口。操作系统只有通过驱动程序，才能控制硬件设备的工作，假如某个硬件的驱动程序没有正确安装，则不能正常工作。因此，驱动程序被誉为 "硬件的灵魂"、"硬件的主宰" 和 "硬件和系统之间的桥梁" 等。

在 Windows 7 操作系统中，如果不安装驱动程序，则电脑会出现屏幕不清楚、没有声音和分辨率不能设置等现象，所以正确安装驱动程序是非常必要的。

1. 驱动程序的作用

随着电子技术的飞速发展，电脑硬件的性能越来越强大。驱动程序是直接工作在各种硬件设备上的软件，其 "驱动" 这个名称也十分形象地指明了它的功能。正是通过驱动程序，各种硬件设备才能正常运行，达到既定的工作效果。

硬件如果缺少了驱动程序的"驱动"，那么本来性能非常强大的硬件就无法根据软件发出的指令进行工作，硬件就是空有一身本领都无从发挥，毫无用武之地。从理论上讲，所有的硬件设备都需要安装相应的驱动程序才能正常工作。但像 CPU、内存、主板、软驱、键盘、显示器等设备却并不需要安装驱动程序也可以正常工作，而显卡、声卡、网卡等却一定要安装驱动程序，否则便无法正常工作。这是为什么呢？这主要是由于这些硬件对于一台个人电脑来说是必需的，所以早期的设计人员将这些硬件列为 BIOS 能直接支持的硬件。换句话说，上述硬件安装后就可以被 BIOS 和操作系统直接支持，不再需要安装驱动程序。从这个角度来说，BIOS 也是一种驱动程序。但是对于其他的硬件（如网卡、声卡、显卡等）却必须要安装驱动程序，不然这些硬件就无法正常工作。

2. 驱动程序的界定

驱动程序可以界定为官方正式版、微软 WHQL 认证版、第三方驱动、发烧友修改版和 Beta 测试版等。

(1) 官方正式版。

官方正式版驱动是指按照芯片厂商的设计研发出来的，经过反复测试、修正，最终通过官方渠道发布出来的正式版驱动程序，又名公版驱动。通常官方正式版的发布方式包括官方网站发布与硬件产品附带光盘两种方式。稳定性、兼容性好是官方正式版驱动最大的亮点，同时也是区别于发烧友修改版与测试版的显著特征。因此，推荐普通用户使用官方正式版，而喜欢尝鲜、体现个性的玩家则推荐使用发烧友修改版及 Beta 测试版。

(2) 微软 WHQL 认证版。

WHQL 是 Windows Hardware Quality Labs 的缩写，是微软对各硬件厂商驱动的一个认证，是为了测试驱动程序与操作系统的相容性及稳定性而制定的。也就是说，通过了 WHQL 认证的驱动程序与 Windows 系统基本上不存在兼容性的问题。

(3) 第三方驱动。

第三方驱动一般是指硬件产品 OEM 厂商发布的基于官方驱动优化而成的驱动程序。第三方驱动拥有稳定性、兼容性好，基于官方正式版驱动优化并比官方正式版拥有更加完善的功能和更加强劲的整体性能的特性。因此，对于品牌机用户来说，推荐首选驱动是第三方驱动，第二选才是官方正式版驱动；对于组装机用户来说，第三方驱动的选择可能相对复杂一点，因此官方正式版驱动仍是首选。

(4) 发烧友修改版。

发烧友修改版的驱动最先就是出现在显卡驱动上的，由于众多发烧友对游戏的狂热，对于显卡性能的期望也就是比较高的，这时厂商所发布的显卡驱动就往往不能满足游戏爱好者的需求了，因此经修改过的、以满足游戏爱好者更多的功能性要求的显卡驱动也就应运而生了。目前，发烧友修改版驱动又名改版驱动，是指经修改过的驱动程序，而又不专指经修改过的驱动程序。

(5) Beta 测试版。

测试版驱动是指处于测试阶段，还没有正式发布的驱动程序。这样的驱动往往具有稳定性不够、与系统的兼容性不够等。尝鲜和风险总是同时存在的，所以对于使用 Beta 测试版驱动的用户要做好出现故障的心理准备。

3. 驱动程序的获取

常见的驱动程序获取方法分为以下3种。

Windows 操作系统附带了大量的通用的驱动程序，安装操作系统时，有些操作系统被附加地安装了，但是操作系统中的驱动程序毕竟是有限的，所以在很多的时候，系统附带的驱动程序并不能满足需要，此时就需要用户手动下载并安装驱动程序。

硬件厂商提供的驱动程序也是用户获得驱动程序的另外一个途径。一般情况下，每一款型号的硬件产品，都有相对应的驱动程序。硬件厂商都会提供相关的光盘，用户只需要手动安装光盘中的驱动即可。

如果上述两种方式都不能获得驱动程序，用户可以直接从网上下载相关驱动程序。一般来说，硬件厂商都会将相关的驱动程序发布到网上，供用户下载。由于发布的驱动程序是最新的升级版本，所以它们的性能和稳定性是最强的。在下载驱动程序前，用户需要查看硬件的型号。

查看硬件型号的方法有以下两种。

（1）每个硬件的说明书上都有硬件的型号，用户只需要查看即可。

（2）如果硬件的说明书丢失，可以直接在系统中查看硬件型号，从而下载正确的驱动程序。具体操作步骤如下。

第1步 在桌面上选择【此电脑】图标并右击，在弹出的快捷菜单中选择【属性】命令。

第2步 弹出【系统】窗口，选择【设备管理器】选项。

第3步 弹出【设备管理器】窗口，显示计算机的所有硬件配置，单击【网络适配器】按钮，选择弹出的型号并右击，在弹出的快捷菜单中选择【属性】命令。

第4步 在弹出的对话框中，用户可以查看设备的类型和型号。

第 1 章
从零开始——全面认识电脑

第 5 步 选择【驱动程序】选项卡，用户可以查看驱动程序的提供商、日期、版本和签名程序等信息，单击【驱动程序详细信息】按钮。

第 6 步 弹出【驱动程序文件详细信息】对话框，用户可以查看驱动程序的详细信息和安装路径。

4. 驱动程序的安装顺序

操作系统安装完成后，接下来的工作就是安装驱动程序，而各种驱动程序的安装是有一定的顺序的。如果不能正确地安装驱动程序，会导致某些软件不能正确安装。正确的安装顺序如下图所示。

1.4 实战 1：连接电脑的各个设备

电脑在购买之后，各个部件通常是分开的，需要使用连线将它们连接起来才能使用，而且在日常使用中，还可能对电脑进行搬迁，因此了解和掌握电脑硬件连接是非常有必要的。

1.4.1 连接显示器

连接显示器的方法是将显示器的信号线，即 15 针的信号线接在显卡上。插好后还需要拧紧接头两侧的螺丝。显示器电源一般都是单独连接电源插座的。

1.4.2 连接键盘和鼠标

键盘接口在主板的后部,是一个紫色圆形的接口,鼠标的接口位于键盘接口旁边,按照指定方向插好即可。键盘插头上有向上的标记,连接时按照这个方向插好即可。

鼠标中装上电池,稍等片刻,即可使用无线的鼠标和键盘。

目前主流的键盘和鼠标接口为 USB 接口及无线鼠标和键盘,USB 接口的鼠标和键盘可以直接插入机箱上任意的 USB 接口中。

而无线的鼠标和键盘则需要将 USB 蓝牙接头插入电脑的 USB 接口中,需要在键盘和

1.4.3 连接网络

将 RJ-45 网线一端的水晶头按指示的方向插入到网卡接口中,如右图所示。

1.4.4 连接音箱

找到音箱的音源线接头,将其连接到主机声卡的插口中,即可连接音源,如右图所示。根据 PC/99 规范,第 1 个输出口为绿色,第 2 个输出口为黑色,MIC 口为红色。

1.4.5 连接主机电源

主机电源线的接法很简单,只需要将电源线接头插入电源接口即可。

1.5 实战2：正确使用鼠标

鼠标因外形如老鼠而得名，它是一种使用方便、灵活的输入设备，在操作系统中，几乎所有的操作都是通过鼠标来完成的。

1.5.1 认识鼠标的指针

鼠标在电脑中的表现形式是鼠标的指针，鼠标指针形状通常是一个白色的箭头 ▷，但其并不是一成不变的，在进行不同的工作、系统处于不同的运行状态时，鼠标指针的外形可能会随之发生变化，如常见的手形 ♙，就是鼠标指针的一种表现形式。

下表列出了常见鼠标指针的表现形式及其代表的含义。

指针形状	表示状态	具体的含义
▷	正常选择	是鼠标指针的基本形态，表示准备接收用户指令
▷?	帮助选择	这是按下联机帮助键或选择帮助命令时出现的光标
▷⌛	后台运行	系统正在执行某种操作，要求用户等待
⌛	忙	系统正在处理较大的任务，正在处于忙碌状态，此时不能执行其他操作命令
＋	精确定位	在某种应用程序中系统准备绘制一个新的对象
Ｉ	选定文本	此光标出现在可以输入文字的地方，表示此处可输入文本内容
✎	手写	此处可手写输入
⊘	不可用	鼠标所在的按钮或某些功能不能使用
↕ ↔	垂直水平调整	指针处于窗口或对象的四周，拖动鼠标即可改变窗口或对象的大小
⤡ ⤢	沿对角线调整	出现在窗口或对象的4个角上，拖动可以改变窗口或对象的高度或宽度
✥	移动	该鼠标样式在移动窗口或对象时出现，使用它可以移动整个窗口或对象
↑	候选	该鼠标是构成选定方案的鼠标指针
♙	链接选择	鼠标所在的位置是一个超链接

1.5.2 鼠标的握法

目前，使用最为普遍的鼠标是三键光电鼠标，三键鼠标各按键的作用如下。

鼠标左键：按下该键可选择对象或执行命令。

鼠标右键：按下该键将弹出当前选择对象相应的快捷菜单。

滚轮：主要用于多页文档的滚屏显示。

正确的鼠标握法有利于长久的工作和学习，而感觉不到疲劳。正确的鼠标握法是：食指和中指自然放在鼠标的左键和右键上，拇指靠在鼠标左侧，无名指和小指放在鼠标的右侧，拇指、无名指以及小指轻轻握住鼠标，

手掌心轻轻贴住鼠标后部，手腕自然垂放在桌面上，操作时带动鼠标做平面运动，用食指控制鼠标左键，中指控制鼠标右键，食指或中指控制鼠标滚轮的操作。正确的鼠标握法如下图所示。

1.5.3 鼠标的基本操作

鼠标的基本操作包括移动、单击、双击、拖动、右击和使用滚轮等。

【移动】：指移动鼠标，将鼠标指针移动到操作对象上。

【单击】：指快速按下并释放鼠标左键。单击一般用于选定一个操作对象。如下图所示为单击鼠标选中对象前后的对比效果。

【双击】：指连续两次快速按下并释放鼠标左键。双击一般用于打开窗口和启动应用程序。如下图所示为双击【此电脑】图标，将打开【此电脑】窗口。

【拖动】：指按住鼠标左键，移动鼠标到指定位置，再释放按键的操作。拖动一般用于选择多个操作对象，复制或移动对象等。

【右击】：指快速按下并释放鼠标右键。右击一般用于打开一个与操作相关的快捷菜单。如下图所示为右击【此电脑】图标的快捷菜单。

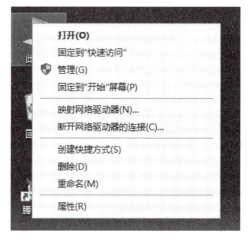

【使用滚轮】：鼠标滚轮用于对文档或窗口中未显示完的内容进行滚动显示，从而查看其中的内容。

1.6 实战3：正确使用键盘

键盘是微机系统中最基本的输入设备，通过键盘可以输入各种字符和数字，或下达一些控制命令，以实现人机交流。下面将介绍键盘的布局，以及打字的相关指法。

1.6.1 键盘的布局

键盘的键位分布大致都是相同的，目前大多数用户使用的键盘多为107键的标准键盘。根据键盘上各个键位作用的不同，键盘总体上可分为5个大区，分别为功能键区、主键盘区、编辑键区、辅助键区、状态指示区。

1. 功能键区

功能键区位于键盘的上方，由【Esc】键、【F1】~【F12】键，以及其他3个功能键组成，这些键在不同的环境中有不同的作用。

各个键的作用如下。

(1)【Esc】：也称为强行退出键，常用来撤销某项操作、退出当前环境或返回到原菜单。

(2)【F1】~【F12】：用户可以根据自己的需要来定义它的功能，不同的程序可以对它们有不同的操作功能定义。

(3)【Print Screen】：在Windows环境下，按【Print Screen】键可以将当前屏幕上的内容复制到剪贴板中，按【Alt+Print Screen】组合键可以将当前屏幕上的活动窗口中的内容复制到剪贴板，这样剪贴板中的内容就可以粘贴（按【Ctrl+V】组合键）到其他的应用程序中。

另外，同时按【Shift+Print Screen】组合键，可以将屏幕上的内容打印出来。若同时按【Ctrl+Print Screen】组合键，其作用是同时打印屏幕上的内容及键盘输入的内容。

(4)【Scroll Lock】：用来锁定屏幕，按下此键后屏幕停止滚动，再次按下该键解除锁定。

(5)【Pause】：暂停键。如果按下【Ctrl+Pause】组合键，将强行中止当前程序的运行。

2. 主键盘区

位于键盘的左下部，是键盘的最大区域。既是键盘的主体部分，也是经常操作的部分，在主键盘区，除了包含数字和字母之外，还有下列辅助键。

(1)【Tab】：制表定位键。通常情况下，按此键可使光标向右移动8个字符的位置。

(2)【Caps Lock】：用来锁定字母为大写状态。

(3)【Shift】：换档键。在字符键区，有30个键位上有两个字符，按【Shift】键的同时按下这些键，可以转换符号键和数字键。

(4)【Ctrl】：控制键。与其他键同时使用，用来实现应用程序中定义的功能。

(5)【Alt】：转换键。与其他键同时使用，组合成各种复合控制键。

(6)【Space】：空格键，是键盘上最长的一个键，用来输入一个空格，并使光标向右移动一个字符的位置。

(7)【Enter】：回车键。确认将命令或数据输入计算机时按此键。录入文字时，按回车键可以将光标移到下一行的行首，产生一个新的段落。

(8)【Backspace】：退格键。按一次该键，屏幕上的光标在现有位置退回一格（一格为一个字符位置），并抹去退回的那一格内容(一个字符)。相当删去刚输入的字符。

(9) ：Windows 图标键。在 Windows 环境下，按此键可以打开【开始】菜单，以选择所需要的菜单命令。

(10) ：Application 键。在 Windows 环境下，按此键可打开当前所选对象的快捷菜单。

3. 编辑键区

位于键盘的中间部分，其中包括上、下、左、右4个方向键和几个控制键。

(1)【Insert】：用来切换插入与改写状态。在插入状态下，输入一个字符后，光标右边的所有字符将向右移动一个字符的位置。在改写状态下，输入的字符将替换当前光标处的字符。

(2)【Delete】：删除键。用来删除当前光标处的字符。字符被删除后，光标右边的所有字符将向左移动一个字符的位置。

(3)【Home】：用来将光标移到屏幕的左上角。

(4)【End】：用来将光标移到当前行最后一个字符的右边。

(5)【Page Up】：按此键将光标翻到上一页。

(6)【Page Down】：按此键将光标翻到下一页。

(7) 光标移动键：（↑↓←→）用来将光标向上、下、左、右移动一个字符的位置。

4. 辅助键区

位于键盘的右下部，其作用是快速地输入数字，由【Num Lock】键、数字键、【Enter】键和符号键组成。

辅助键区中大部分都是双字符键，上档键是数字，下档键具有编辑和光标控制功能，上下档的切换由【Num Lock】键来实现。当按一

下【Num Lock】键时，状态指示灯区的第一个指示灯点亮，表示此时为数字状态，再按一下此键，指示灯熄灭，此时为光标控制状态。

5. 状态指示灯

位于键盘的右上角，用于提示辅助键区的工作状态，大小写状态以及滚屏锁定键的状态。从左到右依次为：【Num Lock】指示灯、【Cops Lock】指示灯、【Scroll Rock】指示灯。它们与键盘上的【Num Lock】键、【Cops Lock】键以及【Scroll Lock】键对应。

(1) 按下【Num Lock】键，【Num Lock】指示灯亮，这时右边的数字键区可以用于输入数字。反之，当【Num Lock】灯灭时，该区只能作为方向移动键来使用。

(2) 按下【Cops Lock】键，【Cops Lock】指示灯亮，这时输入字母为大写，反之为小写。

(3) 按下【Scroll Lock】键，【Scroll Lock】指示灯亮，这时可以锁定当前卷轴的滚动。

1.6.2 指法和击键

1. 打字键区的字母顺序

键盘没有按照字母顺序分布排列，英文字母和符号是按照它们的使用频率来分布的。常用字母由于敲击次数多就会被安置在中间的位置，如F、G、H、J等；相对不常用的Z、Q就安排在旁边的位置。

准备打字时，除拇指外其余的8个手指分别放在基本键上，拇指放在空格键上，十指分工，包键到指，分工明确。

(1) 左手食指：负责【4】、【5】、【R】、【T】、【F】、【G】、【V】、【B】这八个键。

(2) 左手中指：负责【3】、【E】、【D】、【C】这4个键。

(3) 左手无名指：负责【2】、【W】、【S】、【X】这4个键。

(4) 左手小指：负责【1】、【Q】、【A】、【Z】这4个键以及【Tab】、【Caps Lock】、【Shift】等键。

(5) 右手食指：负责【6】、【7】、【Y】、【U】、【H】、【J】、【N】、【M】这8个键。

(6) 右手中指：负责【8】、【I】、【K】、【，】这4个键。

(7) 右手无名指：负责【9】、【O】、【L】、【.】这4个键。

(8) 右手小指：负责【O】、【P】、【；】、【/】这4个键，以及【-】、【=】、【\】、【Back Space】、【[】、【]】、【Enter】、【'】、【Shift】等键。

2. 各指的负责区域

每个手指除了指定的基本键外，还分工有其他字键，称为它的范围键。开始录入时，左手小指、无名指、中指和食指应分别对应虚放在【A】、【S】、【D】、【F】键上，右手的食指、中指、无名指和小指分别虚放在【J】、【K】、【L】、【；】键上。两个大拇指则虚放在空格键上。基本键是录入时手指所处的基准位置，击打其他任何键，手指都是从这里出发，击完之后又须立即退回到基本键位。

(9) 两手大拇指：专门负责空格键。

3. 特殊字符输入

键盘的打字键区上方以及右边有一些特殊的按键，在它们标示中都有两个符号，位于上方的符号是无法直接打出的，它们就是上档键。只有同时按住【Shift】键与所需的符号键，才能打出这个符号。例如，打一个感叹号(！)的指法是右手小指按住右边【Shift】键，左手小指敲击【1】键。

> **提示**
>
> 按住【Shift】键的同时按字母键，还可以切换英文的大小写输入。

1.6.3 提高打字速度

用户初学打字时，需要掌握适当的练习方法。这对提高自己的打字速度，成为一名打字高手是非常必要的。

1. 打字的正确姿势

打字之前一定要端正坐姿。如果坐姿不正确，不但影响打字速度，而且很容易疲劳。正确的坐姿应该遵循以下几个原则。

(1) 两脚平放，腰部挺直，两臂自然下垂，两肘贴于腋边。

(2) 身体可略倾斜，离键盘的距离约为20~30cm。

(3) 打字教材或文稿放在键盘左边，或用专用夹，夹在显示器旁边。

(4) 打字时眼观文稿，身体不要跟着倾斜。

2. 正确的打字键位

初学打字的用户一定要把手指按照分工放在正确的键位上，有意识慢慢地记忆键盘各个字符的位置，体会不同键位上的键被敲击时手指的感觉，逐步养成不看键盘的输入习惯。进行打字练习时，必须集中注意力，做到手、脑、眼协调一致，尽量避免边看原稿边看键盘，这样容易分散记忆力。初级阶段的练习即使速度慢，也一定要保证输入的准确性。总之，正确的指法 + 键盘记忆 + 集中精力 + 准确输入 = 打字高手。

3. 利用打字软件练习打字

新接触电脑的用户对打字不是很熟悉，因此需要找一些打字软件进行指法练习。常见的指法练习软件有金山打字通、明天打字员等。

金山打字通是目前较为有效的一种打字训练软件。该软件功能齐全、用户界面友好，是欲从事专业录入人员或普通电脑操作者进行指法训练、熟悉键盘的好工具。在众多的五笔打字软件中，金山打字通是一款功能强大、富有个性的打字软件，主要由英文打字、拼音打字、五笔打字和打字游戏等部分组成。

1.7 实例4：正确启动和关闭电脑

要使用电脑进行办公，首先应该学会的就是打开和关闭电脑，作为初学者，首先需要了解的是打开电脑的顺序，以及在不同的情况下采用的打开方式，还需要了解的是如何关闭电脑以及在不同的情况下关闭电脑的方式。

1.7.1 启动电脑

正常启动是指在电脑尚未开启电脑的情况下进行启动，也就是第一次启动电脑。启动电脑的正确顺序是：先打开显示器的电脑，然后打开主机的电源，其启动电脑的过程如下。

第1步 按下电脑的显示器电源按钮，打开显示器电脑。

第2步 按下电脑主机的电源按钮，打开主机的电源开关。

第3步 显示器上将显示启动信息，并自动完成自检和启动工作。

第4步 成功自检后会进入登录界面，如果电脑设置的有登录密码，则需要在文本框中输入密码，按【Enter】键确认。

第5步 如果密码正确，经过几秒钟后，系统会成功进入 Windows 10 系统桌面，这就表明已经开机成功。

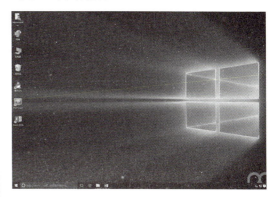

1.7.2 关闭电脑

正常关闭电脑的正确顺序为：先确保关闭电脑中的所有应用程序，然后通过【开始】菜单退出 Windows 10 操作系统，最后关闭显示器和主机的电源。

常见的关机方法有以下几种。

1. 通过【开始】按钮关机

其具体的操作步骤如下。

第1步 单击所有打开的应用程序窗口右上角的【关闭】按钮，退出正在运行的程序。

第2步 单击 Windows 10 桌面左下角的【开始】按钮，在弹出的【开始】菜单中选择【电源】命令，在弹出的子菜单中选择【关机】命令。

子菜单中各个命令的含义如下。

【睡眠】：当用户选择【睡眠】选项后，系统将保持当前的运行，计算机将转入低功耗状态，当用户再次使用计算机时，在桌面上移动鼠标即可以恢复原来的状态，此项通常在用户暂时不使用计算机，而又不希望其他人在自己的计算机上任意操作时使用。

【关机】：选择此项后，系统将停止运行，保存设置退出，并且会自动关闭电源。用户不再使用计算机时选择该项可以安全关机。

【重启】：此选项将关闭并重新启动计算机。

第3步 电脑自动保存设置和文件后退出操作系统，屏幕上会出现【正在关机】的文字提示信息，稍等片刻，将自动关闭主机电源。

第4步 待主机电源关闭后，按下显示器上的按钮，完成关闭电脑的操作。

> **提示**
> 如果使用了外部电脑，还需要关闭电源插座上的开关或拔掉电源插座的插头使其断电。

2. 通过右击【开始】按钮关机

右击【开始】按钮，在弹出的菜单中选择【关机或注销】命令，在弹出的子菜单中选择【关机】命令。

3. 通过【Alt+F4】组合键关机

在关机前关闭所有的程序，然后使用【Alt+F4】组合键快速调出【关闭 Windows】对话框，单击【确定】按钮，即可进行关机。

4. 死机时的关机

当电脑在使用的过程中出现了蓝屏、花

第 1 章
从零开始——全面认识电脑

屏、死机等非正常现象时，就不能按照正常关闭电脑的方法来关闭电脑了。这时应该先用前面介绍的方法重新启动电脑，若不行再进行复位启动，如果复位启动还是不行，则只能进行手动关机，方法是：先按下主机机箱上的电源按钮 3~5 秒钟，待主机电源关闭后，再关闭显示器的电源开关，以完成手动关机操作。

1.7.3 重启电脑

在使用电脑的过程中，如果安装了某些应用软件或对电脑进行了新的配置，经常会被要求重新启动电脑。

重新启动电脑的具体操作步骤如下。

第1步 单击所有打开的应用程序窗口右上角的【关闭】按钮，退出正在运行的程序。

第2步 单击 Windows 10 桌面左下角的【开始】按钮，在弹出的【开始】菜单中选择【电源】命令，在弹出的子菜单中选择【重启】命令。

1.7.4 电脑的睡眠和唤醒

电脑的睡眠和唤醒的具体操作步骤如下。

第1步 单击 Windows 10 桌面左下角的【开始】按钮，在弹出的【开始】菜单中选择【电源】命令，在弹出的子菜单中选择【睡眠】命令。

第2步 此时电脑进入睡眠状态，如果想唤醒电脑，双击鼠标，即可重新唤醒电脑，自动进入 Windows 10 操作系统。

◇ **创建关机的快捷方式**

本实例主要讲述创建关机快捷方式的操作步骤。

第1步 在桌面空白处右击，选择【新建】→【快捷方式】命令。

第2步 打开【创建快捷方式】对话框，在【请键入对象的位置】文本框中输入"C:\Windows\System32\SlideToShutDown.exe"，单击【下一步】按钮。

第3步 在弹出的对话框中输入【键入该快捷键方式的名称】为"关机快捷键"，单击【完成】按钮。

第4步 此时在系统桌面上会自动生成一个名称为"关机快捷键"的图标。读者还可以设置该快捷方式的快捷键，右击该图标，在弹出的快捷菜单中选择【属性】命令。

第5步 弹出【关机快捷键 属性】对话框。在【快捷键】文本框中输入启动关机快捷方式的快捷键，这里输入"F12"，单击【确定】按钮。

第 1 章
从零开始——全面认识电脑

◇ 解决双击变单击的问题

读者有时会遇到双击变单击的问题，解决该问题的方法如下。

第1步 打开【此电脑】窗口，选择【查看】选项卡，单击【选项】按钮，在弹出的菜单中选择【更改文件夹和搜索选项】命令。

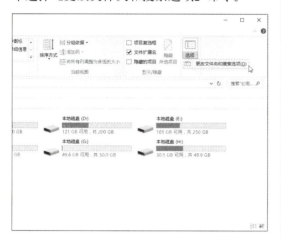

第2步 打开【文件夹选项】对话框，选择【常规】选项卡，在【按如下方式单击项目】选项区域中选中【通过双击打开项目（单击时选定）】单选按钮，单击【确定】按钮。

◇ 解决左手使用鼠标的问题

本实例将介绍如何设置鼠标的操作方式，以适应左手使用鼠标用户的使用习惯。具体的操作步骤如下。

第1步 单击【开始】按钮，在弹出的菜单中选择【设置】命令。

第2步 弹出【设置】窗口，选择【设备】选项。

第3步 弹出【设备】窗口，在左侧的列表中选择【鼠标和触摸板】选项，然后在右侧窗格中选择【其他鼠标选项】选项。

· 31 ·

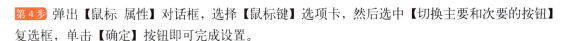

第4步 弹出【鼠标 属性】对话框，选择【鼠标键】选项卡，然后选中【切换主要和次要的按钮】复选框，单击【确定】按钮即可完成设置。

第 2 章
快速入门——轻松掌握 Windows 10 操作系统

本章导读

Windows 10 是美国微软公司所研发的新一代跨平台及设备应用的操作系统，在正式版本发布一年内，所有符合条件的 Windows 7、Windows 8 的用户都将可以免费升级到 Windows 10。本章就来认识一下 Windows 10 操作系统。

思维导图

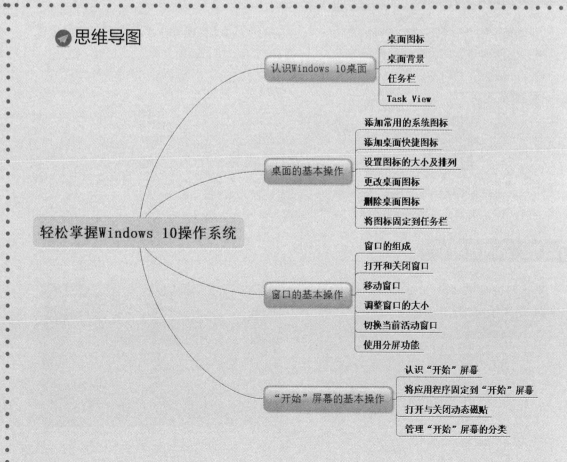

2.1 认识 Windows 10 桌面

进入 Windows 10 操作系统后，用户首先看到的桌面，桌面的组成元素主要包括桌面背景、图标、【开始】按钮、任务栏等。

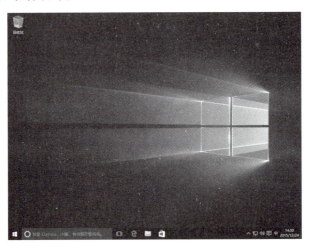

2.1.1 桌面图标

Windows 10 操作系统中，所有的文件、文件夹和应用程序等都由相应的图标表示。桌面图标一般由文字和图片组成，文字说明图标的名称或功能，图片是它的标识符。

用户双击桌面上的图标，可以快速地打开相应的文件、文件夹或者应用程序，如双击桌面上的【回收站】图标即可打开【回收站】窗口。

2.1.2 桌面背景

桌面背景是指 Windows 10 桌面系统背景图案，也称为墙纸，用户可以根据需要设置桌面的背景图案，如下图所示为 Windows 10 操作系统的默认桌面背景。

2.1.3 任务栏

【任务栏】是位于桌面的最底部的长条，主要由【程序】区、【通知】区域和【显示桌面】按钮组成，和以前的系统相比，Windows 10 中的任务栏设计更加人性化，使用更加方便、功能和灵活性更强大，用户按【Alt+Tab】组合键可以在不同的窗口之间进行切换操作。

2.1.4 Task View

Task View（任务视图）是一款 Windows 10 系统最新增加的虚拟桌面软件，该软件的按钮位于任务栏上，当单击之后能够查看当前运行的多任务程序，这有点类似于 OS X 的 Expose 多任务视图。而且在多窗口模式下切换起来会有更好的体验，用户可以根据不同的使用场景来定制不同的桌面，该功能主要面向重度用户，功能十分强大。如下图所示为 Task View 的视图界面。

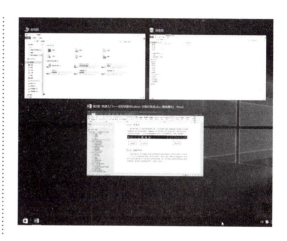

2.2 实战 1：桌面的基本操作

在 Windows 操作系统中，所有的文件、文件夹以及应用程序都由形象化的图标表示，在桌面上的图标被称为桌面图标，双击桌面图标可以快速打开相应的文件、文件夹或应用程序。

2.2.1 添加常用的系统图标

刚装好 Windows 10 操作系统时，桌面上只有【回收站】和【此电脑】两个系统图标，用户可以添加【网络】和【控制面板】等系统图标，具体操作步骤如下。

第1步 在桌面上空白处右击，在弹出的快捷菜单中选择【个性化】命令。

第2步 弹出【设置－个性化】对话框，在其中选择【主题】选项。

第3步　单击左侧窗格中的【桌面图标设置】链接，弹出【桌面图标设置】对话框，在其中选择需要添加的系统图标复选框。

第4步　单击【确定】按钮，选择的图标即可在桌面上添加。

2.2.2 添加桌面快捷图标

为了方便使用，用户可以将文件、文件夹和应用程序的图标添加到桌面上。

1. 添加文件或文件夹图标

具体操作步骤如下。

第1步　右击需要添加的文件夹，在弹出的快捷菜单中选择【发送到】→【桌面快捷方式】命令。

第2步　此文件夹图标就添加到桌面了。

2. 添加应用程序桌面图标

用户也可以添加程序的快捷方式放置在桌面上，下面以添加【记事本】为例进行讲解，具体操作步骤如下。

第1步　单击【开始】按钮，在弹出的快捷菜单中选择【所有应用】→【Windows附件】→【记事本】命令。

第2步　选择【记事本】选项，按下鼠标左键不放，将其拖曳到桌面上。

第 2 章
快速入门——轻松掌握 Windows 10 操作系统

第3步 返回到桌面，可以看到桌面上已经添加了一个【记事本】图标。

2.2.3 设置图标的大小及排列

如果桌面上的图标比较多，会显得很乱，这时可以通过设置桌面图标的大小和排列方式等来整理桌面。具体操作步骤如下。

第1步 在桌面的空白处右击，在弹出的快捷菜单中选择【查看】命令，在弹出的子菜单中显示 3 种图标大小，包括大图标、中等图标和小图标，本实例选择【小图标】命令。

第2步 返回到桌面，此时桌面图标已经以小图标的方式显示。

第3步 在桌面的空白处右击，然后在弹出的快捷菜单中选择【排列方式】命令，弹出的子菜单中有 4 种排列方式，分别为名称、大小、项目类型和修改日期，本实例选择【名称】命令。

第4步 返回到桌面，图标的排列方式将按【名称】进行排列，如下图所示。

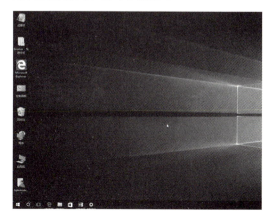

2.2.4 更改桌面图标

根据需要，用户还可以更改桌面图标的名称和标识等，具体操作步骤如下。

第1步 选择需要修改名称的图标并右击，在弹出的快捷菜单中选择【重命名】命令。

第2步 进入图标的编辑状态，直接输入名称。

第3步 按【Enter】键确认名称的重命名。

第4步 打开【桌面图标设置】对话框，在【桌面图标】选项卡中选择要更改标识的桌面图标，本实例选择【计算机】选项，然后单击【更改图标】按钮。

第5步 弹出【更改图标】对话框，从【从以下列表选择一个图标】列表框中选择一个自己喜欢的图标，然后单击【确定】按钮。

第6步 返回到【桌面图标设置】对话框，可以看出【计算机】图标已经更改，单击【确定】按钮。

第7步 返回到桌面，可以看出【计算机】图标已经发生了变化。

2.2.5 删除桌面图标

对于不常用的桌面图标，用可以将其删除，这样有利用管理，同时使桌面看起来更简洁美观。

1. 使用【删除】命令

这里以删除【记事本】为例进行讲解，具体操作步骤如下。

第1步 在桌面上选择【记事本】图标并右击，在弹出的快捷菜单中选择【删除】命令。

2. 利用快捷键删除

选择需要删除的桌面图标，按下【Delete】键，即可将图标删除。如果想彻底删除桌面图标，按下【Delete】键的同时按下【Shift】键，此时会弹出【删除快捷方式】对话框，提示"你确定要永久删除此快捷方式吗？"，单击【是】按钮。

第2步 即可将桌面图标删除，删除的图标被放在【回收站】中，用户可以将其还原。

2.2.6 将图标固定到任务栏

在 Windows 10 中取消了快速启动工具栏，若要快速打开程序，可以将程序锁定到任务栏。具体操作步骤如下。

第1步 如果程序已经打开，在【任务栏】上选择程序并右击鼠标，从弹出的快捷菜单中选择【固定到任务栏】命令。

第2步 在任务栏上将会一直存在添加的应用程序，用户可以随时打开程序。

第3步 如果程序没有打开，选择【开始】→【所有应用】命令，在弹出的列表中选择需要添加的任务栏中的应用程序，右击鼠标并在弹出的快捷菜单中选择【固定到任务栏】命令。

2.3 实战 2：窗口的基本操作

在 Windows 10 操作系统中，窗口是用户界面中最重要的组成部分，对窗口的操作是最基本的操作。

2.3.1 窗口的组成

在 Windows10 操作系统中，显示屏幕被划分成许多框，即为窗口，每个窗口负责显示和处理某一类信息，用户可在任意窗口上工作，并在各窗口间交换信息。操作系统中有专门的窗口管理软件来管理窗口操作，窗口是屏幕上与一个应用程序相对应的矩形区域，是用户与产生该窗口的应用程序之间的可视界面。

每当用户开始运行一个应用程序时，应用程序就创建并显示一个窗口；当用户操作窗口中的对象时，程序会做出相应的反应。用户通过关闭一个窗口来终止一个程序的运行；通过选择相应的应用程序窗口来选择相应的应用程序。例如，下图是操作系统的【控制面板】窗口。

2.3.2 打开和关闭窗口

打开窗口的常见方法有两种，即利用【开始】菜单和桌面快捷图标。下面以打开【画图】窗口为例，进行讲述如何利用【开始】菜单打开窗口，具体操作如下。

第1步 单击【开始】按钮，在弹出的菜单中选择【所有应用】→【Windows附件】→【画图】命令。

第2步 即可打开【画图】窗口。

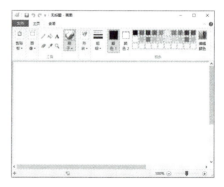

通过单击桌面上的【画图】图标，或者在【画图】图标上右击，在弹出的快捷菜单中选择【打开】命令，也可以打开该软件的窗口。

第 2 章
快速入门——轻松掌握 Windows 10 操作系统

窗口使用完后，用户可以将其关闭。常见的关闭窗口的方法有以下几种。下面以关闭【画图】窗口为例来讲述。

(1) 利用菜单命令。

在【画图】窗口中单击【文件】按钮，在弹出的菜单中选择【退出】命令。

(2) 利用【关闭】按钮。

单击【画图】窗口左上角的【关闭】按钮，即可关闭窗口。

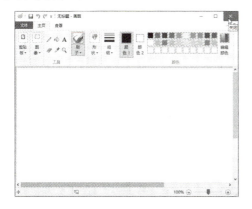

(3) 利用【标题栏】。

在标题栏上右击，在弹出的快捷菜单中选择【关闭】命令即可。

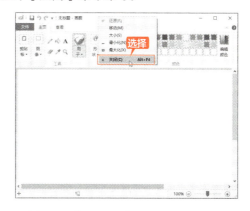

(4) 利用【任务栏】。

在任务栏栏上选择【画图】程序并右击，在弹出的快捷菜单中选择【关闭窗口】命令。

(5) 利用软件图标。

单击窗口最左上端的【画图】图标，在弹出的快捷菜单中选择【关闭】命令即可。

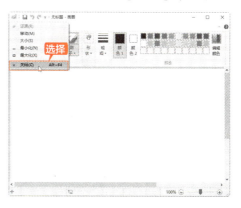

(6) 利用键盘组合键。

在【画图】窗口上按【Alt+F4】组合键，即可关闭窗口。

2.3.3 移动窗口

默认情况下，在 Windows 10 操作系统中，窗口是有一定透明性的，如果打开多个窗口，会出现多个窗口重叠的现象，对此，用户可以将窗口移动到合适的位置。具体操作步骤如下。

第1步 将鼠标放在需要移动位置的窗口的标题栏上，鼠标指针此时是 ▷ 形状。

第2步 按住鼠标不放，拖曳到需要的位置，松开鼠标，即可完成窗口位置的移动。

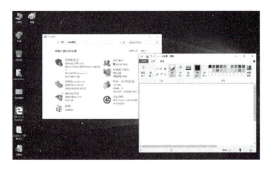

如果桌面上的窗口很多，运用上述方法移动很麻烦，此时用户可以通过设置窗口的显示形式对窗口进行排列。

在【任务栏】的空白处右击，在弹出的快捷菜单中有3种排列形式供选择，分别为【层叠窗口】、【层叠显示窗口】和【并排显示窗口】，用户可以根据需要选择一种排列方式。

2.3.4 调整窗口的大小

默认情况下，打开的窗口大小和上次关闭时的大小一样。用户可以根据需要调整窗口的大小，下面以设置【画图】软件的窗口为例，讲述设置窗口大小的方法。

1. 利用窗口按钮设置窗口大小

【画图】窗口右上角的按钮包括【最大化】、【最小化】和【还原】3个按钮。单击【最大化】按钮，则【画图】窗口将扩展到整个屏幕，显示所有的窗口内容，此时最大化窗口变成【还原】按钮，单击该按钮，即可将窗口还原到原来的大小。

单击【最小化】按钮，则【画图】窗口会最小化到【任务栏】栏上，用户要想显示窗口，需要单击【任务栏】上的程序图标。

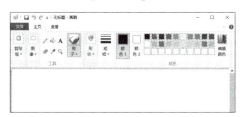

第 2 章
快速入门——轻松掌握 Windows 10 操作系统

2. 手动调整窗口的大小

当窗口处于非最小化和最大化状态时，用户可以通过手动调整窗口的大小。下面以调整【画图】软件窗口为例，讲述手动调整窗口的方法。具体操作步骤如下。

第1步 将鼠标指针移动到【画图】窗口的下边框上，此时鼠标指针变成上下箭头的形状。

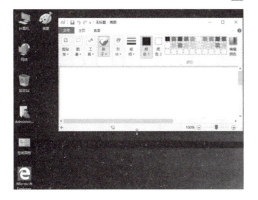

第2步 按住鼠标左键不放拖曳边框，拖曳到合适的位置松开鼠标即可。

第3步 将鼠标指针移动到【画图】窗口的右边框上，此时鼠标指针变成左右箭头的形状。

第4步 按住鼠标左键不放拖曳边框，拖曳到合适的位置松开鼠标即可。

第5步 将鼠标放在窗口右下角，此时鼠标指针变成倾斜的双向箭头。

第6步 按住鼠标左键不放拖曳边框，拖曳到合适的位置松开鼠标即可。

2.3.5 切换当前活动窗口

虽然在 Windows 7 操作系统中可以同时打开多个窗口，但是当前窗口只有一个。根据需要，用户需要在各个窗口之间进行切换操作。

(1) 利用程序按钮区。

每个打开的程序在【任务栏】都有一个相对应的程序图标按钮。将鼠标放在程序图标按钮区域上，即可弹出打开软件的预览窗口，单击该预览窗口即可打开该窗口。

(2) 利用【Alt+Tab】组合键。

利用【Alt+Tab】组合键可以快速实现各个窗口的快速切换。弹出窗口缩略图图标，按住【Alt】键不放，然后按【Tab】键可以在不同的窗口之间进行切换，选择需要的窗口后，松开按键，即可打开相应的窗口。

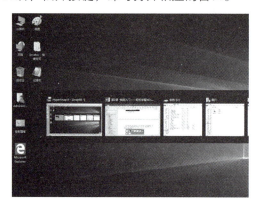

(3) 利用【Alt+Esc】组合键。

按【Alt+Esc】组合键，即可在各个程序窗口之间依次切换，系统按照从左到右的顺序，依次进行选择，这种方法和上个方法相比，比较耗费时间。

2.3.6 使用分屏功能

使用 Windows 10 的分屏功能可以将多个不同桌面的应用窗口展示在一个屏幕中，并和其他应用自由组合成多个任务模式，使用分屏功能展示多个应用窗口的操作很简单。按住鼠标左键，将桌面上的应用程序窗口向左拖动，直至屏幕出现分屏提示框（灰色透明蒙版），松开鼠标，即可实现分屏显示窗口。

| 提示 |

键盘的 Windows 键与方向键配合使用，更易实现多任务分屏，简单、方便、实用。

第 2 章
快速入门——轻松掌握 Windows 10 操作系统

2.4 实战 3：" 开始" 屏幕的基本操作

在 Windows 10 操作系统中，"开始"屏幕（Start screen）取代了原来的"开始"菜单，实际使用起来，"开始"屏幕相对"开始"菜单具有很大的优势，因为"开始"屏幕照顾到了桌面和平板电脑用户。

2.4.1 认识"开始"屏幕

单击桌面左下角的【开始】按钮，即可弹出【"开始"屏幕】工作界面。它主要由【程序列表】、【用户名】、【所有应用】按钮、【电源】按钮区和【动态磁贴】面板等组成。

(1) 用户名。

在用户名区域显示了当前登录系统的用户，一般情况下用户名为"Administrator"，该用户为系统的管理员用户。

(2)【最常用程序】列表。

【最常用程序】列表中显示了开始菜单中的常用程序，通过选择不同的选项，可以快速地打开应用程序。

(3)【固定程序】列表。

在【固定程序】列表中包含了【所有应用】按钮、【电源】按钮、【设置】按钮和【文件资源管理器】按钮。

选择【文件资源管理器】选项，可以打开【文件资源管理器】窗口，在其中可以查看本台电脑的所有文件资源。

选择【设置】选项，可以打开【设置】窗口，在其中可以选择相关的功能，对系统的设置、账户、时间和语言等内容进行设置。

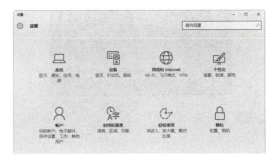

选择【所有应用】选项,打开【所有应用】程序列表,用户在【所有应用】列表中可以查看所有系统中安装的软件程序,单击列表中的文件夹的图标,可以继续展开相应的程序。单击【返回】按钮,即可隐藏所有程序列表。

(4)动态磁贴面板。

Windows 10 的磁贴,有图片、文字,还是动态的,应用程序需要更新的时候可以通过这些磁贴直接反映出来,而无须运行它们。

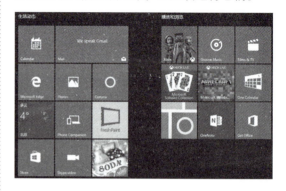

【电源】选项主要是用来对操作系统关闭操作,包括【关机】、【重启】、【睡眠】3个选项。

2.4.2 将应用程序固定到"开始"屏幕

在 Windows 10 操作系统中,用户可以将常用的应用程序或文档固定到"开始"屏幕中,以方便快速查找与打开。将应用程序固定到"开始"屏幕的操作步骤如下。

第1步 打开程序列表,选中需要固定到"开始"屏幕中的程序图标,然后右击该图标,在弹出的快捷菜单中选择【固定到"开始"屏幕】选项。

第3步 如果想要将某个程序从"开始"屏幕中删除,可以先选择该程序图标,然后右击鼠标,在弹出的快捷菜单中选择【从"开始"屏幕取消固定】选项即可。

第2步 随即将该程序固定到"开始"屏幕中。

2.4.3 打开与关闭动态磁贴

动态磁贴功能可以说是 Windows 10 操作系统的一大亮点,只要将应用程序的动态磁贴功能开启,就可以及时了解应用的更新信息与最新动态。

打开与关闭动态磁贴的操作步骤如下。

第1步 单击【开始】按钮,打开【"开始"屏幕】界面。

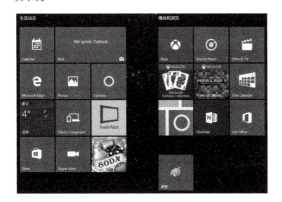

第2步 如果想要关闭某个应用程序的动态磁贴功能,可以右击【"开始"屏幕】面板中的应用程序图标,在弹出的快捷菜单中选择【更多】→【关闭动态磁贴】选项即可。

第3步 如果想要再次开启某个应用程序的动态磁贴功能,可以右击【"开始"屏幕】面板中的应用程序图标,在弹出的快捷菜单中选择【更多】→【打开动态磁贴】选项即可。

2.4.4 管理"开始"屏幕的分类

在 Windows 10 操作系统中,用户可以对"开始"屏幕进行分类管理,具体的操作步骤如下。

第1步 单击【开始】按钮,打开"开始"屏幕,将鼠标放置在"生活动态"右侧,激活右侧的【═】按钮,可以对屏幕分类进行重命名操作。

第2步 选择"开始"屏幕中的应用程序图标,按住鼠标左键不放进行拖曳,可以将其拖曳到其他的分类模块中。

第4步 将其他应用图标固定到"开始"屏幕中，将其放置在一个模块中，移动鼠标指针至该模块的顶部，可以看到【命名组】信息提示。

第3步 松开鼠标，可以看到【画图】工具放置到【播放和浏览】模块中。

第5步 单击【命名组】右侧的【▬】按钮，可以为其进行命名操作，如这里输入"应用程序"，完成后的操作如下图所示。

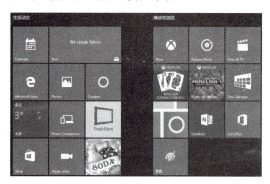

举一反三

使用虚拟桌面（多桌面）

　　Windows 10比较有特色的虚拟桌面（多桌面），可以把程序放在不同的桌面上从而让用户的工作更加有条理，对于办公室人员是比较实用的，如可以办公一个桌面、娱乐一个桌面。通过虚拟桌面功能，可以为一台电脑创建多个桌面，下面以创建一个办公桌面和一个娱乐桌面为例，来介绍多桌面的使用方法与技巧，最终的显示效果如下图所示。

的操作步骤如下。

第1步 单击系统桌面上的【任务视图】按钮，进入虚拟桌面操作界面。

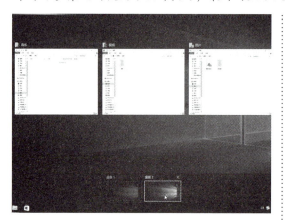

使用虚拟桌面创建办公桌面与娱乐桌面

第 2 章
快速入门——轻松掌握 Windows 10 操作系统

第2步 单击【新建桌面】按钮，即可新建一个桌面，系统会自动为其命名为"桌面2"。

第3步 进入"桌面1"操作界面，在其中右击任意一个窗口图标，在弹出的快捷菜单中选择【移动至】→【桌面2】选项，即可将"桌面1"的内容移动到"桌面2"之中。

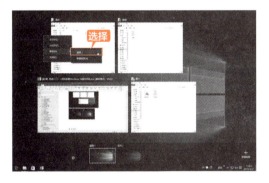

第4步 使用相同的方法，将其他的文件夹窗口图标移至"桌面2"中，此时"桌面1"中只剩下一个文件窗口。

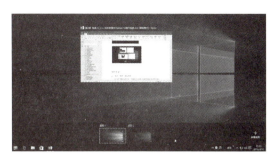

第5步 选择"桌面2"，进入"桌面2"操作系统中，可以看到移动之后的文件窗口，这样即可将办公与娱乐分在两个桌面中。

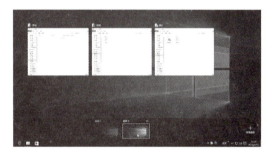

第6步 如果想要删除桌面，则可以单击桌面右上角的【删除】按钮，将选中的桌面删除。

◇ 添加"桌面"到工具栏

将"桌面"图标添加到工具栏，可以通过单击该图标，快速打开桌面上的应用程序功能，将"桌面"图标添加到工具栏的操作步骤如下。

第1步 右击 Windows 10 操作系统的任务栏，在弹出的快捷菜单中选择【工具栏】→【桌面】菜单项。

第2步 即可将"桌面"图标添加到"工具栏"中。

· 49 ·

第3步 单击【桌面】图标右侧的【》】按钮，在弹出的下拉列表中通过选择相关选项，可以快速打开桌面上的功能。

◇ 将"开始"菜单全屏幕显示

默认情况下，Windows 10 操作系统的"开始"屏幕是和"开始"菜单一起显示的，那么如何才能将"开始"菜单全屏幕显示呢，下面介绍其操作步骤。

第1步 在系统桌面上右击，在弹出的快捷菜单中选择【个性化】选项。

第2步 打开【设置－个性化】窗口，在其中选择【开始】选项，在右侧的窗格中将【使用全屏幕"开始"菜单】下方的按钮设置为"开"，然后单击【关闭】按钮关闭【设置】窗口。

第3步 单击【开始】按钮，可以看到"开始"菜单全屏幕显示。

◇ 让桌面字体变得更大

通过对显示的设置，可以让桌面字体变得更大，具体操作步骤如下。

第1步 在系统桌面上单击鼠标右键，在弹出的快捷菜单中选择【显示设置】选项。

第2步 打开【设置－显示】窗口。

第3步 单击【更改文本、应用和其他项目的大小：100（推荐）】下方的滑动条，通过增大其百分比，可以更改桌面字体的大小。

第 3 章
个性定制——个性化设置操作系统

本章导读

作为新一代的操作系统，Windows 10 进行了重大的变革，不仅延续了 Windows 家族的传统，而且带来了更多新的体验。本章主要讲述电脑的显示设置、系统桌面的个性化设置、用户账户的设置等。

思维导图

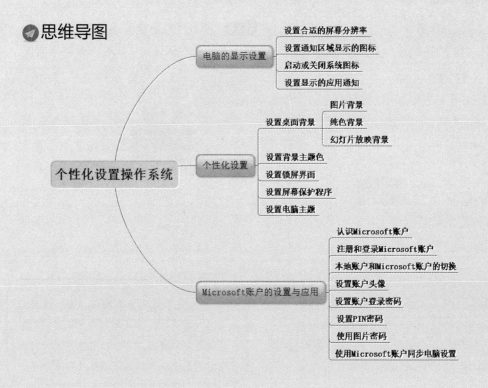

3.1 实战1：电脑的显示设置

对于电脑的显示效果，用户可以进行个性化操作，如设置电脑屏幕的分辨率、添加或删除通知区域显示的图标类型、启动或关闭系统图标等。

3.1.1 设置合适的屏幕分辨率

屏幕分辨率是指屏幕上显示的文本和图像的清晰度。分辨率越高，项目越清楚。同时屏幕上的项目越小，因此屏幕可以容纳越多的项目。分辨率越低，在屏幕上显示的项目越少，但尺寸越大。

设置适当的分辨率，有助于提高屏幕上图像的清晰度。具体操作步骤如下。

第1步 在桌面上的空白处右击，在弹出的快捷菜单中选择【显示设置】命令。

第2步 弹出【设置】窗口，在左侧列表中选择【显示】选项，进入显示设置界面。

第3步 单击【高级显示设置】超链接，弹出【高级显示设置】窗口，用户可以看到系统默认设置的分辨率。

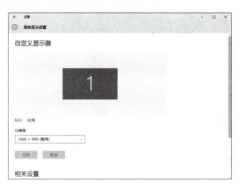

第4步 单击【分辨率】右侧的下拉按钮，在弹出的列表中选择需要设置的分辨率即可。

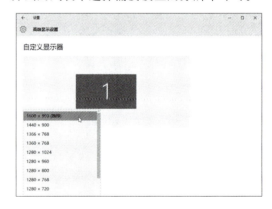

| 提示 |

更改屏幕分辨率会影响登录到此计算机上的所有用户。如果将监视器设置为它不支持的屏幕分辨率，那么该屏幕在几秒钟内将变为黑色，监视器则还原至原始分辨率。

3.1.2 设置通知区域显示的图标

在任务栏上显示的图标,用户可以根据自己的需要进行显示或隐藏操作,具体的操作步骤如下。

第1步 在桌面上的空白处右击,在弹出的快捷菜单中选择【显示设置】命令,打开【设置】窗口,并选择【通知和操作】选项。

第2步 单击【选择在任务栏上显示哪些图标】超链接,打开【选择在任务栏上显示哪些图标】窗口。

第3步 单击要显示图标右侧的【开/关】按钮,即可将该图标显示/隐藏在通知区域中,如这里单击【360安全卫士-安全防护中心模块】右侧的【开/关】按钮,将其设置为【开】状态。

第4步 返回到系统桌面中,可以看到通知区域中显示出了360安全卫士的图标。

> **提示**
>
> 如果想要删除通知区域的某个图标,可以将其显示状态设置为【关】即可。

3.1.3 启动或关闭系统图标

用户可以根据自己的需要启动或关闭任务栏中显示的系统图标,具体的操作步骤如下。

第1步 在【设置-系统】窗口中选择【通知和操作】选项。

第 2 步　单击【启用或关闭系统图标】超链接，进入【启用或关闭系统图标】窗口中。

第 3 步　如果想要关闭某个系统图标，需要将其状态设置为【关】，如这里单击【时钟】右侧的【开／关】按钮，将其状态设置为【关】。

第 4 步　返回到系统桌面，可以看到时钟系统图标在通知区域中不显示了。

第 5 步　如果想要启动某个系统图标，则可以将其状态设置为【开】，如这里单击【输入指示】图标右侧的【开／关】按钮，将其状态设置为【开】。

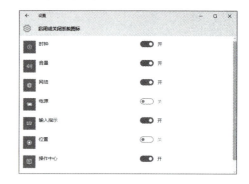

第 6 步　返回到系统桌面，可以看到通知区域显示出了输入指示图标。

3.1.4　设置显示的应用通知

Windows 10 的显示应用通知功能主要用于显示应用的通知信息，若关闭就不会显示任何应用的通知。

设置显示应用通知的操作步骤如下。

第 1 步　在【设置－系统】窗口中选择【通知和操作】选项，在下方可以看到【通知】设置区域。

第 3 章
个性定制——个性化设置操作系统

第2步 默认情况下，显示应用通知的功能是处于【开】状态，单击系统桌面通知区域中的【应用通知】图标，可以打开【操作中心】界面，在其中可以查看相关的通知。

第3步 如果想要关闭【显示应用通知】功能，只需单击其下方的【开／关】按钮，将其状态设置为【关】即可。

第4步 返回到系统桌面，将鼠标放置到【应用通知】图标上，可以看到有关关闭的相关提示信息。

第5步 有关通知的相关内容，用户还可以将其他的通知信息设置为【开】状态，这样不管本台电脑处于什么状态，都可以显示相关的通知信息。

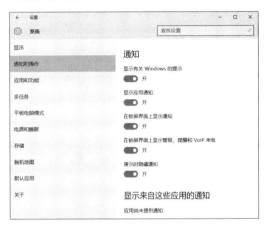

对【通知】区域中的 5 个选项的功能介绍如下。

【显示有关 Windows 的提示】：用于显示系统的通知，若关闭就不会显示系统的通知。

【显示应用通知】：用于显示应用的相关通知，若关闭就不会显示任何应用的通知。

【在锁屏界面上显示通知】：用于在锁屏界面上显示通知，若关闭这个选项，那么在锁屏界面上就不会显示通知，该功能主要用于 Windows Phone 手机和平板电脑。

【在锁屏界面上显示警报、提醒和 VoIP 来电】：若关闭这个选项在锁屏界面上就不会显示警告、提醒和 VoIP 来电。

【演示时隐藏通知】：演示模式用于向用户展示 Windows 10 功能，若开启这个功能，在演示模式下会隐藏通知信息。

3.2 实战 2：个性化设置

Windows 10 操作系统的个性化设置主要包括桌面、背景主题色、锁屏界面、电脑主题等内容的设置。

3.2.1 设置桌面背景

桌面背景可以是个人收集的数字图片、Windows 提供的图片、纯色或带有颜色框架的图片，也可以显示幻灯片图片。

设置桌面背景的具体操作步骤如下。

第 1 步 在桌面的空白处右击，在弹出的快捷菜单中选择【个性化】命令。

第 2 步 打开【设置 – 个性化】窗口，在其中选择【背景】选项。

第 3 步 单击【背景】下方右侧的下三角按钮，在弹出的下拉列表中可以对背景的样式进行设置，包括图片、纯色和幻灯片放映。

第 4 步 如果选择【纯色】选项，可以在下方的界面中选择相关的颜色，选择完毕后，可以在【预览】区域查看背景效果。

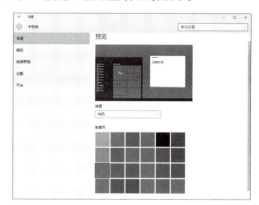

第 5 步 如果选择【幻灯片放映】选项，则可以在下方的界面中设置幻灯片图片的播放频率、播放顺序等信息。

第 3 章
个性定制——个性化设置操作系统

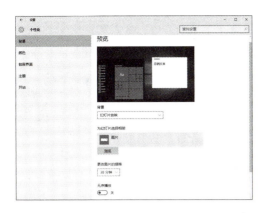

第6步 如果选择【图片】选项，则可以单击下方界面中的【选择契合度】右侧的下拉按钮，在弹出的下拉列表中选择图片契合度，包括填充、适应、拉伸等选项。

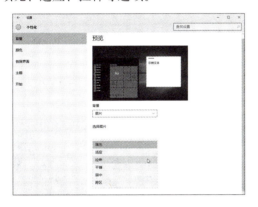

第7步 单击【选择图片】下方的【浏览】按钮，打开【打开】对话框，在其中可以选择某个图片作为桌面的背景。

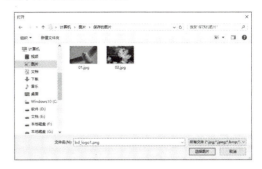

第8步 单击【选择图片】按钮，返回到【设置-个性化】窗口中，可以在【预览】区域查看预览效果。

3.2.2 设置背景主题色

Windows 10 默认的背景主题色为黑色，如果用户不喜欢，则可以对其进行修改，具体的操作步骤如下。

第1步 单击【开始】按钮，在弹出的"开始"菜单中选择【设置】选项。

第2步 打开【设置】窗口，在其中选择【个性化】图标。

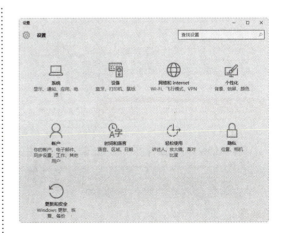

第3步 打开【个性化】窗口，在其中选择【颜色】选项，在右边可以看到【预览】、【选择一种颜色】等参数。

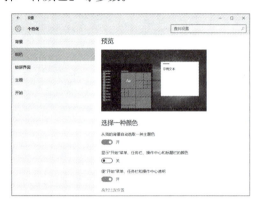

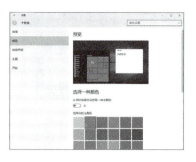

第4步 将【选择一种颜色】下方的【从我的背景自动选取一种主题色】由【开】设置为【关】，这时系统会给出建议的颜色，在其中根据需要自行选择主题颜色。

第6步 将【显示"开始"菜单、任务栏、操作中心和标题栏的颜色】由【关】设置为【开】。

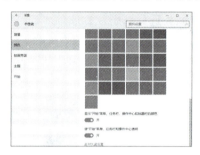

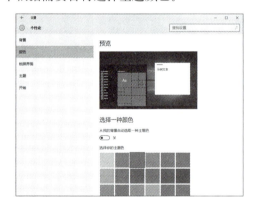

第7步 返回到系统中，至此就完成了 Windows 10 主题色的设置。

第5步 这里选择【红色】色块，可以在【预览】区域查看预览效果。

> **提示**
>
> 若【显示"开始"菜单、任务栏、操作中心和标题栏的颜色】为【关】状态，则任务栏开始菜单颜色不会随用户选择的颜色而改变。

3.2.3 设置锁屏界面

Windows 10 操作系统的锁屏功能主要用于保护电脑的隐私安全，又可以保证在不关机的情况下省电，其锁屏所用的图片被称为锁屏界面。

设置锁屏界面的操作步骤如下。

第1步 在桌面的空白处右击，在弹出的快捷菜单中选择【个性化】命令，打开【个性化】窗口，在其中选择【锁屏界面】选项。

第 3 章
个性定制——个性化设置操作系统

第 2 步 单击【背景】下方【图片】右侧的下拉按钮，在弹出的下拉列表中可以设置用于锁屏的背景，包括图片、Windows 聚焦和幻灯片 3 种类型。

第 3 步 选择【Windows 聚焦】选项，可以在【预览】区域查看设置的锁屏图片样式。

第 4 步 同时按下【Windows+L】组合键，就可以进入系统锁屏状态。

3.2.4 设置屏幕保护程序

当在指定的一段时间内没有使用鼠标或键盘后，屏幕保护程序就会出现在计算机的屏幕上，此程序为移动的图片或图案，屏幕保护程序最初用于保护较旧的单色显示器免遭损坏，但现在它们主要是个性化计算机或通过提供密码保护来增强计算机安全性的一种方式。

设置屏幕保护的具体操作步骤如下。

第 1 步 在桌面的空白处右击，在弹出的快捷菜单中选择【个性化】命令，打开【个性化】窗口，在其中选择【锁屏界面】选项。

第2步 在【锁屏界面】设置窗口中单击【屏幕超时设置】超链接，打开【电源和睡眠】设置界面，在其中可以设置屏幕和睡眠的时间。

第3步 在【锁屏界面】设置窗口中单击【屏幕保护程序设置】超链接，打开【屏幕保护程序设置】对话框，选中【在恢复时显示登录屏幕】复选框。

第4步 在【屏幕保护程序】下拉列表中选择系统自带的屏幕保护程序，本实例选择【气泡】选项，此时在上方的预览框中可以看到设置

后的效果。

第5步 在【等待】微调框中设置等待的时间，本实例设置为"5"分钟。

第6步 设置完成后，单击【确定】按钮，返回到【设置】窗口，这样，如果用户在5分钟内没有对电脑进行任何操作，系统会自动启动屏幕保护程序。

3.2.5 设置电脑主题

主题是桌面背景图片、窗口颜色和声音的组合，用户可对主题进行设置，具体操作步骤如下。
第1步 在桌面的空白处右击，在弹出的快捷菜单中选择【个性化】命令，打开【个性化】窗口，在其中选择【主题】选项。

第 3 章
个性定制——个性化设置操作系统

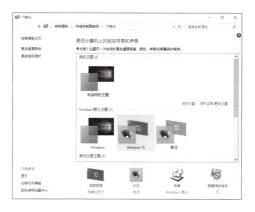

第 2 步 随即进入【个性化】窗口主题的设置界面，在其中单击某个主题可一次性同时更改桌面背景、颜色、声音和屏幕保护程序。

第 4 步 单击【保护主题】超链接，打开【将主题另存为】对话框，在其中输入主题的名称。

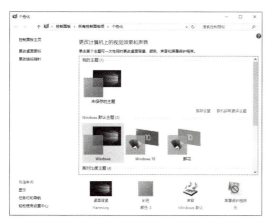

第 5 步 单击【保存】按钮，即可将主题保存到本台电脑中，以方便后期使用。

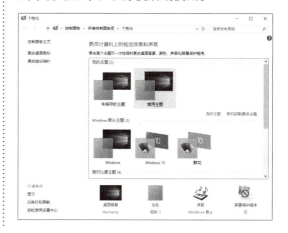

第 3 步 选择 Windows 默认主题的【Windows 10】主题样式，可在下方显示该主题的桌面背景、颜色、声音和屏幕保护程序等信息。

3.3 实战 3：Microsoft 账户的设置与应用

Microsoft 账户是用于登录 Windows 的电子邮件地址和密码，本节来介绍 Microsoft 账户的设置与应用。

3.3.1 认识 Microsoft 账户

Microsoft 账户是免费的且易于设置的系统账户，用户可以使用自己所选的任何电子邮件地址完成该账户的注册与登记操作。例如，可以使用 Outlook.com、Gmail 或 Yahoo! 地址，作为 Microsoft 账户。

当用户使用 Microsoft 账户登录自己的电脑或设备时，可从 Windows 应用商店中获取应用，使用免费云存储备份自己的所有重要数据和文件，并使自己的所有常用内容，如设备、照片、好友、游戏、设置、音乐等，保持更新和同步。

3.3.2 注册和登录 Microsoft 账户

要想使用 Microsoft 账户管理此设备，首先需要做的就是在此设备上注册和登录 Microsoft 账户。

注册与登录 Microsoft 账户的操作步骤如下。

第1步 单击【开始】按钮，在弹出的【"开始"屏幕】中单击登录用户，在弹出的下拉列表中选择【更改账户设置】选项。

第2步 打开【设置－账户】窗口，在其中选择【你的电子邮件和账户】选项。

第3步 单击【电子邮件、日历和联系人】下方的【添加账户】选项。

第4步 弹出【选择账户】列表，在其中选择【Outlook.com】选项。

第5步 打开【添加你的 Microsoft 账户】对话框，在其中可以输入 Microsoft 账户的电子邮件或手机与密码。

第6步 如果没有 Microsoft 账户，则需要单击【创建一个！】超链接，打开【让我们来创建你的账户】对话框，在其中输入账户信息。

第 3 章
个性定制——个性化设置操作系统

用 Microsoft 账户登录此设备？】对话框，在其中输入你的 Windows 密码。

第7步 单击【下一步】按钮，打开【添加安全信息】对话框，在其中输入手机号码。

第10步 单击【下一步】按钮，打开【全部完成】对话框，提示用户，你的账户已经成功设置。

第8步 单击【下一步】按钮，打开【查看与你相关度最高的内容】对话框，在其中查看相关说明信息。

第11步 单击【完成】按钮，即可使用 Microsoft 账户登录到本台电脑上。至此，就完成了 Microsoft 账户的注册与登录操作。

第9步 单击【下一步】按钮，打开【是否使

· 63 ·

3.3.3 本地账户和Microsoft账户的切换

本地账户和Microsoft账户的切换包括两种情况，下面分别进行介绍。

1 本地账户切换到Microsoft账户

第1步 在【设置－账户】窗口中选择【你的电子邮件和账户】选项，进入【你的电子邮件和账户】设置界面。

第2步 单击【改用Microsoft账户登录】超链接，打开【个性化设置】窗口，在其中输入Microsoft账户的电子邮件账户与密码。

第3步 单击【登录】按钮，打开【使用你的Microsoft账户登录此设备】对话框，在其中输入Windows登录密码。

第4步 单击【下一步】按钮，即可从本地账户切换到Microsoft账户来登录此设备。

2 Microsoft账户切换到本地账户

第1步 以Microsoft账户登录此设备后，选择【设置－账户】窗口中的【你的电子邮件和账户】选项，在打开的设备界面中单击【改用本地账户登录】超链接。

第 3 章
个性定制——个性化设置操作系统

第2步 打开【切换到本地账户】对话框，在其中输入 Microsoft 账户的登录密码。

第3步 单击【下一步】按钮，打开【切换到本地账户】对话框中，在其中输入本地账户的用户名、密码和密码提示等信息。

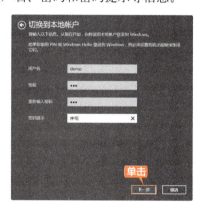

第4步 单击【下一步】按钮，打开【切换到本地账户】对话框，提示用户所有的操作即将完成。

第5步 单击【注销并完成】按钮，即可将 Microsoft 切换到本地账户中。

3.3.4 设置账户头像

不管是本地账户或者是 Microsoft 账户，对于账户的头像，用户可以自行设置，而且操作方法一样。设置账户头像的操作步骤如下。

第1步 打开【设置－账户】窗口，在其中选择【你的电子邮件和账户】选项，在打开的界面中单击【你的头像】下方的【浏览】按钮。

第2步 打开【打开】对话框，在其中选择想要作为头像的图片。

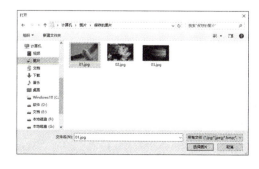

第3步 单击【选择图片】按钮，返回到【设置－账户】窗口中，可以看到设置头像后的效果。

3.3.5 设置账户登录密码

账户登录密码的设置方法根据账户类型的不同，其设置方法也不尽相同，下面分别进行介绍。

1. Microsoft 账户登录密码的设置

第1步 以 Microsoft 账户类型登录本台设备，然后选择【设置－账户】窗口中的【登录选项】选项，进入【登录选项】设置界面。

第2步 单击【密码】区域下方的【更改】按钮，打开【更改你的 Microsoft 账户密码】对话框，在其中输入当前密码和新密码。

第3步 单击【下一步】按钮，即可完成 Microsoft 账户登录密码的更改操作，最后单击【完成】按钮。

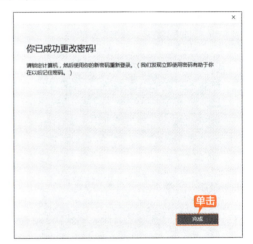

2. 本地账户登录密码的设置

第1步 以本地账户类型登录本台设备，然后选择【设置－账户】窗口中的【登录选项】选项，进入【登录选项】设置界面。

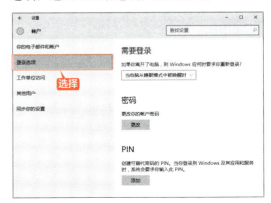

第 3 章
个性定制——个性化设置操作系统

第2步 单击【密码】区域下方的【更改】按钮，打开【更改密码】对话框，在其中输入当前密码。

第4步 单击【下一步】按钮，即可完成本地账户密码的更改操作，最后单击【完成】按钮。

第3步 单击【下一步】按钮，打开【更改密码】对话框，在其中输入新密码和密码提示信息。

3.3.6 设置 PIN 密码

PIN 码是可以替代登录密码的一组数据，当用户登录到 Windows 及其应用和服务时，系统会要求用户输入 PIN 码。

设置 PIN 码的具体操作操作步骤如下。

1. 添加与更改 PIN 码

第1步 在【设置-账户】窗口中选择【登录选项】选项，在右侧可以看到用于设置 PIN 码的区域。

打开【请重新输入密码】对话框，在其中输入账户的登录密码。

第3步 单击【登录】按钮，打开【设置 PIN】对话框，在其中输入 PIN 码。

第2步 单击 PIN 区域下方的【添加】按钮，

· 67 ·

第4步 单击【确定】按钮，即可完成PIN码的添加操作，并返回到【登录选项】设置界面中。

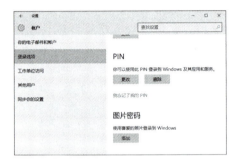

第5步 如果想要更改PIN码，则可以单击PIN区域下方的【更改】按钮，打开【更改PIN】对话框，在其中输入更改后的PIN码，然后单击【确定】按钮即可。

2. 忘记PIN码

第1步 如果忘记了PIN码，则可以在【登录选项】设置界面中单击PIN区域下方的【我忘记了我的PIN】超链接，

第2步 打开【首先，请验证你的账户密码】对话框，在其中输入登录账户密码，单击【确定】按钮。

第3步 打开【设置PIN】对话框，在其中重新输入PIN码，最后单击【确定】按钮即可。

3. 删除PIN码

第1步 如果想要删除PIN码，则可以在【登录选项】设置界面中单击【PIN】设置区域下方的【删除】按钮。

第2步 随即在PIN码区域显示出确实要删除PIN码的信息提示。

第 3 章
个性定制——个性化设置操作系统

<u>第3步</u> 单击【删除】按钮，打开【首先，请验证你的账户密码】对话框，在其中输入登录密码。

<u>第4步</u> 单击【确定】按钮，即可删除 PIN 码，

并返回到【登录选项】设置界面中，可以看到【PIN】设置区域只剩下【添加】按钮，说明删除成功。

3.3.7 使用图片密码

图片密码是一种帮助用户保护触摸屏电脑的全新方法，要想使用图片密码，用户需要选择图片并在图片上画出各种手势，以此来创建独一无二的图片密码。

创建图片密码的操作步骤如下。

<u>第1步</u> 在【登录选项】工作界面中单击【图片密码】下方的【添加】按钮。

<u>第2步</u> 打开【创建图片密码】对话框，在其中输入账户登录密码，单击【确定】按钮。

<u>第3步</u> 进入【图片密码】窗口，单击【选择图片】按钮。

<u>第4步</u> 打开【打开】对话框，在其中选择用于创建图片密码的图片，单击【打开】按钮。

第5步 返回到【图片密码】窗口，在其中可以看到添加的图片，单击【使用此图片】按钮。

第6步 进入【设置你的手势】窗口，在其中通过拖拉鼠标绘制手势。

第7步 手势绘制完毕后，进入【确认你的手势】窗口，在其中确认上一步绘制的手势。

第8步 手势确认完毕后，进入【恭喜！】窗口，提示用户图片密码创建完成，单击【完成】按钮。

第9步 返回到【登录选项】工作界面，【添加】按钮已经不存在，说明图片密码添加完成。

| 提示 |

如果想要更改图片密码可以通过单击【更改】按钮来操作，如果想要删除图片密码，则可以单击【删除】按钮即可。

3.3.8 使用 Microsoft 账户同步电脑设置

使用 Microsoft 账户可以同步电脑的设置，开启同步设置的操作很简单，在【设置-账户】窗口中选择【同步你的设置】选项，在打开的工作界面中将【同步设置】的状态设置为【开】，然后根据自己的实际需要将【同步内容】下方的相关内容设置为【开】状态即可。

第3章 个性定制——个性化设置操作系统

启用同步后，Windows 会跟踪用户所关心的设置，并在用户的所有 Windows 10 设备上为用户进行同步设置，常用的同步内容包括 Web 浏览器设置、密码和颜色主题等内容。如果启用了【其他 Windows 设置】的同步状态，Windows 会同步某些设备设置，如打印机、鼠标、文件资源管理器和通知首选项等。

举一反三

添加家庭成员和其他用户

在 Windows 10 操作系统中，除了管理员账户外，还可以利用管理员权限添加家庭成员和其他用户，而且这些账户互不干扰，让每个账户都有自己的登录信息和桌面。如果添加的是儿童账户，家长可以对儿童账户进行权限设置，从而确保孩子的上网安全。添加家庭成员需要在 Microsoft 账户类型下才能进行，而添加其他用户既可以在本地账户下进行，也可以在 Microsoft 账户下进行，添加完家庭成员和其他用户最终的显示效果如下图所示。

这里以添加儿童家庭成员和其他用户为例，来介绍添加家庭成员和其他用户的操作步骤。

1. 添加儿童家庭成员

第1步 打开【设置-账户】窗口，在其中选择【家庭和其他用户】选项，进入【家庭和其他用户】设置界面。

第2步 单击【添加家庭成员】按钮，打开【是否添加儿童或成人？】对话框，在其中选中【添加儿童】单选按钮。

第3步 如果已经存在有儿童账户，则可以在下面的文本框中输入电子邮件地址，如果没有，则需要单击【我想要添加的人员没有电子邮件地址】超链接，打开【让我们创建一个账户】对话框，在其中输入相关信息。

第4步 单击【下一步】按钮，打开【帮助我们保护你孩子的信息】对话框，在其中输入手机号码。

第5步 单击【下一步】按钮，打开【查看与其相关度最高的内容】对话框，在其中根据自己的需要选择相关复选框。

第6步 单击【下一步】按钮，打开【准备好了！】对话框，提示用户已经将儿童账户添加到家庭成员中。

第3章
个性定制——个性化设置操作系统

第7步 单击【关闭】按钮，返回到【设置－账户】窗口，在其中可以看到添加的儿童家庭成员。

第8步 单击添加的儿童账户电子邮件地址，弹出相关的设置选项，包括【更改账户类型】和【阻止】按钮。

第9步 单击【更改账户类型】按钮，打开【更改账户类型】对话框，在其中可以设置账户的类型，这里选择【标准用户】类型。

2. 添加其他用户

第1步 单击【设置－账户】窗口中的【将其他人添加到这台电脑】按钮，打开【此人将如何登录】对话框，在其中输入此人的电子邮件地址。

第2步 单击【下一步】按钮，打开【准备好了！】对话框，即可完成其他用户的添加。

第3步 单击【完成】按钮，返回到【设置－账户】窗口，在其中可以看到添加的儿童家庭账户和其他用户。

· 73 ·

◇ 解决遗忘 Windows 登录密码的问题

在电脑的使用过程中，忘记电脑开机登录密码是常有的事，而 Windows10 系统的登录密码是无法强行破解的，需要登录微软的找回密码的网站，重置密码，才能登录进入系统桌面，具体的操作步骤如下。

第1步 打开一台可以上网的电脑，在 IE 地址栏中输入找回密码网站的网址 "account.live.com"，按下【Enter】键，进入其操作界面。

第2步 单击【无法访问你的账户？】超链接，打开【为何无法登录？】界面，在其中选中【我忘记了密码】单选按钮。

第3步 单击【下一步】按钮，打开【恢复你的账户】界面，在其中输入要恢复的 Microsoft 账户和你看到的字符。

第4步 单击【下一步】按钮，打开【我们需要验证你的身份】界面，在其中选中【短信至 ******81】单选按钮，并在下方的文本框中输入手机号码的后四位。

第5步 单击【发送代码】按钮，即可往手机中发送安全代码，并打开【输入你的安全代码】界面，在其中输入接收到的安全代码。

第 3 章
个性定制——个性化设置操作系统

第6步 单击【下一步】按钮，打开【重新设置密码】界面，在其中输入新的密码，并确认再次输入新的密码。

第7步 单击【下一步】按钮，打开【你的账户已恢复】界面，在其中提示用户可以使用新的安全信息登录到你的账户了。

◇ 无须输入密码自动登录操作系统

在安装 Windows 10 操作系统中，需要用户事先创建好登录账户与密码才能完成系统的安装，那么如何才能无须输入密码就能自动登录操作系统呢？

具体的操作步骤如下。

第1步 单击【开始】按钮，在弹出的【"开始"屏幕】中选择【所有应用】→【Windows 系统】→【运行】菜单命令。

第2步 打开【运行】对话框，在【打开】文本框中输入"control userpasswords2"，单击【确定】按钮。

第3步 打开【用户账户】对话框，在其中取消对【要使用本计算机，用户必须输入用户名和密码】复选框的选中状态，单击【确定】按钮。

入本台计算机的用户名、密码信息,单击【确定】按钮。

第5步 这样重新启动本台电脑后,系统就会不用输入密码而自动登录到操作系统中了。

第4步 打开【自动登录】对话框,在其中输

第4章
电脑打字——输入法的认识和使用

📖 本章导读

学会输入汉字和英文是使用电脑的第一步,对于输入英文字符,只要按着键盘上输入就可以了,而汉字不能像英文字母那样直接用键盘输入到计算机中,需要使用英文字母和数字对汉字进行编码,然后通过输入编码得到所需汉字,这就是汉字输入法。本章主要讲述输入法的管理、拼音打字、五笔打字等。

🔵 思维导图

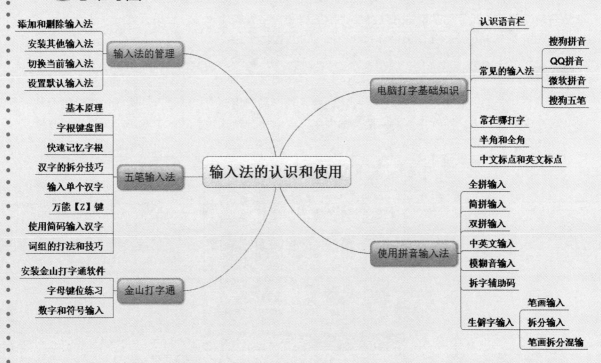

4.1 电脑打字基础知识

使用电脑打字，首先需要认识电脑打字的相关基础知识，如认识语言栏、常见的输入法、什么是半角、什么是全角等。

4.1.1 认识语言栏

语言栏是指电脑右下角的输入法，其主要作用是用来进行输入法切换的。当用户需要在Windows中进行文字输入时，就需要用语言栏了，因为Windows的默认输入语言是英文，在这种情况下，用键盘在文本里输入的文字会是英文字母，如果需要输入中文文字，则就需要语言栏的帮助了。

下图所示为Windows10操作系统中的语言栏，单击语言栏上的【CH】按钮，可以进行中文与英文输入方式的切换，单击【M】按钮，可以进行中文输入法的切换。

4.1.2 常见的输入法

常见的拼音输入法有搜狗拼音输入法、紫光拼音输入法、微软拼音输入法、智能拼音输入法、全拼输入法等。而五笔字型输入法主要是指王码和极品五笔输入法，王码五笔输入法已经过了20多年的实践和检验，是国内占主导地位的汉字输入技术。

1 搜狗拼音输入法

搜狗拼音输入法是基于搜索引擎技术的输入法产品，用户可以通过互联网备份自己的个性化词库和配置信息。搜狗拼音输入法为国内主流汉字拼音输入法之一。下图所示为搜狗拼音输入法的状态栏。

第4章
电脑打字——输入法的认识和使用

搜狗拼音输入法有以下特色。

(1) 网络新词：搜狐公司将网络新词作为搜狗拼音最大优势之一。鉴于搜狐公司同时开发搜索引擎的优势，搜狐声称在软件开发过程中分析了 40 亿网页，将字、词组按照使用频率重新排列。在官方首页上还有搜狐制作的同类产品首选字准确率对比。搜狗拼音的这一设计的确在一定程度上提高了打字的速度。

(2) 快速更新：不同于许多输入法依靠升级来更新词库的办法，搜狗拼音采用不定时在线更新的办法。这减少了用户自己造词的时间。

(3) 整合符号：搜狗拼音将许多符号表情也整合进词库，如输入"haha"得到"^_^"。另外还提供一些用户自定义的缩写，如输入"QQ"，则显示"我的 QQ 号是 XXXXXX"等。

(4) 笔画输入：输入时以"u"做引导可以"h"（横）、"s"（竖）、"p"（撇）、"n"（捺，也作"d"（点））、"t"（提）用笔画结构输入字符。值得一说的是，竖心的笔顺是点点竖（nns），而不是竖点点。

(5) 手写输入：最新版本的搜狗拼音输入法支持扩展模块，增加手写输入功能，当用户按【U】键时，拼音输入区会出现"打开手写输入"的提示，单击即可打开手写输入（如果用户未安装，单击会打开扩展功能管理器，可以单击【安装】按钮在线安装）。该功能可帮助用户快速输入生字，极大地增加了用户的输入体验。

(6) 输入统计：搜狗拼音提供一个统计用户输入字数，打字速度的功能。但每次更新都会清零。

(7) 输入法登录：可以使用输入法登录功能登录搜狗、搜狐等网站。

(8) 个性输入：用户可以选择多种精彩皮肤。按【I】键可开启快速换肤。

(9) 细胞词库：细胞词库是搜狗首创的、开放共享、可在线升级的细分化词库功能。细胞词库包括但不限于专业词库，通过选取合适的细胞词库，搜狗拼音输入法可以覆盖几乎所有的中文词汇。

(10) 截图功能：可在选项设置中选择开启、禁用和安装、卸载截图功能。

2. QQ 拼音输入法

QQ 拼音输入法（简称 QQ 拼音、QQ 输入法），是由腾讯公司开发的一款汉语拼音输入法软件。与大多数拼音输入法一样，QQ 拼音输入法支持全拼、简拼、双拼 3 种基本的拼音输入模式。而在输入方式上，QQ 拼音输入法支持单字、词组、整句的输入方式。

QQ 拼音输入法有以下特点。

(1) 提供多套精美皮肤，让书写更加享受。

(2) 输入速度快，占用资源小，轻松提高打字速度 20%。

(3) 最新最全的流行词汇，不仅仅适合任何场合使用，而且是最适合聊天软件和其他互联网应用中使用的输入法。

(4) 用户词库，网络迁移绑定 QQ 号码、个人词库随身带。

(5) 智能整句生成，轻松输入长句。

3. 微软拼音输入法

微软拼音输入法 (MSPY) 是一种基于语句的智能型的拼音输入法，采用拼音作为汉字的录入方式，用户不需要经过专门的学习和培训，就可以方便使用并熟练掌握这种汉字输入技术。微软拼音输入法提供了模糊音设置，为一些地区说话带口音的用户着想。下图所示为微软拼音的输入界面。

(1) 采用基于语句的整句转换方式，用户连续输入整句话的拼音，不必人工分词、挑选候选词语，这样既保证了用户的思维流畅，又大大提高了输入的效率。

(2) 为用户提供了许多特性，如自学习和自造词功能。使用这两种功能，经过短时间的与用户交流，微软拼音输入法能够学会用户的专业术语和用词习惯。从而，微软拼音输入法的转换准确率会更高，用户用得也更加得心应手。

(3) 与 Office 系列办公软件密切地联系在一起。

(4) 自带语音输入功能，具有极高的辨识度，并集成了语音命令的功能。

(5) 支持手写输入。

4. 搜狗五笔输入法

搜狗五笔输入法是互联网五笔输入法，与传统输入法不同的是，不仅支持随身词库，五笔 + 拼音、纯五笔、纯拼音多种模式的可选，使得输入适合更多人群。下图所示为使用搜狗五笔输入法输入文字时的效果图。

(1) 五笔拼音混合输入、纯五笔、纯拼音多种输入模式供用户选择，尤其在混合输入模式下，用户再也不用切换到拼音输入法下去输入暂时用五笔打不出的字词了，并且所有五笔字词均有编码提示，是增强五笔能力的有力助手。

(2) 词库随身：包括自造词在内的便捷的同步功能，对用户配置、自造词甚至皮肤，都能上传下载。

(3) 人性化设置：兼容多种输入习惯。

即便是在某一输入模式下，也可以对多种输入习惯进行配置，如四码唯一上屏、四码截止输入、固定词频与否等，可以随心所欲地让输入法随你而变。

(4) 界面美观：兼容所有搜狗拼音可用的皮肤。

(5) 搜狗手写：在搜狗的菜单选中拓展功能——手写输入安装。手写还可以关联 QQ，适合不会打字的人使用。

4.1.3 常在哪打字

打字时也需要有场地，可以显示输入的文字，常用的能大量显示文字的软件有记事本、Word、写字板等。在输入文字后，还需要设置文字的格式，使文字看起来工整、美观。这是就可以使用 Word 软件。

Word 是微软公司 Office 办公系列软件的一个文字处理软件，不仅可以显示输入的文字，还具有强大的文字编辑功能。下图所示为 Word 2016 软件的操作界面。

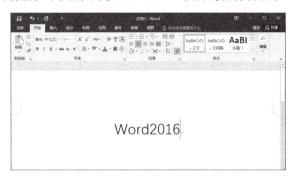

Word 主要具有以下特点。

(1) 所见即所得：用户使用 Word 作为电脑打字的练习场地，使得输入效果在屏幕上一目了然。

(2) 直观的操作界面：Word 软件界面友好，提供了丰富多彩的工具，利用鼠标就可以确定文字输入位置、选择已输入的文字，便于修改。

(3) 多媒体混排：用 Word 软件可以编辑文字图形、图象、声音、动画，还可以插入其他软件制作的信息，其提供的绘图工具进行图形制作，编辑艺术字，数学公式，能够满足用户的各种文字处理要求。

(4) 强大的制表功能：Word 软件不仅便于文字输入，还提供了强大的制表功能，用 Word 软件制作表格，既轻松又美观，既快捷又方便。

(5) 自动功能：Word 软件提供了拼写和语法检查功能，提高了英文文章编辑的正确性，如果发现语法错误或拼写错误，Word 软件还提供修正的建议。当用 Word 软件编辑好文档后，Word 可以帮助用户自动编写摘要，为用户节省了大量的时间。自动更正功能为用户输入同样的字符，提供了很好的帮助，用户可以自己定义字符的输入，当用户要输入同样的若干字符时，可以定义一个字母来代替，尤其在汉字输入时，该功能使用户的输入速度大大提高。

(6) 模板功能：Word 软件提供了大量且丰富的模板，用户在模板中输入文字即可得到一份漂亮的文档。

(7) 丰富的帮助功能：Word 软件的帮助功能详细而丰富，用户遇到问题时，能够方便地找到解决问题的方法。

(8) 超强兼容性：Word 软件可以支持许多种格式的文档，也可以将 Word 编辑的文档另存为其他格式的文件，这为 Word 软件和其他软件的信息交换提供了极大的方便。

(9) 强大的打印功能：Word 软件提供了打印预览功能，具有对打印机参数的强大的支持性和配置性。便于用户打印输入的文字。

4.1.4 半角和全角

半角和全角主要是针对标点符号来说的，全角标点占两个字节，半角占一个字节。在搜狗状态条中单击【全角/半角】按钮或者按【Shift+Space】组合键即可在全角与半角之间切换。

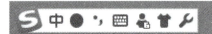 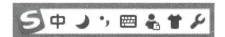

4.1.5 中文标点和英文标点

在搜狗状态条中单击【中/英文标点】按钮或者按【Shift+.】键即可在中英文标点之间切换。

4.2 实战1：输入法的管理

输入法是指为了将各种符号输入计算机或其他设备而采用的编码方法。汉字输入的编码方法基本上都是将音、形、义与特定的键相联系，再根据不同汉字进行组合来完成汉字的输入。

4.2.1 添加和删除输入法

安装输入法之后，用户就可以将安装的输入法添加至输入法列表，不需要的输入法还可以将其删除。

1. 添加汉字输入法

添加汉字输入法的具体操作步骤如下。

第1步 在【开始】按钮单击鼠标右键，在弹出的快捷菜单中选择【控制面板】菜单项，弹出【控制面板】窗口，单击【语言】选项。

第2步 弹出【语言】窗口，单击【选项】按钮。

第 4 章
电脑打字——输入法的认识和使用

第3步 弹出【语言选项】窗口，单击【添加输入法】超链接。

第4步 弹出【输入法】窗口，选择想添加的输入法，单击【添加】按钮。

第5步 返回到【语言选项】窗口，在【输入法】列表框中即可看到选择的输入法，单击【保存】按钮。

第6步 即可完成汉字输入法的添加。

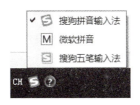

2. 删除汉字输入法

删除汉字输入法的具体操作步骤如下。

第1步 在【开始】按钮单击鼠标右键，在弹出的快捷菜单中选择【控制面板】菜单项，弹出【控制面板】窗口，单击【语言】选项。

第2步 弹出【语言】窗口，单击【选项】按钮。

第3步 打开【语言选项】窗口，在其中单击【输入法】列表中想要删除的输入法后面的【删除】超链接。

第4步 即可看到将选择的输入法从【输入法】列表框中删除，单击【保存】按钮。

· 83 ·

第5步 即可完成汉字输入法的删除。

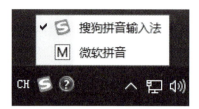

4.2.2 安装其他输入法

Windows 10 操作系统虽然自带了一些输入法，但不一定能满足用户的需求。用户可以安装和删除相关的输入法。安装输入法前，用户需要先从网上下载输入法程序。

下面以 QQ 拼音输入法的安装为例，讲述安装输入法的一般方法。

第1步 双击下载的安装文件，即可启动 QQ 拼音输入法安装向导。选中【已阅读和同意用户使用协议】复选框，单击【自定义安装】按钮。

> **提示**
>
> 如果不需要更改设置，可直接单击【一键安装】按钮。

第2步 在打开的界面中的【安装目录】文本框中输入安装目录，也可以单击【更改目录】按钮选择安装位置，设置完成，单击【立即安装】按钮。

第3步 即可开始安装。

第4步 安装完成，在弹出的界面中单击【完成】按钮即可。

第 4 章
电脑打字——输入法的认识和使用

4.2.3 切换当前输入法

如果安装了多个输入法,可以方便地在输入法之间切换,下面介绍选择与切换输入法的操作。

1. 选择输入法

第1步 在状态栏单击输入法(此时默认的输入法为搜狗拼音输入法)图标,弹出输入法列表。

第2步 选择并单击要切换到的输入法,如选择【微软拼音】选项。

第3步 即可完成输入法的选择。

2. 切换输入法

可以通过快捷键快速切换输入法。

第1步 在【开始】按钮单击鼠标右键,在弹出的快捷菜单中选择【控制面板】菜单项,弹出【控制面板】窗口,单击【语言】选项。

第2步 弹出【语言】窗口,在其中单击【高级设置】超链接。

第3步 弹出【高级设置】窗口,单击【切换输入法】设置区域中的【选项】超链接。

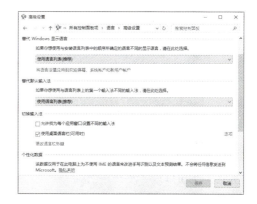

第4步 弹出【文本服务和输入语言】对话框,选择【高级键设置】选项卡,单击【更改按键顺序】按钮。

第5步 弹出【更改按键顺序】对话框，在【切换输入语言】区域选中【Ctrl+Shift】单选项，单击【确定】按钮，返回至【文本服务和输入语言】对话框再次单击【确定】按钮，然后按【Ctrl+Shift】组合键即可快速在输入法之间切换。

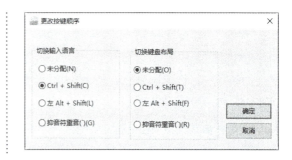

4.2.4 设置默认输入法

如果想在系统启动时自动切换到某一种输入法，可以将其设置为默认输入法，具体操作步骤如下。

第1步 在【开始】按钮单击鼠标右键，在弹出的快捷菜单中单击【控制面板】菜单项。

第2步 弹出【控制面板】窗口，单击【语言】选项。

第3步 在其中单击【高级设置】超链接，弹出【高级设置】窗口。

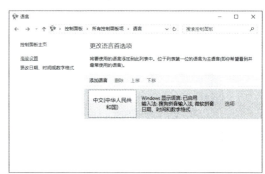

第4步 在【替代默认输入语言】区域单击下拉按钮，在弹出的下拉列表中选择要设置为默认输入法，这里选择【搜狗拼音输入法】选项。单击【保存】按钮，即可将搜狗拼音设置为默认输入法。

4.3 实战2：使用拼音输入法

拼音输入是常见的一种输入方法，用户最初的输入形式基本都是从拼音开始的。拼音输入法是按照拼音规定来进行输入汉字的，不需要特殊记忆，符合人的思维习惯，只要会拼音就可以输入汉字。

4.3.1 全拼输入

全拼输入是要输入要打的字的全拼中所有字母，如要输入"你好"，需要输入拼音"nihao"。在搜狗拼音输入法中开启全拼输入的具体操作步骤如下。

第1步 在搜狗拼音输入法状态条上单击鼠标右键，在弹出的快捷菜单中选择【设置属性】命令。

第2步 弹出【属性设置】对话框，在左侧列表中选择【常用】选项，在右侧的【特殊习惯】组中选中【全拼】单选按钮，单击【确定】按钮即可在搜狗拼音下开启全拼输入模式。

第3步 例如要输入"计算机"，在全拼模式下需要从键盘中输入"jisuanji"，如下图所示。

4.3.2 简拼输入

首字母输入法，又称为简拼输入，只需要输入要打的字的全拼中的第一个字母即可，如要输入"你好"，则需要输入拼音"nh"。

打开搜狗输入法的【属性设置】对话框，在左侧列表中选择【常用】选项，在右侧的【特殊习惯】组中选中【全拼】单选按钮，并选中【首字母输入法】和【超级简拼】复选框，单击【确定】按钮即可在搜狗拼音下开启简拼输入模式。

例如，要输入"计算机"，在简拼模式下只需要从键盘中输入"jsj"即可，如下图所示。

4.3.3 双拼输入

双拼输入是建立在全拼输入基础上的一种改进输入，它通过将汉语拼音中每个含多个字母的声母或韵母各自映射到某个按键上，使得每个音都可以用最多两次按键打出，这种声母或韵母到按键的对应表通常称之为双拼方案，目前的流行拼音输入法都支持双拼输入，如下图左所示为搜狗拼音输入法的双拼设置界面，单击【双拼方案设置】按钮，可以对双拼方案进行设置，如下图右所示。

> **提示**
>
> 现在拼音输入以词组输入甚至短句输入为主，双拼的效率低于全拼和简拼综合在一起的混拼输入，从而边缘化了，双拼多用于低配置的且按键不太完备的手机、电子字典等。

另外，简拼由于候选词过多，使用双拼又需要输入较多的字符，开启双拼模式后，就可以采用简拼和全拼混用的模式，这样能够兼顾最少输入字母和输入效率。例如，想输入"龙马精神"，可以从键盘输入"longmajs""lmjings""lmjshen""lmajs"等都是可以的。打字熟练的人会经常使用全拼和简拼混用的方式。

第 4 章
电脑打字——输入法的认识和使用

4.3.4 中英文输入

在平时写邮件、发送消息时经常会需要输入一些英文字符，搜狗拼音自带了中英文混合输入功能，便于用户快速地在中文输入状态下输入英文。

1. 通过按【Enter】键输入拼音

在中文输入状态下，如果要输入拼音，可以再输入拼音的全拼后，直接按【Enter】键输入。下面以输入"搜狗"的拼音"sougou"为例介绍。

第1步　在中文输入状态下，从键盘输入"sougou"。

第2步　直接按【Enter】键即可输入英文字符。

> **提示**
> 如果要输入一些常用的包含字母和数字的验证码，如"q8g7"，也可以直接输入"q8g7"，然后按【Enter】键。

2. 中英文混合输入

在输入中文字符的过程，如果要在中间输入英文，就可以使用搜狗拼音的中英文混合输入功能。例如，要输入"你好的英文是hello"的具体操作步骤如下。

第1步　在键盘总输入"nihaodeyingwenshihello"，

第2步　此时，直接按空格键或者按数字键【1】，即可输入"你好的英文是hello"。

你好的英文是 hello↵

第3步　根据需要还可以输入"我要去party""说goodbye"等。

3. 直接输入英文单词

在搜狗拼音的中文输入状态下，还可以直接输入英文单词。下面以输入单词"congratulation"为例介绍。

第1步 在中文输入状态下，直接从键盘依次输入从第一个字母开始输入，输入一些字母之后，将会看到【更多英文补全】选项，单击该选项。

第2步 将会显示与输入字母有关的单词。

第3步 直接单击第2个候选单词或者按【2】键，即可在中文输入状态下输入英文单词。

congratulation

第4步 直接输入完成单词中的所有字母，直接按空格键也可直接输入英文单词。

4.3.5 模糊音输入

对于一些前后鼻音、平舌翘舌分不清的用户，可以使用搜狗拼音的模糊音输入功能输入正确的汉字。

第1步 在搜狗拼音状态栏上单击鼠标右键，在弹出的快捷菜单中选择【设置属性】命令。

第2步 弹出【属性设置】对话框，选择【高级】选项卡，在右侧的【智能输入】组中单击【模糊音设置】按钮。

第3步 弹出【模糊音设置】对话框，选中【开启智能模糊音推荐】复选框，并在上方的列表框中选中想要使用的模糊音。

第 4 章
电脑打字——输入法的认识和使用

第4步 如果需要自定义模糊音,可以单击【添加】按钮,弹出【添加模糊音】对话框,在【您的读音】文本框中输入"liu",在【普通话读音】文本框中输入"niu",单击【确定】按钮。

第5步 返回至【模糊音设置】对话框,即可看到自定义的模糊音,单击【确定】按钮,返回【属性设置】对话框再次单击【确定】按钮。

第6步 此时,在键盘中输入"liunai"即可在下方看到设置后的正确读音"niunai",按空格键即可完成输入。

4.3.6 拆字辅助码

使用搜狗拼音的拆字辅助码可以快速地定位到一个单字,常用在候选字较多,并且要输入的汉字比较靠后时使用,下面介绍使用拆字辅助码输入汉字"娴"的具体操作步骤。

第1步 从键盘中输入"娴"字的汉语拼音"xian"。此时看不到候选项中包含有"娴"字。

第2步 按【Tab】键。

第3步 在输入"娴"的两部分【女】和【闲】的首字母nx。就可以看到"娴"字了。

第4步 按空格键即可完成输入。

| 提示 |

独体字由于不能被拆成两部分,所以独体字是没有拆字辅助码的。

4.3.7 生僻字的输入

以搜狗拼音输入法为例,使用搜狗拼音输入法也可以通过启动 U 模式来输入生僻汉字,在搜狗输入法状态下,输入字母"U",即可打开 U 模式。

> **提示**
> 在双拼模式下可按【Shift+U】组合键启动 U 模式。

1. 笔画输入

常用的汉字均可通过笔画输入的方法输入。如输入"囧"的具体操作步骤如下。

第1步 在搜狗拼音输入法状态下，按字母"U"，启动 U 模式，可以看到笔画对应的按键。

> **提示**
> 按键【H】代表横或提，按键【S】代表竖或竖钩，按键【P】代表撇，按键【N】代表点或捺，按键【Z】代表折。

第2步 据"囧"的笔画依次输入"szpnsz"，即可看到显示的汉字以及其正确的读音。按空格键，即可将"囧"字插入光标所在位置。

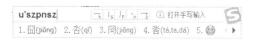

> **提示**
> 需要注意的是"忄"的笔画是点点竖（dds），而不是竖点点（sdd）、点竖点（dsd）。

2. 拆分输入

将一个汉字拆分成多个组成部分，U 模式下分别输入各部分的拼音即可得到对应的汉字。例如分别输入"犇""肫""渿"的方法如下。

第1步 "犇"字可以拆分为 3 个"牛（niu）"，因此在搜狗拼音输入法下输入"u'niu'niu'niu"（'符号起分隔作用，不用输入），即可显示"犇"字及其汉语拼音，按空格键即可输入。

第2步 "肫"字可以拆分为"月（yue）"和"屯（tun）"，在搜狗拼音输入法下输入"u'yue'tun"（'符号起分隔作用，不用输入），即可显示"肫"字及其汉语拼音，按空格键即可输入。

第3步 "渿"字可以拆分为"氵（shui）"和"亮（liang）"，在搜狗拼音输入法下输入"u'shui'liang"（'符号起分隔作用，不用输入），即可显示"渿"字及其汉语拼音，按数字键"2"即可输入。

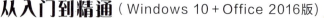

> **提示**
> 在搜狗拼音输入法中将常见的偏旁都定义了拼音，如下图所示。

偏旁部首	输入	偏旁部首	输入
阝	fu	忄	xin
卩	jie	钅	jin
讠	yan	礻	shi
辶	chuo	廴	yin
冫	bing	氵	shui
宀	mian	冖	mi
扌	shou	犭	quan
纟	si	幺	yao
灬	huo	囗	wang

3. 笔画拆分混输

除了使用笔画和拆分的方法输入陌生汉字外，还可以使用笔画拆分混输的方法输入，输入"绎"字的具体操作步骤如下。

第1步 "绎"字左侧可以拆分为"纟（si）"，输入"u'si"（'符号起分隔作用，不用输入）。

第2步 右侧部分可按照笔画顺序，输入"znhhs"，即可看到要输入的陌生汉字及其正确读音。

4.4 实战 3：使用五笔输入法

五笔字型输入法（简称五笔）是依据笔画和字形特征对汉字进行编码，是典型的形码输入法。五笔是目前常用的汉字输入法之一。五笔相对于拼音输入法具有重码率低的特点，熟练后可快速输入汉字。五笔字型自 1983 年诞生以来，先后推出 3 个版本：86 五笔、98 五笔和新世纪五笔。

4.4.1 五笔字型输入的基本原理

由于所有的中文汉字都是由 5 个基本笔画【横、竖、撇、捺（包括点）、折】所组成的。在五笔字型输入法中，横对应数字 1、竖对应 2、撇对应 3、捺（包括点）对应 4、折对应 5，按汉字书写笔顺输入对应的数字，就能打出相应的汉字，这就是五笔字型输入法的基本原理。

4.4.2 五笔字型字根的键盘图

字根是五笔输入法的基础，将字根合理地分布到键盘的 25 个键上，这样更有利于汉字的输入。五笔根据汉字的 5 种笔画，将键盘的主键盘区划分为了 5 个字根区，分别为横、竖、撇、捺、折五区。如下图所示的是五笔字型字根的键盘分布图。

1. 横区（一区）

横是运笔方向从左到右和从左下到右上的笔画，在五笔字型中，"提（ ╱ ）"包括在横内。横区在键盘分区中又叫做一区，包括【G】、【F】、【D】、【S】、【A】5 个按键，分布着以"横（一）"起笔的字根。字根在横区的键位分布如下图所示。

2. 竖区（二区）

竖是运笔方向从上到下的笔画，在竖区内，把"竖左钩（亅）"同样视为竖。竖区在键盘分区中又叫做二区，包括【H】、【J】、【K】、【L】、【M】5 个按键，分布着以"竖（丨）"起笔的字根。字根在竖区的键位分布如下图所示。

3. 撇区（三区）

撇是运笔方向从右上到左下的笔画，另外，不同角度的撇也同样视为在撇区内。撇区在键盘分区中又叫三区，包括【T】、【R】、【E】、【W】、【Q】5个按键，分布着以"撇（丿）"起笔的字根。字根在撇区的键位分布如下图所示。

4. 捺区（四区）

捺是运笔方向从左上到右下的笔画，在捺区内把"点（、）"也同样视为捺。捺区在键盘分区中又叫四区，包括【Y】、【U】、【I】、【O】、【P】5个按键，分布着以"捺（、）"起笔的字根。字根在捺区的键位分布如下图所示。

5. 折区（五区）

折是朝各个方向运笔都带折的笔画（除竖左钩外），例如，"乙""乚""㇀""㇈"等都属于折区。折区在键盘的分区中又叫五区，包括【N】、【B】、【V】、【C】、【X】5个按键，分布着以"折（乙）"起笔的字根。字根在折区的键位分布如下图所示。

4.4.3 快速记忆字根

五笔字根的数量众多，且形态各异，不容易记忆，一度成为人们学习五笔的最大障碍。在五笔的发展中，除了最初的五笔字根口诀外，另外还衍生出了很多帮助用户记忆的方法。

1. 通过口诀理解记忆字根

为了帮助五笔字型初学者记忆字根，五笔字型的创造者王永民教授，运用谐音和象形等手法编写了25句五笔字根口诀。如下表所示的是五笔字根口诀及其所对应的字根。

区	键位	区位号	键名字根	字根	记忆口诀
横区	G	11	王	王𦍌戋五一丿	王旁青头戋（兼）五一
	F	12	土	土士二干十寸雨𠂇𠫓	土士二干十寸雨
	D	13	大	大犬三手龹长古石厂ナ𠂇	大犬三羊（羊）古石厂
	S	14	木	木丁西覀	木丁西
	A	15	工	工戈弋艹廾廿匚七㇀戈 匚	工戈草头右框七

· 94 ·

续表

区	键位	区位号	键名字根	字根	记忆口诀
竖区	H	21	目	目𠀆上止⺊卜丨丿广疒	目具上止卜虎皮
	J	22	日	日曰罒早刂刂丨虫	日早两竖与虫依
	K	23	口	口川川	口与川，字根稀
	L	24	田	田甲囗皿四车力𠃊 罒 皿	田甲方框四车力
	M	25	山	山由贝冂几⺆ 冂 几	山由贝，下框几
撇区	T	31	禾	禾竹⺮丿亻攵夂⺋	禾竹一撇双人立，反文条头共三一
	R	32	白	白手扌手斤厂二斤彡	白手看头三二斤
	E	33	月	月月舟彡罒乃用豕豖𧘇豸长氏	月彡（衫）乃用家衣底
	W	34	人	人亻八癶⺕	人和八，三四里
	Q	35	金	金钅勹鱼夕⺈儿㐅夂九⺈巳	金（钅）勹缺点无尾鱼，犬旁留乂儿一点夕，氏无七（妻）
捺区	Y	41	言	言讠文方丶亠高广主⺄	言文方广在四一，高头一捺谁人去
	U	42	立	立六立辛冫丬⺮丷⺮门	立辛两点六门扩（病）
	I	43	水	水氺氵丬丷⺌小⺌半	水旁兴头小倒立
	O	44	火	火业⺌灬米⺌	火业头，四点米
	P	45	之	之冖宀辶廴⺄	之字军盖建道底，摘礻（示）衤（衣）
折区	N	51	已	已巳己尸⺈尸心忄⺌羽乙乚⺈ ⺈ ⺊ ⺌ ⺌	已半巳满不出己，左框折尸心和羽
	B	52	子	子子了巛也耳卩阝凵㔾	子耳了也框向上
	V	53	女	女刀九臼彐巛⺕ 彐	女刀九臼山朝西
	C	54	又	又巴马マ厶ス	又巴马，丢矢矣
	X	55	纟	纟幺夕⺈弓匕	慈母无心弓和匕，幼无力

2. 互动记忆字根

通过前面的学习，相信读者已经对五笔字根有了一个很深的印象。下面继续了解一下其规律，然后互动来记忆字根。

(1) 横区（一）。字根图如下图所示。

字根口诀如下。

11 G 王旁青头戋（兼）五一

12 F 土士二干十寸雨

13 D 大犬三羊古石厂

14 S 木丁西

15 A 工戈草头右框七

分析上面的字根图和五组字根口诀，可以发现，所在字根第一画都是横，所以当你看到一个以横打头的字根时，如土、大、王，首先要定位到1区，即【G】、【F】、【D】、【S】、【A】这5个键位，这样能大大缩小键位的思考时间。

(2) 竖区（丨）。字根图如下图所示。

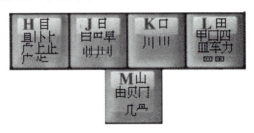

字根口诀如下。

21 H 目具上止卜虎皮

22 J 日早两竖与虫依

23 K 口与川，字根稀

24 L 田甲方框四车力

25 M 山由贝 下框几

分析上面的字根图和五组字根口诀，可以发现，所在字根第一画都是竖，所以当你看到一个以竖打头的字根时，如目、日、甲，首先要定位到2区，即【H】、【J】、【K】、【L】、【M】这5个键位，这样能大大缩小键位的思考时间。

(3) 撇区（丿）。字根图如下图所示。

字根口诀如下。

31 T 禾竹一撇双人立，反文条头共三一

32 R 白手看头三二斤

33 E 月彡（衫）乃用家衣底

34 W 人和八，三四里

35 Q 金（钅）勺缺点无尾鱼，犬旁留乂儿一点夕，氏无七（妻）

分析上面的字根图和五组字根口诀，可以发现，所在字根第一画都是撇，所以当你看到一个以撇打头的字根时，如禾、月、金，首先要定位到3区，即【T】、【R】、【E】、【W】、【Q】这5个键位，这样能大大缩小键位的思考时间。

(4) 捺区（丶）。字根图如下图所示。

字根口诀如下。

41 Y 言文方广在四一，高头一捺谁人去

42 U 立辛两点六门疒（病）

43 I 水旁兴头小倒立

44 O 火业头，四点米

45 P 之字军盖建道底，摘衤（示）衤（衣）

分析上面的字根图和五组字根口诀，可以发现，所在字根第一画都是捺，所以当你看到一个以捺打头的字根时，如文、立、米，首先要定位到4区，即【Y】、【U】、【I】、【O】、【P】这5个键位，这样能大大缩小键位的思考时间。

(5) 折区（乙）。字根图如下图所示。

字根口诀如下。

51 N 已半巳满不出己，左框折尸心和羽

52 B 子耳了也框向上

53 V 女刀九臼山朝西

54 C 又巴马 丢矢矣

55 X 慈母无心弓和匕，幼无力

分析上面的字根图和五组字根口诀，可以发现，所在字根第一画都是折，所以当你看到一个以折打头的字根时，如马、女、已，首先要定位到5区，即【N】、【B】、【V】、【C】、【X】这5个键位，这样能大大缩小键位的思考时间。

互动记忆就是不管在何时何地，都能让自己练习字根。根据字母说字根口诀、根据字根口诀联想字根，还可以根据字根口诀反查字母等。互动记忆没有多少诀窍，靠的就是持之以恒，靠的就是自觉。希望读者在平时生活中不忘五笔，多记忆，这样很快就能熟练知道键位，也不容易忘记。

4.4.4 汉字的拆分技巧与实例

一般输入汉字，每字最多键入四码。根据可以拆分成字根的数量可以将键外字分为3种，分别刚好为4个字根的汉字、超过4个字根的汉字和不足4个字根的汉字。下面分别介绍这3种键外字的输入方法。

1. 刚好是4个字根的字

按书写顺序点击该字的4个字根的区位码所对应的键，该字就会出现。也就是说，该汉字刚好可以拆分成4个字根，此类汉字的输入方法为：第1个字根所在键 + 第2个字根所在键 +

第3个字根所在键+第4个字根所在键。如果有重码，选字窗口会列出同码字供你选择。你只要按你选中的字前面的序号击相应的数字键，该字就会上屏。

下面举例说明刚好4个字根的汉字的输入方法，如下表所示。

汉字	第1个字根	第2个字根	第3个字根	第4个字根	编码
照	日	刀	口	灬	JVKO
镌	钅	亻	圭	乃	QWYE
舻	丿	舟	卜	尸	TEHN
势	扌	九	丶	力	RVYL
磅	广	艹	冖	力	UAPL
登	癶	一	口	䒑	WGKU
第	竹	弓	丨	丿	TXHT
屡	尸	彳	米	女	NTOV
暑	日	土	丿	日	JFTJ
楷	木	匕	匕	白	SXXR
每	𠂉	刀	一	丶	TXGU
貌	爫	豸	白	儿	EERQ
踞	口	止	尸	古	KHND
倦	亻	䒑	大	㔾	WUDB
商	亠	冂	八	口	UMWK
桐	木	冂	一	口	SUKK
势	扌	九	丶	力	RVYL
模	木	艹	日	大	SAJD

2. 超过4个字根的字

按照书写顺序第一、第二、第三和最后一个字根的所在的区位输入。则该汉字的输入方法为：第1个字根所在键+第2个字根所在键+第3个字根所在键+第末个字根所在键。下面举例说明超过4个字根的汉字的输入方法，如下表所示。

汉字	第1个字根	第2个字根	第3个字根	第末个字根	编码
攀	木	乂	乂	手	SQQR
鹏	月	月	勹	一	EEQG
煅	火	亻	三	又	OWDC
逦	一	冂	丶	辶	GMYP
偿	亻	冖	厶	WIPC
佩	亻	几	冖	上	WMGH
嗜	口	土	丿	日	KFTJ
磬	士	尸	几	石	FNMD
龋	止	人	凵	丶	HWBY
篱	竹	文	凵	厶	TYBC
嗜	口	土	丿	日	KFTJ
嬗	女	亠	口	一	VYLG
器	口	口	犬	口	KKDK
嬗	女	亠	口	一	VYLG
警	艹	勹	口	言	AQKY
藁	艹	氵	匚	木	AIAS
蠲	䒑	八	皿	虫	UWLJ
蓬	艹	夂	三	辶	ATDP

第 4 章
电脑打字——输入法的认识和使用

3. 不足 4 个字根的字

按书写顺序输入该字的字根后，再输入该字的末笔字型识别码，仍不足四码的补一空格键。则该汉字的输入方法为：第 1 个字根所在键 + 第 2 个字根所在键 +[第 3 个字根所在键]+ 末笔识别码。下面举例说明不足 4 个字根的汉字的输入方法，如下表所示。

汉字	第 1 个字根	第 2 个字根	第 3 个字根	末笔识别码	编码
汉	氵	又	无	Y	ICY
字	宀	子	无	F	PBF
个	人	｜	无	J	WHJ
码	石	马	无	G	DCG
术	木	丶	无	K	SYI
费	弓	八	贝	U	XJMU
闲	门	木	无	I	USI
耸	人	人	耳	F	WWBF
讼	讠	八	厶	Y	YWCY
完	宀	二	儿	B	PFQB
韦	二	丁	｜	K	FNHK
许	讠	𠂉	十	H	YTFH
序	广	㇇	丆	K	YCBK
华	亻	匕	十	J	WXFJ
徐	彳	人	禾	Y	TWTY
倍	亻	立	口	G	WUKG
难	又	亻	龶	G	CWYG
畜	亠	幺	田	F	YXLF

> **提示**
>
> 在添加末笔区位码中，有一个特殊情况必须记住：有走之底"辶"的字，尽管走之底"辶"写在最后，但不能用走之底"辶"的末笔来当识别码（否则所有走之底"辶"的字的末笔识别码都一样，就失去筛选作用了），而要用上面那部分的末笔来代替。例如，"连"字的末笔取"车"字的末笔一竖"K"，"迫"字的末笔区位码取"白"字的最后一笔"D"等。

对于初学者来说，输入末笔区位识别码时，可能会有点影响思路的感觉。但必须坚持训练，务求彻底掌握，习惯了就会得心应手。当你学会用词组输入以后，就很少用到末笔区位识别码了。

4.4.5 输入单个汉字

在五笔字根表中把汉字分为一般汉字、键名汉字和成字字根汉字 3 种。而出现在助记词中的一些字不能按一般五笔字根表的拆分规则进行输入，它们有自己的输入方法。这些字分为两类，即"键名汉字"和"成字字根汉字"。

1. 5 种单笔画的输入

在输入键名汉字和成字字根汉字之前，先来看一下 5 种单笔画的输入。5 种单笔画是指五笔字型字根表中的 5 个基本笔画，即横（一）、竖（｜）、撇（丿）、捺（丶）和折（乙）。

使用五笔字型输入法可以直接输入 5 个单笔画。它们的输入方法为：字根所在键 + 字根所在键 +【L】键 +【L】键，具体输入方法如下表所示。

单笔画	字根所在键	字根所在键	字母键	字母键	编码
一	G	G	L	L	GGLL
丨	H	H	L	L	HHLL
丿	T	T	L	L	TTLL
丶	Y	Y	L	L	YYLL
乙	N	N	L	L	NNLL

2. 键名汉字的输入

在五笔输入法中，每个放置字根的按键都对应一个键名汉字，即每个键中的键名汉字就是字根记忆口诀中的第一个字，如下图所示。

键名汉字共有 25 个，键名汉字的输入方法为：连续按下 4 次键名汉字所在的键位，键名汉字的输入如下表所示。

键名汉字	编码	键名汉字	编码	键名汉字	编码	键名汉字	编码	键名汉字	编码
王	GGGG	目	HHHH	禾	TTTT	言	YYYY
土	FFFF	日	JJJJ	白	RRRR	立	UUUU
大	DDDD	口	KKKK	月	EEEE	水	IIII
木	SSSS	田	LLLL	人	WWWW	火	OOOO
工	AAAA	山	MMMM	金	QQQQ	之	PPPP
已	NNNN	子	BBBB	女	VVVV	又	CCCC
纟	XXXX	—	—	—	—	—	—

3. 成字字根汉字的输入

成字字根是指在五笔字根总表中除了键名汉字以外，还有六十几个字根本身也是成字，如"五、早、米、羽…"这些字称为成字字根。

成字字根的输入方法是：

"报户口"，即按一下该字根所在的键。

再按笔画输入三键，即该字的第 1、2 和末笔所在的键（成字字根笔画不足时补空格键）。

即成字字根编码 = 成字字根所在键 + 首笔笔画所在键 + 次笔笔画所在键 + 末笔笔画所在键（空格键）。

下面举例说明成字字根的输入方法，如下表所示。

第4章
电脑打字——输入法的认识和使用

成字字根	字根所在键	首笔笔画	次笔笔画	末笔笔画	编码
戈	G	一	一	丿	GGGT
士	F	一	丨	一	FGHG
古	D	一	丨	一	DGHG
犬	D	一	丿	丶	DGTY
丁	S	一	丨	空格	SGH
七	A	一	乙	空格	AGN
上	H	丨	一	一	HHGG
早	J	丨	乙	丨	JHNH
川	K	丿	丨	丨	KTHH
甲	L	丨	乙	丨	LHNH
由	M	丨	乙	一	MHNG
竹	T	丿	一	丨	TTGH
辛	U	丶	一	丨	UYGH
干	F	一	一	丨	FGGH
弓	X	乙	一	乙	XNGN
马	C	乙	乙	一	CNNG
九	V	丿	乙	空格	VTN
米	O	丶	丿	丶	OYTY
巴	C	乙	丨	乙	CNHN
手	R	丿	一	丨	RTGH
臼	V	丿	丨	一	VTHG

> **提示**
>
> 成字字根汉字有：一、五、戈、士、二、干、十、寸、雨、犬、三、古、石、厂、丁、西、七、弋、戋、廿、卜、上、止、曰、早、虫、川、甲、四、车、力、由、贝、几、竹、手、斤、乃、用、八、儿、夕、广、文、方、六、辛、门、小、米、己、巴、尸、心、羽、了、耳、也、刀、九、白、巴、马、弓、匕。

4. 输入键外汉字

在五笔字型字根表中，除了键名字根和成字字根外，都为普通字根。键面汉字之外的汉字叫键外汉字，汉字中绝大部分的单字都是键外汉字，它在五笔字型字根表中找不到的。因此，五笔字型的汉字输入编码主要是指键外汉字的编码。

键外汉字的输入都必须按字根进行拆分，凡是拆分的字根少于4个的，为了凑足四码，在原编码的基础上要为其加上一个末笔识别码才能输入，末笔识别码是部分汉字输入取码必须掌握的知识。

在五笔字根表中，汉字的字型可分为三类。

第一类 左右型，如汉、始、倒。

第二类 上下型，如字、型、森、器。

第三类 杂合型，如国、这、函、问、句。有一些由两个或多个字根相交而成的字，也属于第三类。例如，"必"字是由字根"心"和"丿"组成的；"毛"字是由"丿""二"和"乚"组成的。

上面讲的汉字的字型是准备知识，下面让我们来具体了解"末笔区位识别码"。务必记住8个字："笔画分区，字型判位"。

末笔通常是指一个字按笔顺书写的最后一笔，在少数情况下指某一字根的最后一笔。

大家已经知道5种笔画的代码：横为1、竖为2、撇为3、捺为4、折为5。用这个代码分区（下表中的行）。再用刚刚讲过的三类字型判位，左右为1，上下为2，杂合为3（下表的三列）这就构成了所谓的"末笔区位识别码"。

末笔	字型	左右型	上下型	杂合型
		1	2	3
横（一）	1	G（11）	F（12）	D（13）
竖（丨）	2	H（21）	J（22）	K（23）
撇（丿）	3	T（31）	R（32）	E（33）
捺（丶）	4	Y（41）	U（42）	I（43）
折（乙）	5	N（51）	B（52）	V（53）

例如，"组"字末笔是横，区码为1；字型是左右型，位码也是1；"组"字的末笔区位识别码就是11（G）。

"笔"字末笔是折，区码应为5；字型是上下型，位码为2；所以"笔"字的末笔区位识别码为52（B）。

"问"字末笔是横，区码应为1；字型是杂合型，位码为3；所以"问"字的末笔区位识别码为13（D）。

"旱"字末笔是竖，区码应为2；字型是上下型，位码为2；所以"旱"字的末笔区位识别码为22（J）。

"困"字末笔是捺，区码应为4；字型是杂合型，位码为3；所以"困"字的末笔区位识别码为43（I）。

4.4.6 万能【Z】键的妙用

在使用五笔字型输入法输入汉字时，如果忘记某个字根所在键或不知道汉字的末笔识别码，可用万能键【Z】来代替，它可以代替任何一个按键。

为了便于理解，下面将以举例的方式说明万能【Z】键的使用方法。

例如，"虽"，输入完字根"口"之后，不记得"虫"的键位是哪个，就可以直接按【Z】键，如下图所示。

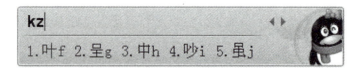

在其备选字列表中，可以看到"虽"字的字根"虫"在J键上，选择列表中相应的数字键，即可输入该字。

接着按照正确的编码再次进行输入，加深记忆，如下图所示。

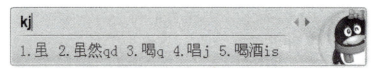

> **提示**
>
> 在使用万能键时，如果在候选框中未找到准备输入的汉字时，就可以在键盘上按下【+】键或【Page Down】键向后翻页，按下【-】键或【Page Up】键向前翻页进行查找。由于使用【Z】键输入重码率高，而影响打字的速度，所以用户尽量不要依赖【Z】键。

4.4.7 使用简码输入汉字

为了充分利用键盘资源，提高汉字输入速度，五笔字根表还将一些最常用的汉字设为简码，只要击一键、两键或三键，再加一个空格键就可以将简码输入。下面分别来介绍一下这些简码字的输入。

1. 一级简码的输入

一级简码，顾名思义就是只需敲打一次键码就能出现的汉字。

在五笔键盘中根据每一个键位的特征，在5个区的25个键位（Z为学习键）上分别安排了一个使用频率最高的汉字，称为一级简码，即高频字，如下图所示。

一级简码的输入方法：简码汉字所在键 + 空格键。

例如，当我们输入"要"字时，只需要按一次简码所在键【S】，即可在输入法的备选框中看到要输入的"要"字，如下图所示。

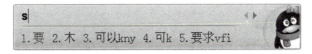

接着按下空格键，就可以看到已经输入的"要"字。

一级简码的出现大大提高了五笔打字的输入速度，对五笔学习初期也有极大的帮助。如果没有熟记一级简码所对应的汉字，输入速度将相当缓慢。

> **提示**
>
> 当某些词中含有一级简码时，输入一级简码的方法为：一级简码 = 首笔字根 + 次笔字根。例如，地 = 土（F）+ 也（B）；和 = 禾（T）+ 口（K）；要 = 西（S）+ 女（V）；中 = 口（K）+ 丨（H）等。

2. 二级简码的输入

二级简码就是只需敲打两次键码就能出现的汉字。它是由前两个字根的键码作为该字的编码，输入时只要取前两个字根，再按空格键即可。但是，并不是所有的汉字都能用二级简码来输入，五笔字型将一些使用频率较高的汉字作为二级简码。下面将举例说明二级简码的输入方法。

例如，如 = 女（V）+ 口（K）+ 空格，如下图所示。

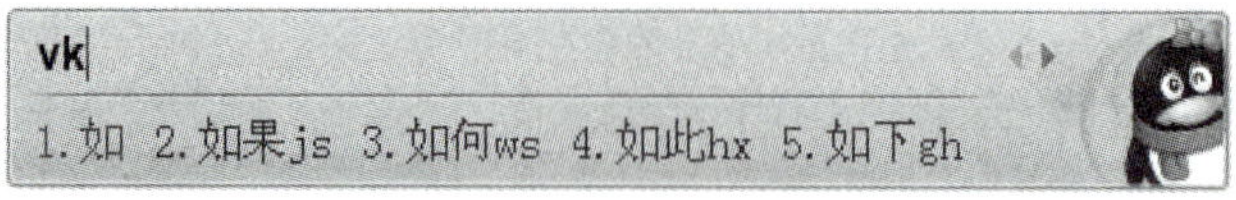

```
vk
1.如  2.如果js  3.如何ws  4.如此hx  5.如下gh
```

输入前两个字根，再按空格键即可输入。

同样的，暗 = 日（J）+ 立（U）+ 空格；

果 = 日（J）+ 木（S）+ 空格；

炽 = 火（O）+ 口（K）+ 空格；

蝗 = 虫（J）+ 白（R）+ 空格；等等。

二级简码是由25个键位（Z为学习键）代码排列组合而成的，共25×25个，去掉一些空字，二级简码大约600个。二级简码的输入方法为：第1个字根所在键 + 第2个字根所在键 + 空格键。二级简码表如下表所示。

区号 位号		11～15 GFDSA	21～25 HJKLM	31～35 TREWQ	41～45 YUIOP	51～55 NBVCX
11	G	五于天末开	下理事画现	玫珠表珍列	玉平不来	与屯妻到互
12	F	二寺城霜载	直进吉协南	才垢圾夫无	坟增示赤过	志地雪支
13	D	三夺大厅左	丰百右历面	帮原胡春克	太磁砂灰达	成顾肆友龙
14	S	本村枯林械	相查可楞机	格析极检构	术样档杰棕	杨李要权楷
15	A	七革基苛式	牙划或功贡	攻匠菜共区	芳燕东芝	世节切芭药
21	H	睛睦睚盯虎	止旧占卤贞	睡睥肯具餐	眩瞳步眯瞎	卢眼皮此
22	J	量时晨果虹	早昌蝇曙遇	昨蝗明蛤晚	景暗晃显晕	电最归紧昆
23	K	呈叶顺呆呀	中虽吕另员	呼听吸只史	嘛啼吵噗喧	叫啊哪吧哟
24	L	车轩因困轼	四辊加男轴	力斩胃办罗	罚较辚边	思团轨轻累
25	M	同财央朵曲	由则崭册	几贩骨内风	凡赠峭赕迪	岂邮凤嶷
31	T	生行知条长	处得各务向	笔物秀答称	入科秒秋管	秘季委么第
32	R	后持拓打找	年提扣押抽	手白扔失换	扩拉朱搂近	所报扫反批
33	E	且肝须采肛	胩胆肿肋肌	用遥朋脸胸	及胶膛脒爱	甩服妥肥脂
34	W	全会估休代	个介保佃仙	作伯仍从你	信们偿伙	亿他分公化
35	Q	钱针然钉氏	外旬名甸负	儿铁角欠多	久匀乐炙锭	包凶争色
41	Y	主计庆订度	让刘训为高	放诉衣认义	方说就变这	记离良充率
42	U	闰半关亲并	站间部曾商	产瓣前闪交	六立冰普帝	决闻妆冯北
43	I	汪法尖洒江	小浊澡渐没	少泊肖兴光	注洋水淡学	沁池当汉涨
44	O	业灶类灯煤	粘烛炽烟灿	烽煌粗粉炮	米料炒炎迷	断籽娄烃糙
45	P	定守害宁宽	寂审宫军宙	客宾家空宛	社实宵灾之	官字安它
51	N	怀导居民	收慢避惭届	必怕愉懈	心习悄屡忱	忆敢恨怪尼
52	B	卫际承阿陈	耻阳职阵出	降孤阴队隐	防联孙耿辽	也子限取陛
53	V	姨寻姑杂毁	叟旭如舅妯	九奶婚	妨嫌录灵巡	刀好妇妈姆
54	C	骊对参骠戏	骒台劝观	矣牟能难允	驻驼	马邓艰双
55	X	线结顷红	引旨强细纲	张绵级给约	纺弱纱继综	纪弛绿经比

> **提示**
> 虽然一级简码速度快，但毕竟只有25个，真正提高五笔打字输入速度的是这600多个二级简码的汉字。二级简码数量较大，靠记忆并不容易，只能在平时多加注意与练习，日积月累慢慢就会记住二级简码汉字，从而大大提高输入速度。

3. 三级简码的输入

三级简码是以单字全码中的前三个字根作为该字的编码。

在五笔字根表所有的简码中三级简码汉字字数多，输入三级简码字也只需击键四次（含一个空格键），3个简码字母与全码的前三者相同。但用空格代替了末字根或末笔识别码。即三级简码汉字的输入方法为：第1个字根所在键＋第2个字根所在键＋第3个字根所在键＋空格键。由于省略了最后一个字根的判定和末笔识别码的判定，可显著提高输入速度。

三级简码汉字数量众多，大约有4400多个，故在此就不再一一列举。下面只举例说明三级简码汉字的输入，以帮助读者学习。

例如，模＝木（S）＋艹（A）＋日（J）＋空格，如下图所示。

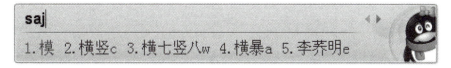

输入前三个字根，再输入空格即可输入。

同样的，隔＝阝（B）＋一（G）＋口（K）＋空格；

输＝车（L）＋人（W）＋一（G）＋空格；

蓉＝艹（A）＋宀（P）＋八（W）＋空格；

措＝扌（R）＋艹（A）＋日（J）＋空格；

修＝亻（W）＋丨（H）＋夂（T）＋空格等。

4.4.8 词组的打法和技巧

五笔输入法中不仅可以输入单个汉字，而且还提供大规模词组数据库，使输入更加快速。五笔字根表中词组输入法按词组字数分为二字词组、三字词组、四字词组和多字词组4种，但不论哪一种词组其编码构成数目都为四码，因此采用词组的方式输入汉字会比单个输入汉字的速度快得多。

1. 输入二字词组

二字词组输入法为：分别取单字的前两个字根代码，即第1个汉字的第1个字根所在键＋第1个汉字的第2个字根所在键＋第2个汉字的第1个字根所在键＋第2个汉字的第2个字根所在键。下面举例来说明二字词组的编码的规则。

例如，汉字＝氵（I）＋又（C）＋宀（P）＋子（B），如下图所示。

当输入"B"时，二字词组"汉字"即可输入，如下表所示的都是二字词组的编码规则。

词组	第1个字根	第2个字根	第3个字根	第4个字根	编码
	第1个汉字的 第1个字根	第1个汉字的 第2个字根	第2个汉字的 第1个字根	第2个汉字的 第2个字根	
词组	讠	乙	纟	月	YNXE
机器	木	几	口	口	SMKK
代码	亻	弋	石	马	WADC
输入	车	人	丿	丶	LWTY
多少	夕	夕	小	丿	QQIT
方法	方	丶	氵	土	YYIF
字根	宀	子	木	ヨ	PBSV
编码	纟	丶	石	马	XYDC
中国	口	丨	口	王	KHLG
你好	亻	宀	勹	子	WQVB
家庭	宀	豕	广	丿	PEYT
帮助	三	丿	月	一	DTEG

> **提示**
>
> 在拆分二字词组时，如果词组中包含有一级简码的独体字或键名字，只需连续按两次该汉字所在键位即可；如果一级简码非独体字，则按照键外字的拆分方法进行拆分即可；如果包含成字字根，则按照成字字根的拆分方法进行拆分。

二字词组在汉语词汇中占有的比重较大，熟练掌握其输入方法可有效地提高五笔打字速度。

2. 输入三字词组

所谓三字词组，就是构成词组的汉字个数有3个。三字词组的取码规则为：前两字各取第一码，后一字取前两码，即第1个汉字的第1个字根 + 第2个汉字的第1个字根 + 第3个汉字的第1个字根 + 第3个汉字的第二个字根。下面举例说明三字词组的编码规则。

例如，计算机 = 讠（Y）+ 竹（T）+ 木（S）+ 几（M），如下图所示。

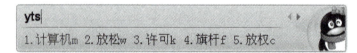

当输入"M"时，"计算机"三字即可输入，如下表所示的都是三字词组的编码规则。

词组	第1个字根	第2个字根	第3个字根	第4个字根	编码
	第1个汉字的 第1个字根	第2个汉字的 第1个字根	第3个汉字的 第1个字根	第3个汉字的 第2个字根	
瞧不起	目	一	土	止	HGFH
奥运会	丿	二	人	二	TFWF
平均值	一	土	亻	十	GFWF
运动员	二	二	口	贝	FFKM
飞行员	乙	彳	口	贝	NTKM
电视机	日	礻	木	几	JPSM
动物园	二	丿	口	二	FTLF
摄影师	扌	日	丿	一	RJJG
董事长	艹	一	丿	七	AGTA
联合国	耳	人	口	王	BWLG
操作员	扌	亻	口	贝	RWKM

第4章
电脑打字——输入法的认识和使用

> **提示**
> 在拆分三字词组时,词组中包含有一级简码或键名字,如果该汉字在词组中,只需选取该字所在键位即可;如果该汉字在词组末尾又是独体字,则按其所在的键位两次作为该词的第三码和第四码。若包含成字字根,则按照成字字根的拆分方法拆分即可。

三字词组在汉语词汇中占有的比重也很大,其输入速度大约为普通汉字输入速度的3倍,因此可以有效地提高输入速度。

3. 输入四字词组

四字词组在汉语词汇中同样占有一定的比重,其输入速度约为普通汉字的4倍,因而熟练掌握四字词组的编码对五笔打字的速度相当重要。

四字词组的编码规则为取每个单字的第一码。即第1个汉字的第1个字根 + 第2个汉字的第1个字根 + 第3个汉字的第1个字根 + 第4个汉字的第1个字根。下面举例说明四字词组的编码规则。

例如,前程似锦 = ⺌(U)+ 禾(T)+ 亻(W)+ 钅(Q),如下图所示。

当输入"Q"时,"前程似锦"四字即可输入。如下表所示的都是四字词组的编码规则。

词组	第1个字根 第1个汉字的 第1个字根	第2个字根 第2个汉字的 第1个字根	第3个字根 第3个汉字的 第1个字根	第4个字根 第4个汉字的 第1个字根	编码
青山绿水	圭	山	纟	水	GMXI
势如破竹	扌	女	石	竹	RVDT
天涯海角	一	氵	氵	夕	GIIQ
三心二意	三	心	二	立	DNFU
熟能生巧	亠	厶	丿	工	YCTA
釜底抽薪	八	广	扌	艹	WYRA
刻舟求剑	亠	丿	十	人	YTFW
万事如意	丆	一	女	立	DGVU
当机立断	丷	木	立	米	ISUO
明知故犯	日	𠂉	古	犭	JTDQ
惊天动地	忄	一	二	土	NGFF
高瞻远瞩	亠	目	二	目	YHFH

> **提示**
> 在拆分四字词组时,词组中如果包含有一级简码的独体字或键名字,只需选取该字所在键位即可;如果一级简码非独体字,则按照键外字的拆分方法拆分即可;若包含成字字根,则按照成字字根的拆分方法拆分即可。

4. 输入多字词组

多字词组是指4个字以上的词组,能通过五笔输入法输入的多字词组并不多见,一般在使

· 107 ·

用率特别高的情况下，才能够完成输入，其输入速度非常之快。

多字词组的输入同样也是取四码，其规则为取第一、二、三及末字的第一码，即第1个汉字的第1个字根＋第2个汉字的第1个字根＋第3个汉字的第1个字根＋末尾汉字的第1个字根。下面举例来说明多字词组的编码规则。

例如，不识庐山真面目＝一（G）＋讠（Y）＋广（Y）＋目（H），如下图所示。

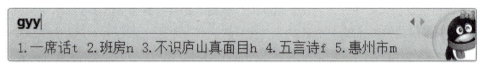

当输入"H"时，"不识庐山真面目"七字即可输入，如下表所示的都是多字词组的编码规则。

词组	第1个字根 第1个汉字的 第1个字根	第2个字根 第2个汉字的 第1个字根	第3个字根 第3个汉字的 第1个字根	第4个字根 第末个汉字的 第1个字根	编码
百闻不如一见	丆	门	一	冂	DUGM
中央人民广播电台	口	冂	人	ム	KMWC
但愿人长久	亻	厂	人	勹	WDWQ
心有灵犀一点通	心	犬	彐	龴	NDVC
广西壮族自治区	广	西	丬	匚	YSUA
天涯何处无芳草	一	氵	亻	艹	GIWA
唯恐天下不乱	口	工	一	丿	KADT
不管三七二十一	一	𥫗	三	一	GTDG

> **提示**
>
> 在拆分多字词组时，词组中如果包含有一级简码的独体字或键名字，只需选取该字所在键位即可；如果一级简码非独体字，则按照键外字的拆分方法拆分即可；若包含成字字根，则按照成字字根的拆分方法拆分即可。

4.5 实战4：使用金山打字通练习打字

通过前两节的学习，相信读者已经跃跃欲试了，想要快速熟练地使用键盘，这就需要进行大量的指法练习。在练习的过程中，要注意一定要使用正确的击键方法，这对输入速度有很大帮助。下面通过金山打字通2013进行指法的练习。

4.5.1 安装金山打字通软件

在使用金山打字通2013进行打字练习之前，需要在电脑中安装该软件。下面介绍安装金山打字通2010的操作方法。

第1步 打开电脑上的IE浏览器，输入"金山打字通"的官方网址"http://www.51dzt.

第4章
电脑打字——输入法的认识和使用

com/"，按【Enter】键进入网站主页，单击页面中的【免费下载】超链接。

第2步 浏览器即可下载，下载完成后，打开【金山打字通 2013 SP2 安装】窗口，进入【欢迎使用"金山打字通 2013 SP2"安装向导】界面，单击【下一步】按钮。

第3步 进入【许可证协议】界面，单击【我接受】按钮。

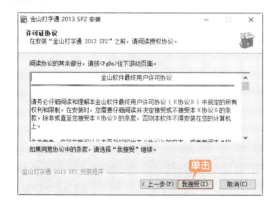

第4步 进入【WPS Office】界面，取消选中【WPS Office，让你的打字学习更有意义（推荐安装）】复选框，单击【下一步】按钮。

第5步 进入【选择安装位置】界面，单击【浏览】按钮，可选择软件的安装位置，设置完毕后，单击【下一步】按钮。

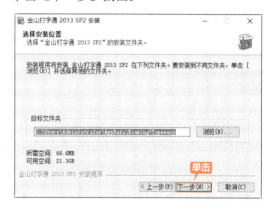

第6步 进入【选择"开始菜单"文件夹】界面，单击【安装】按钮。

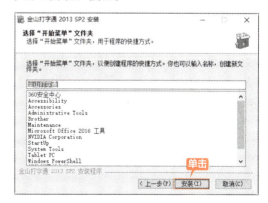

第7步 进入【安装 金山打字通 2013 SP2】界面，待安装进度条结束后，单击【下一步】按钮。

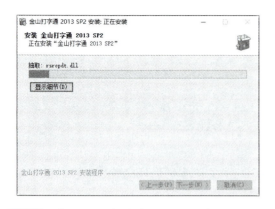

第8步 进入【正在完成"金山打字通 2013 SP2"安装向导】界面,取消选中复选框,单击【完成】按钮,即可完成软件的安装。

至此,金山打字通 2013 已经安装完成,接下来就是启动金山打字通软件进行指法练习,其启动也有两种方法。

直接双击桌面的【金山打字通】快捷方式图标。

单击电脑左下角的【开始】按钮■,选择【所有应用】中的【金山打字通】命令来启动。

4.5.2 字母键位练习

对于初学者来说,进行英文字母打字练习可以更快地掌握键盘,从而快速地提高用户对键位的熟悉程度。下面介绍在金山打字通 2013 中进行英文打字的操作步骤。

第1步 启动金山打字通 2013 后,单击软件主界面右上角的【登录】按钮。

第2步 弹出【登录】对话框,在【创建一个昵称】文本框中输入昵称,单击【下一步】按钮。

第3步 打开【绑定QQ】页面,选中【自动登录】和【不再提示】复选框,单击【绑定】按钮,完成与 QQ 的绑定,绑定完成,将会自动登录金山打字通软件。

第4步 在软件主界面单击【新手入门】按钮,进入【新手入门】界面,单击【字母键位】按钮。

第 4 章
电脑打字——输入法的认识和使用

第5步 进入【第二关：字母键位】界面，可根据"标准键盘"下方的指法提示，输入"标准键盘"上方的字母即可进行英文打字练习。

> **提示**
>
> 进行英文打字练习时，如果按键错误，则在"标准键盘"中错误的键位上标记一个错误符号 ✗ ，下方提示按键的正确指法。

第6步 用户也可以单击【测试模式】按钮 ，进入字母键位练习。

4.5.3 数字和符号输入练习

数字和符号离基准键位远而且偏一点，很多人喜欢直接把整个手移过去，这不利于指法练习，而且对以后打字的速度也有影响。希望读者能克服这一点，在指法练习的初期就严格要求自己。

对于数字和符号的输入，与英文打字类似。在【新手入门】界面中的【数字键位】和【符号键位】两个选项中，分别可练习数字和符号的输入。

举一
反三

使用写字板写一份通知

本实例主要是以写字板为环境，使用拼音输入法来写一份通知，进而学习拼音输入法的使用方法与技巧。一份完成的通知主要包括标题、称呼、正文和落款等内容，因此，要想写好一份通知，首先就是熟悉通知的格式与写作方法，然后按照格式一步一步地进行书写，最终的显示效果如下图所示。

这里以"写一份公司春节放假通知"为例，来具体介绍使用写字板书写通知的操作步骤。

1. 设置通知的标题

第1步 打开写字板软件，即可创建一个新的空白文档。

第2步 输入通知的标题，在键盘中输入"tongzhi"，单击第一个选项。

第3步 即可输入汉字"通知"，并居中显示在写字板中。

2. 输入通知的称呼与正文

第1步 直接输入通知称呼的拼写"zunjingde kehu"，选择正确的名称，并将其插入到文档中。

第2步 在键盘上按【Shift+;】组合键，输入冒号"："。

第 4 章
电脑打字——输入法的认识和使用

第3步 按【Enter】键换行，然后直接输入信件的正文，输入正文时汉字直接按相应的拼音，数字可直接按小键盘中的数字键。

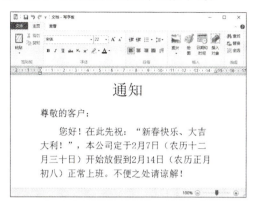

3. 输入通知落款并设置通知格式

第1步 将鼠标光标定位于文档的最后一个段落标记前。

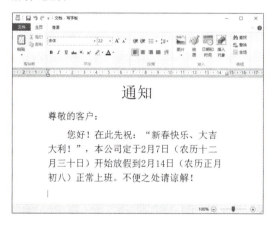

第2步 直接从键盘输入【R】和【Q】键，即可在候选字中看到当前的日期。

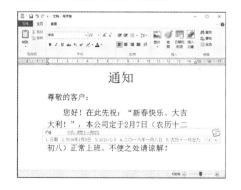

第3步 直接按【Enter】键，即可完成当前日期的输入。

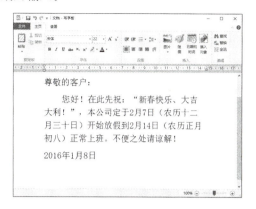

第4步 将鼠标光标定位于文档日期下面的段落标记前，在搜狗拼音状态栏中单击【打开工具箱】按钮，在弹出的列表中单击【符号大全】按钮。

第5步 弹出【符号大全】对话框，选择并单击要插入的符号。

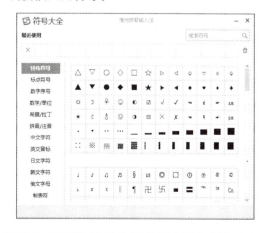

第6步 即可将选择的符号插入通知鼠标光标所在的位置。

· 113 ·

第7步 将光标定位在最后一个符号后，然后输入公司后面的文字，如这里输入"shangmaoyouxiangongsi"，然后按下【Enter】键确认输入。

第8步 根据需要设置通知内容的格式，最终效果如下图所示。至此，就完成了使用搜狗拼音输入法在写字板中写一份通知的操作，只要将制作的文档保存即可。

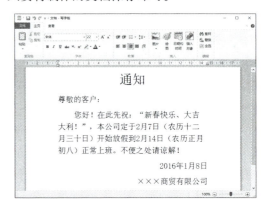

提示

在写字板中设置字体、段落样式以及保存文档的操作与在Word中相似，这里不再赘述。

◇ **添加自定义短语**

造词工具用于管理和维护自造词词典以及自学习词表，用户可以对自造词的词条进行编辑、删除，设置快捷键，导入或导出到文本文件等，使下次输入可以轻松完成。在QQ拼音输入法中定义用户词和自定义短语的具体操作步骤如下。

第1步 在QQ拼音输入法下按【I】键，启动i模式，并按功能键区的数字【7】键。

第2步 弹出【QQ拼音造词工具】对话框，选择【用户词】选项卡。如果经常使用"扇淀"这个词，可以在【新词】文本框中输入该词，并单击【保存】按钮。

第3步 在输入法中输入拼音"shandian"，即可在第一个位置上显示设置的新词"扇淀"。

第 4 章
电脑打字——输入法的认识和使用

第 4 步 【自定义短语】选项卡，在【自定义短语】文本框中输入"吃葡萄不吐葡萄皮"，【缩写】文本框中设置缩写，如输入"cpb"，单击【保存】按钮。

第 5 步 在输入法中输入拼音"cpb"，即可在第一个位置上显示设置的新短语。

◇ 快速输入表情及其他特殊符号

使用搜狗拼音输入法还可以快速输入表情以及其他特殊符号。搜狗输入法为用户提供丰富的表情、特殊符号库以及字符画，不仅在候选项上可以选择，还可以单击上方提示，进入表情专用面板，随意选择自己喜欢表情、符号、字符画。

第 1 步 在搜狗拼音中输入"ha"，即可看到候选项中的表情符号。

第 2 步 选择表情符号，也就是第 4 个候选项，即可完成输入。

O(∩_∩)O哈哈

第 3 步 单击【更多搜狗表情】超链接，即可

打开【字符表情】面板，将鼠标指针放置到表情上，可以看到表情提示。选择要插入的表情，即可完成表情符号的快速插入。

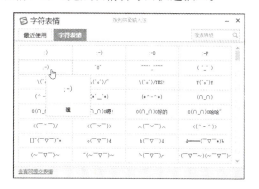

第 4 步 此外，还可以单击搜狗拼音状态栏中的【搜狗工具箱】按钮，在弹出的列表中选择【字符表情】选项，也可以打开【字符表情】面板。

第 5 步 在列表中选择【图片表情】选项，可以打开【图片表情】面板。选择要插入的表情即可快速完成插入。

除了表情之外，还会经常使用一些特殊

的符号。插入特殊符号的具体操作步骤如下。

第1步 单击搜狗拼音状态栏中的【软键盘】按钮，在弹出的列表中选择【特殊符号】选项，或者按【Ctrl+Shift+Z】组合键。

第2步 即可打开【符号大全】面板，其中包含有【特殊符号】、【数字序号】、【数学／单位】、【标点符号】、【希腊／拉丁】、【拼音／注音】等各式各样的特殊符号。选择符号并单击即可完成特殊符号的快速插入。

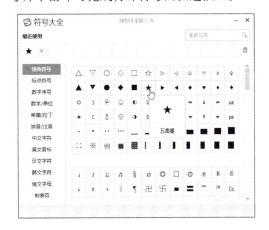

◇ 使用手写输入法快速输入英文、数字及标点

在使用搜狗拼音输入法输入文字时，可能会遇到需要输入英文或者数字的情况，关闭【手写输入】面板，在切换输入法输入会比较麻烦，在【手写输入】面板可以快速展开英文、数字及标点面板来进行输入。

第1步 在【手写输入】面板单击右下角的【abc】按钮。

第2步 即可在手写区域显示英文字母，如果要输入小写字母，单击前半部分的小写字符按钮；如果要输入大写字母，只需要单击后半部分的大写字符按钮即可。

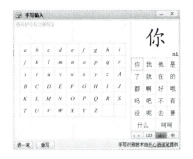

第3步 单击【手写输入】面板右下角的【123】按钮，即可切换至数字输入面板。

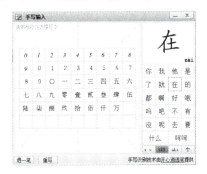

第4步 单击【手写输入】面板右下角的【，。】按钮，即可切换至标点输入面板。

第 5 章
文件管理——管理电脑中的文件资源

本章导读

电脑中的文件资源是 Windows 10 操作系统资源的重要组成部分,只有管理好电脑中的文件资源,才能很好地运用操作系统完成工作和学习。本章主要讲述 Windows 10 中文件资源的基本管理操作。

思维导图

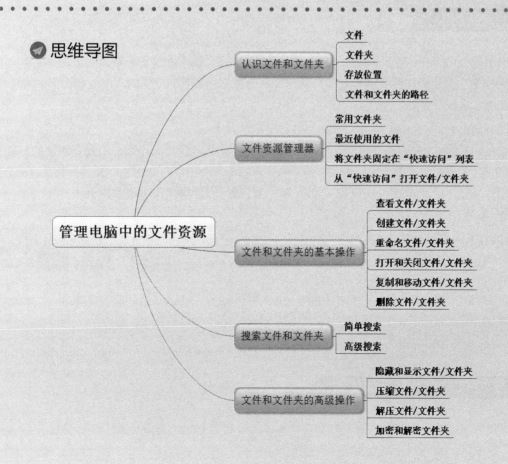

5.1 认识文件和文件夹

在Windows10操作系统中，文件是最小的数据组织单位，文件中可以存放文本、图像和数值数据等信息。为了便于管理文件，还可以把文件组织到目录和子目录中，这些目录被认为是文件夹，而子目录则被认为是文件夹的文件或子文件夹。

5.1.1 文件

文件是Windows存取磁盘信息的基本单位，一个文件是磁盘上存储的信息的一个集合，可以是文字、图片、影片和一个应用程序等。每个文件都有自己唯一的名称，Windows 10正是通过文件的名字来对文件进行管理的。右图所示为一个图片文件。

5.1.2 文件夹

文件夹是从Windows 95开始提出的一种名称，其主要用来存放文件，是存放文件的容器。在操作系统中，文件和文件夹都有名字，系统都是根据它们名字来存取的。一般情况下，文件和文件夹的命名规则有以下几点。

(1) 文件和文件夹名称长度最多可达256个字符，1个汉字相当于两个字符。

(2) 文件、文件夹名中不能出现这些字符：斜线 (\、/)、竖线 (|)、小于号 (<)、大于号 (>)、冒号 (：)、引号 (" 、 ')、问号 (？)、星号 (*)。

(3) 文件和文件夹不区分大小写字母。如"abc"和"ABC"是同一个文件名。

(4) 通常一个文件都有扩展名 (通常为3个字符)，用来表示文件的类型。文件夹通常没有扩展名。

(5) 同一个文件夹中的文件、文件夹不能同名。

下图所示为Windows 10操作系统的【保存的图片】文件夹，双击这个文件夹将其打开，可以看到文件夹中存放的文件。

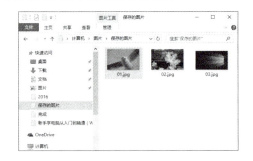

5.1.3 文件和文件夹存放位置

电脑中的文件或文件夹一般存放在本台电脑中的磁盘或【Administrator】文件夹中。

第 5 章
文件管理——管理电脑中的文件资源

1. 电脑磁盘

理论上来说，文件可以被存放在电脑磁盘的任意位置，但是为了便于管理，文件的存放有以下常见的原则。

通常情况下，电脑的硬盘最少也需要划分为三个分区：C、D 和 E 盘。3 个盘的功能分别如下。

C 盘主要是用来存放系统文件。所谓系统文件，是指操作系统和应用软件中的系统操作部分。一般系统默认情况下都会被安装在 C 盘，包括常用的程序。

D 盘主要用来存放应用软件文件。例如，Office、Photoshop 和 3ds Max 等程序，常常被安装在 D 盘。对于软件的安装，有以下常见的原则。

(1) 一般小的软件，如 Rar 压缩软件等可以安装在 C 盘。

(2) 对于大的软件，如 3ds Max 等，需要安装在 D 盘，这样可以少占用 C 盘的空间，从而提高系统运行的速度。

(3) 几乎所有的软件默认的安装路径都在 C 盘中，电脑用得越久，C 盘被占用的空间越多。随着时间的增加，系统反应会越来越慢。所以安装软件时，需要根据具体情况改变安装路径。

E 盘用来存放用户自己的文件。例如，用户自己的电影、图片和 Word 资料文件等。

如果硬盘还有多余的空间，可以添加更多的分区。

2. 【Administrator】文件夹

【Administrator】文件夹是 Windows 10 中的一个系统文件夹，系统为每个用户建立的文件夹，主要用于保存文档、图形，当然也可以保存其他任何文件。对于常用的文件，用户可以将其放在【Administrator】文件夹中，以便于及时调用。

默认情况下，在桌面上并不显示【Administrator】文件夹，用户可以通过选择【桌面图标设置】对话框中的【用户的文件】复选框，将打开【Administrator】文件夹放置在桌面上，然后双击该图标，打开【Administrator】文件夹。

5.1.4 文件和文件夹的路径

文件和文件夹的路径表示文件或文件夹所在的位置，路径在表示的时候有两种方法：绝对路径和相对路径。

绝对路径是从根文件夹开始的表示方法，根通常用"\"来表示（有区别于网络路径），如 C:\Windows\System32 表示 C 盘下面 Windows 文件夹下面的 System32 文件夹，根据文件或文件夹提供的路径，用户可以在电脑上找到该文件或文件夹的存放位置，如下图所示为 C 盘下面 Windows 文件夹下面的 System32 文件夹。

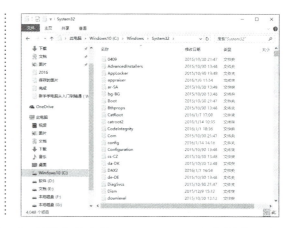

相对路径是从当前文件夹开始的表示方法，如当前文件夹为 C:\Windows，如果要表示它下面的 System32 下面的 ebd 文件夹，则可以表示为 System32\ebd，而用绝对路径应写为 C:\Windows\System32\ebd。

5.2 实战 1：快速访问【文件资源管理器】

在 Windows 10 操作系统中，用户打开文件资源管理器默认显示的是快速访问界面，在快速访问界面中用户可以看到常用的文件夹、最近使用的文件等信息。

5.2.1 常用文件夹

文件资源管理器窗口中的常用文件夹默认显示为 8 个，包括桌面、下载、文档和图片 4 个固定的文件夹，另外 4 个文件夹是用户最近常用的文件夹。通过常用文件夹，用户可以打开文件夹来查看其中的文件。

具体的操作步骤如下。

 单击【开始】按钮，在打开的【开始屏幕】中选择【文件资源管理器】选项。

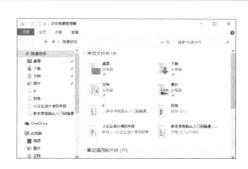

第 2 步 打开【文件资源管理器】窗口，在其中可以看到【常用文件夹】包含的文件夹列表。

第 3 步 双击打开【图片】文件夹，在其中可以看到该文件夹包含的图片信息。

5.2.2 最近使用的文件

文件资源管理器提供有最近使用的文件列表，默认显示为 20 个，用户可以通过最近使用的文件列表来快速打开文件。

具体的操作步骤如下。

第1步 打开【文件资源管理器】窗口，在其中可以看到【最近使用的文件】列表区域。

第2步 双击需要打开的文件，即可打开该文件，如这里双击【通知】Word 文档文件，即可打开该文件的工作界面。

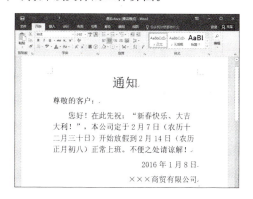

5.2.3 将文件夹固定在"快速访问"

对于常用的文件夹，用户可以将其固定在"快速访问"列表中，具体操作步骤如下。

第1步 选中需要固定在"快速访问"列表中的文件夹并右击，在弹出的快捷菜单中选择【固定到"快速访问"】选项。

第2步 返回到【文件资源管理器】窗口中，可以看到选中的文件固定到"快速访问"列表中，在其后面显示一个固定图标" "。

5.2.4 从"快速访问"列表打开文件 / 文件夹

在"快速访问"功能列表中可以快速打开文件或文件夹，而不需要通过电脑磁盘查找之后再进行打开。通过"快速访问"列表快速打开文件或文件夹的操作步骤如下。

第1步 打开【文件资源管理器】窗口，在其中可以看到窗口左侧显示的"快速访问"功能列表。

第2步 选择需要打开的文件夹，如这里选择【文档】文件夹，即可在右侧的窗格中显示【文档】文件夹中的内容。

第3步 双击文件夹中的文件，如这里选择【ipmsg】记事本文件，即可打开该文件，在打开的界面中查看内容。

5.3 实战2：文件和文件夹的基本操作

用户要想管理电脑中的数据，首先要熟练掌握文件或文件夹的基本操作，文件或文件夹的基本操作包括创建文件或文件夹、打开和关闭文件或文件夹、复制和移动文件或文件夹、删除文件或文件夹、重命名文件或文件夹等。

5.3.1 查看文件/文件夹（视图）

系统中的文件或文件夹可以通过【查看】右键菜单和【查看】选项卡两种方式进行查看，查看文件或文件夹的操作步骤如下。

第1步 在文件夹窗口的空白处右击鼠标，在弹出的快捷菜单中选择【查看】→【大图标】命令。

第2步 随即文件夹中的文件和子文件夹都以大图标的方式显示。

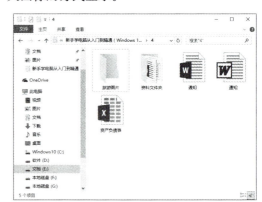

第3步 在文件夹窗口中选择【查看】选项卡，进入【查看】功能区，在【布局】组中可以看到当前文件或文件夹的布局方式为【大图标】。

第 5 章
文件管理——管理电脑中的文件资源

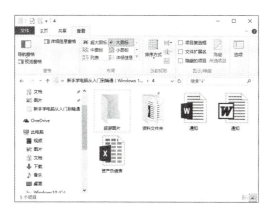

第4步 单击【窗格】组中的【预览窗格】按钮，可以以预览的方式查看文件或文件夹。

第5步 单击【窗格】组中的【详细信息窗格】按钮，即可以详细信息的方式查看文件或文件夹。

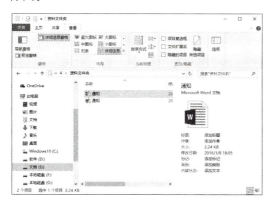

设置文件排列方式、视图查看操作如下。

第1步 选择【布局】组中的【内容】选项，即可以内容布局方式显示文件或文件夹。

第2步 单击【当前视图】组中的【排序方式】按钮，在弹出的下拉列表中可以选择文件或文件夹的排序方式。

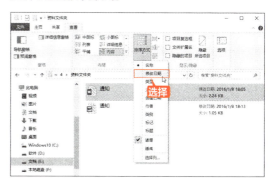

第3步 如果想要恢复系统默认视图方式，则可以单击【查看】选项卡下的【选项】按钮，打开【文件夹选项】对话框，选择【查看】选项。

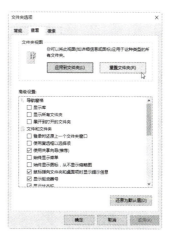

第4步 单击【重置文件夹】按钮，打开【文件夹视图】对话框，提示用户是否将这个类型的所有文件夹都重置为默认视图设置。

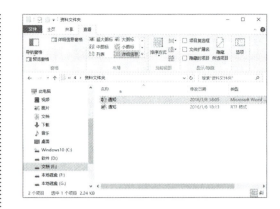

第5步 单击【是】按钮,即可完成重置操作,返回到文件夹窗口中,可以查看到文件或文件夹都以默认的视图方式显示。

5.3.2 创建文件 / 文件夹

创建文件或文件夹是文本和文件夹最基本的操作,其中创建文件有两种方法,分别是使用应用软件自行创建和使用【新建】菜单进行创建;创建文件夹最常用的方法是使用【新建】命令。

1. 通过应用软件创建文件

这里以创建一个 Excel 文件为例,来介绍使用应用软件创建文件的方法,具体操作步骤如下。

第1步 启动 Excel 2016 后,在打开的界面单击右侧的【空白工作簿】选项。

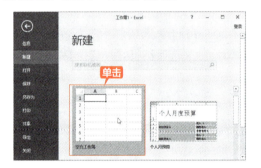

第2步 系统会自动创建一个名称为"工作簿1"的工作簿。

第3步 单击【文件】按钮,在弹出的类别中选择【保存】命令,或按下【Ctrl+S】组合键,也可以单击【快速访问工具栏】的【保存】按钮。

第4步 右侧窗口弹出另存为显示信息,单击【浏览】按钮。

第5步 弹出【另存为】对话框,在【保存位置】

下拉列表中选择工作簿的保存位置，在【文件名】文本框中输入工作簿的保存名称，在【保存类型】下拉列表中选择文件保存的类型。

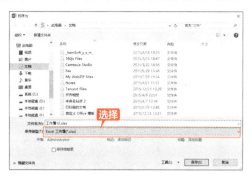

第6步　设置完毕后，单击【保存】按钮，即可完成 Excel 文件的创建操作。

> **提示**
>
> 在 Excel 工作界面中按【Ctrl+N】组合键，即可快速创建一个名称为"工作簿 2"的空白工作簿。工作簿创建完毕之后，就要将其进行保存以备今后查看和使用，在初次保存工作簿是需要指定工作簿的保存路径和保存名称。

2. 通过【新建】菜单命令创建文件

通过【新建】菜单命令创建文件的操作步骤如下。

第1步　在文件夹窗口的空白处右击鼠标，在弹出的快捷菜单中选择【新建】→【Microsoft Excel 工作表】选项。

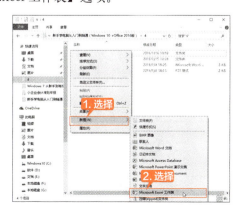

第2步　即可在文件夹窗口中新建一个 Excel 工作表。

第3步　给新建的 Excel 文件重命名为"资产负债表"。

第4步　双击新建的文件，即可打开该文件。

3. 创建文件夹

创建文件夹的操作步骤如下。

第1步　在文件夹窗口的空白处右击，在弹出的快捷菜单中选择【新建】→【文件夹】命令。

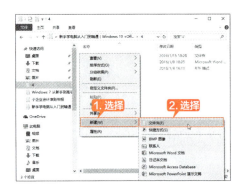

第2步 即可在文件夹中新建一个文件夹。

第3步 重命名文件夹的名称为"旅游图片"，即可完成文件夹的创建操作。

5.3.3 重命名文件 / 文件夹

新建文件或文件夹后，都是以一个默认的名称作为文件名或文件夹的名称，其实用户可以在文件资源管理器或任意一个文件夹窗口中，给新建的或已有的文件或文件夹重新命名。

1. 给文件重命名

（1）常见的更改文件的名称具体操作如下。

第1步 在【文件资源管理器】的任意一个驱动器中，选定要重命名的文件，单击鼠标右键，在弹出的快捷菜单中选择【重命名】选项。

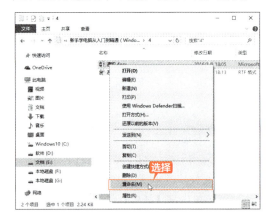

第2步 文件的名称以蓝色背景显示。

第3步 用户可以直接输入文件的名称，按【Enter】键，即可完成对文件名称的更改。

第 5 章
文件管理——管理电脑中的文件资源

| 提示 |

在重命名文件时，不能改变已有文件的扩展名，否则当要打开该文件时，系统不能确认要使用哪种程序打开该文件。

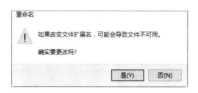

如果更换的文件名与原有的文件名重复，系统则会给出如下图所示的提示，单击【是】按钮，则会以文件名后面加上序号来命名，如果单击【否】按钮，则需要重新输入文件名。

（2）用户可以选择需要更改名称的文件，按【F2】功能键，从而快速地更改文件的名称。

（3）选择需要更名的文件，用鼠标分两次单击（不是双击）要重命名的文件，此时选中的文件名显示为可写状态，在其中输入名称，然后按回车键确认。

2. 文件夹的重命名

（1）常见的更改文件夹名称的具体操作如下。

第1步 在【文件资源管理器】的任意一个驱动器中，选定要重命名的文件夹，单击鼠标右键，在弹出的快捷菜单中选择【重命名】选项。

第2步 文件夹的名称以蓝色背景显示。

第3步 用户可以直接输入文件的名称，按【Enter】键，即可完成对文件夹名称的更改。

第4步 如果更换的文件夹名与原有的文件夹名重复，系统则会给出【确认文件夹替换】对话框，单击【是】按钮，则会替换原来的文件夹，如果单击【否】按钮，则需要重新输入文件夹的名称。

（2）用户可以选择需要更改名称的文件夹，按【F2】功能键，从而快速地更改文件夹的名称。

（3）选择需要更名的文件夹，用鼠标单击要重命名的文件夹名称，此时选中的文件夹名显示为可写状态，在其中输入名称，按回车键，即可重命名文件夹。

5.3.4 打开和关闭文件/文件夹

打开文件或文件夹常用的方法有以下两种。

（1）选择需要打开的文件或文件夹，双击即可打开文件或文件夹。

（2）选择需要打开的文件或文件夹，右击鼠标，在弹出的快捷菜单中选择【打开】命令。

对于文件，用户还可以利用【打开方式】命令将其打开，具体操作步骤如下。

第1步 选择需要打开的文件并右击，在弹出的快捷菜单中选择【打开方式】命令。

第2步 打开【你要如何打开这个文件】对话框，在其中选择打开文件的应用程序，本实例选择【写字板】选项，单击【确定】按钮。

第3步 写字板软件将自动打开选择的文件。

关闭文件或文件夹的常见方法如下。

（1）一般文件的打开都和相应的软件有关，在软件的右上角都有一个关闭按钮，如以写字板为例，单击写字板工作界面右上角的【关闭】按钮，可以直接关闭文件。

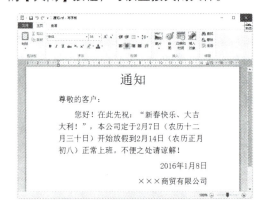

第 5 章
文件管理——管理电脑中的文件资源

(2) 关闭文件夹的操作很简单，只需要在打开的文件夹窗口中单击右上角的【关闭】按钮即可。

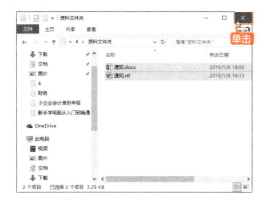

(3) 在文件夹窗口中单击【文件】选项卡，在弹出的功能区界面中选择【关闭】选项，也可以关闭文件夹。

(4) 按【Alt+F4】组合键，可以快速地关闭当前被打开的文件或文件夹。

5.3.5 复制和移动文件/文件夹

在日常生活中，经常需要对一些文件进行备份，也就是创建文件的副本，这里就需要用到【复制】命令进行操作。

1. 复制文件和文件夹

复制文件或文件夹的方法有以下几种。

(1) 选择要复制的文件或文件夹，按住【Ctrl】键拖动到目标位置。

(2) 选择要复制的文件或文件夹，右击并拖动到目标位置，在弹出的快捷菜单中选择【复制到当前位置】命令。

(3) 选择要复制的文件或文件夹，按【Ctrl+C】组合键，按【Ctrl+V】组合键即可。

> **提示**
>
> 文件或文件夹除了直接复制和发送以外，还有一种更为简单的复制方法，就是在打开的文件夹窗口中，选取要进行复制的文件或文件夹，然后在选中的文件中按住鼠标左键盘，并拖动鼠标指针到要粘贴的地方，可以是磁盘、文件夹或者是桌面上，释放鼠标，就可以把文件或文件夹复制到指定的地方了。

2. 移动文件或文件夹

移动文件或文件夹的具体操作步骤如下。

第1步 选择需要移动的文件或文件夹并右击，在弹出的快捷菜单中选择【剪切】命令。

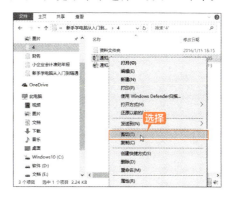

第2步 选定目的文件夹并打开它，右击并在弹出的快捷菜单中选择【粘贴】命令。

提示

用户除了可以使用上述方法进行移动文件外，还可以使用【Ctrl+X】组合键实现【剪切】功能，使用【Ctrl+V】组合键实现【粘贴】功能。

当然，用户也可以用鼠标直接拖动时完成复制操作，方法是先选中要拖动的文件或文件夹，然后按住键盘上的【Shift】键同时按住鼠标左键，然后把它拖到需要的文件夹中，并使之文件夹反蓝显示，再释放左键，选中的文件或文件夹就移动到指定的文件夹下了。

第3步 则选定的文件或文件夹就被移动到当前文件夹。

5.3.6 删除文件/文件夹

删除文件或文件夹的常见方法有以下几种。

（1）选择要删除的文件或文件夹，按键盘上的【Delete】键。

（2）选择要删除的文件或文件夹，单击【主页】选项卡【组织】组中的【删除】按钮。

（3）选择要删除的文件或文件夹，右击并在弹出的快捷菜单中【删除】命令。

（4）选择要删除的文件，直接拖动到【回收站】中。

第 5 章
文件管理——管理电脑中的文件资源

> **提示**
>
> 删除命令只是将文件或文件夹移入【回收站】中，并没有从磁盘上清除，如果还需要使用该文件或文件夹，可以从【回收站】中恢复。

另外，如果要彻底删除文件或文件夹，则可以先选择要删除的文件或文件夹，然后按下【Shift】键的同时，再按下【Delete】键，将会弹出【删除文件】或【删除文件夹】对话框，提示用户是否确实要永久性地删除此文件或文件夹，单击【是】按钮，即可将其彻底删除。

5.4 实战 3：搜索文件和文件夹

当用户忘记了文件或文件夹的位置，只是知道该文件或文件夹的名称时，就可以通过搜索功能来搜索需要文件或文件夹了。

5.4.1 简单搜索

根据搜索参数的不同，在搜索文件或文件夹的过程中，可以分为简单搜索和高级搜索，下面介绍简单搜索的方法，这里以搜索一份通知为例，简单搜索的操作步骤如下。

第1步 打开【文件资源管理器】窗口。

第2步 单击左侧窗格中的【此电脑】选项，将搜索的范围设置为【此电脑】。

第3步 在【搜索】文本框中输入搜索的关键字，这里输入"通知"，此时系统开始搜索本台电脑中的"通知"文件。

搜索的结果，在其中可以查找自己需要的文件。

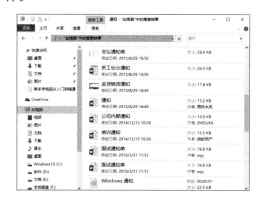

第4步 搜索完毕后，将在下方的窗格中显示

5.4.2 高级搜索

使用简单搜索得出的结果比较多，用户在查找自己需要的文档过程中比较麻烦，这时就可以使用系统提供的搜索工具进行高级搜索了，这里以搜索"通知"文件为例，高级搜索的操作步骤如下。

第1步 在简单搜索结果的窗口中选择【搜索】选项卡，进入【搜索】功能区域。

第2步 单击【优化】组中的【修改日期】按钮，在弹出的下拉列表中选择文档修改的日期范围。

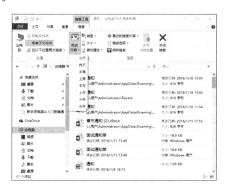

第3步 如果选择【本月】选项，则在搜索结果中只显示本月的"通知"文件。

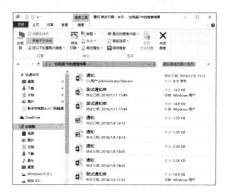

第4步 单击【优化】组中的【类型】按钮，在弹出的下拉列表中可以选择搜索文件的类型。

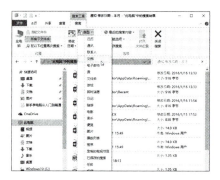

第 5 章
文件管理——管理电脑中的文件资源

第5步 单击【优化】组中的【大小】按钮，在弹出的下拉列表中可以选择搜索文件的大小范围。

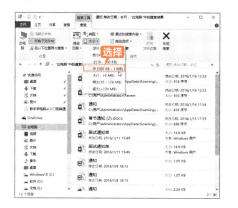

第6步 当所有的搜索参数设置完毕后，系统开始自动根据用户设置的条件进行高级搜索，并将搜索结果放置在下方的窗格中。

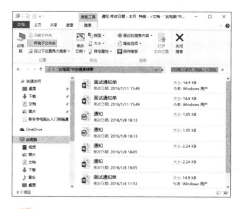

第7步 双击自己需要的文件，即可将该文件打开。

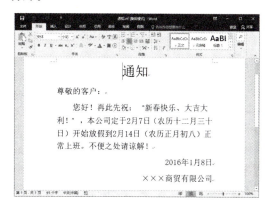

第8步 如果想要关闭搜索工具，则可以单击【搜索】功能区域中的【关闭搜索】按钮，将搜索功能关闭掉，并进入此电脑工作界面。

5.5 实战 4：文件和文件夹的高级操作

文件和文件夹的高级操作主要包括隐藏与显示文件或文件夹、压缩与解压缩文件或文件夹、加密与解密文件或文件夹等。

5.5.1 隐藏文件 / 文件夹

隐藏文件或文件夹可以增强文件的安全性，同时可以防止误操作导致的文件丢失现象。

1. 隐藏文件

隐藏文件的具体操作如下。

第1步 选择需要隐藏的文件，如"员工基本资料"右击并在弹出的快捷菜单中选择【属性】命令。

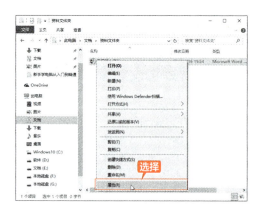

第2步 弹出【员工基本资料 属性】对话框，选择【常规】选项卡，然后选中【隐藏】复选框，单击【确定】按钮。

第3步 选择的文件被成功隐藏。

2. 隐藏文件夹

第1步 选择需要隐藏的文件夹，如右击"资料文件夹"，在弹出的快捷菜单中选择【属性】命令。

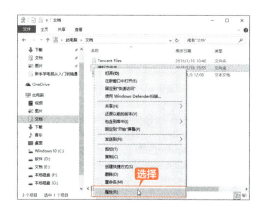

第2步 弹出【资料文件夹 属性】对话框，选择【常规】选项卡，然后选中【隐藏】复选框，单击【确定】按钮。

第3步 弹出【确认属性更改】对话框，在其中选择相关的选项，单击【确定】按钮。

第4步 选择的文件夹被成功隐藏。

5.5.2 显示文件/文件夹

文件或文件夹被隐藏后，用户要想调出隐藏文件，需要显示文件。具体操作如下。

第1步 在文件夹窗口中，选择【查看】选项卡，在打开的功能区域中单击【选项】按钮。

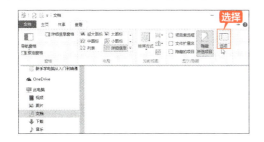

第2步 打开【文件夹选项】对话框，在其中选择【查看】选项卡，在【高级设置】列表中选中【显示隐藏的文件、文件夹和驱动器】单选按钮，单击【确定】按钮。

第3步 返回到文件窗口中，可以看到隐藏的文件或文件夹显示出来。

第4步 选择隐藏的文件或文件夹，右击并在弹出的快捷菜单中选择【属性】命令。

第5步 弹出【资料文件夹属性】对话框，取消对【隐藏】复选框的勾选。

第6步 单击【确定】按钮，成功显示隐藏的文件。

> **提示**
>
> 完成显示文件的操作后，用户可以在【文件夹选项】对话框中取消【显示隐藏的文件、文件夹和驱动器】单选按钮，从而避免对隐藏的文件的误操作。

5.5.3 压缩文件/文件夹

对于特别大的文件夹，用户可以进行压缩操作，经过压缩过的文件将占用很少的磁盘空间，并有利于更快速地相互传输到其他计算机上，以实现网络上的共享功能。

1. 压缩文件

压缩文件可以使文件更快速的传输，有利于网络上资源的共享。同时，还能节省大量的磁盘空间，用户利用系统自带的压缩软件程序可以压缩文件，具体操作步骤如下。

第1步 选择需要压缩的文件，右击并在弹出的快捷菜单中选择【发送到】→【压缩(zipped)文件夹】命令。

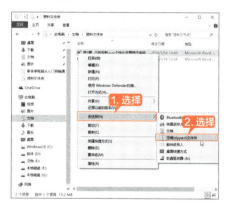

第2步 弹出【正在压缩…】对话框，并显示压缩的进度。

第3步 完成压缩后系统自动关闭【正在压缩】对话框，返回到文件夹窗口中，可以看到压缩后的文件。

2. 压缩文件夹

用户可以利用 Windows 10 操作系统自带的压缩软件，将文件夹进行压缩操作。具体操作步骤如下。

第1步 选择需要压缩的文件夹，右击并在弹出的快捷菜单中选择【发送到】→【压缩(zipped)文件夹】命令。

第2步 弹出【正在压缩…】对话框，并以绿色进度条的形式显示压缩的进度。

第 5 章
文件管理——管理电脑中的文件资源

第 3 步 压缩完成后，用户可以在窗口中发现多了一个和文件名称一样的压缩文件。

5.5.4 解压文件 / 文件夹

压缩之后的文件或文件夹，如果需要打开，还可以将文件或文件夹进行解压缩操作，具体的操作步骤如下。

第 1 步 选中需要解压的文件或文件夹，右击鼠标，在弹出的快捷菜单中选择【全部解压】选项。

第 2 步 弹出【提取压缩(Zipped)文件夹】对话框，在其中选择一个目标并提取文件。

第 3 步 单击【提取】按钮，弹出提取文件的进度对话框。

第 4 步 提取完成后，返回到文件夹窗口中，在其中显示解压后的文件。

5.5.5 加密文件 / 文件夹

加密文件或文件夹的具体操作步骤如下。

第 1 步 选择需要加密的文件或文件夹右击，从弹出的快捷菜单中选择【属性】命令。

第2步 弹出【属性】对话框，选择【常规】选项卡，单击【高级】按钮。

第3步 弹出【高级属性】对话框，选中【加密内容以便保护数据】复选框，单击【确定】按钮。

第4步 返回到【属性】对话框，单击【应用】按钮，弹出【确认属性更改】对话框，选中【将更改应用于此文件夹、子文件夹和文件】单选按钮，单击【确定】按钮。

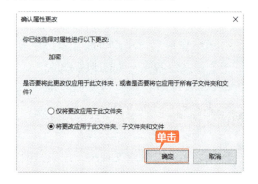

第5步 返回到【属性】对话框，单击【确定】按钮，弹出【应用属性】对话框，系统开始自动对所选的文件夹进行加密操作。

第6步 加密完成后，可以看到被加密的文件夹出现锁图标，表示加密成功。

5.5.6 解密文件/文件夹

如果用户想解除文件或文件夹的加密操作，可以取消文件或文件夹的加密。具体操作步骤如下。

第1步 选择被加密的文件或文件夹，右击在弹出的快捷菜单中选择【属性】命令，弹出【属性】对话框，单击【高级】按钮。

第 5 章
文件管理——管理电脑中的文件资源

第2步 弹出【高级属性】对话框，在【压缩或加密属性】对话框中取消对【加密内容以便保护数据】复选框的勾选，并单击【确定】按钮。

第3步 返回到【属性】对话框，单击【应用】按钮。

第4步 弹出【确认属性更改】对话框，选中【将更改应用于此文件夹、子文件夹和文件】单选按钮，单击【确定】按钮。

第5步 返回到【属性】对话框，单击【确定】按钮，弹出【应用属性】对话框，系统开始对文件夹进行解密操作。

第6步 解密完成后，系统自动关闭【应用属性】对话框，返回到文件夹窗口，可以看到文件夹上的锁图标取消了，表示解密成功。

· 139 ·

规划电脑的工作盘

使用电脑办公时常需要规划电脑的工作盘，将工作、学习和生活用盘合理规划，做到工作和生活两不误。现在使用笔记本电脑办公的人越来越多，网络的普及使得电脑办公更加方便，不仅能在办公室还可以在家里办公，而电脑硬盘空间不断增大，可以使用一台电脑处理工作、学习和生活中文件，因此，合理规划电脑的磁盘空间就十分必要。

常见的规划硬盘分区的操作包括格式化分区、调整分区容量、分割分区、合并分区、删除分区和更改驱动器号等。

下面介绍规划硬盘的操作方法。

1. 格式化分区

格式化就是在磁盘中建立磁道和扇区，磁道和扇区建立好之后，电脑才可以使用磁盘来储存数据。不过，对存有数据的硬盘进行格式化，硬盘中的数据将会删除，还用户一个干净的硬盘。

第1步 右击【此电脑】窗口中磁盘 E，在弹出的快捷菜单上选择【格式化】命令。弹出【格式化软件】对话框。在其中设置磁盘的【文件系统】、【分配单元大小】等选项。

第2步 单击【开始】按钮，即可弹出提示对话框。若格式化该磁盘则单击【确定】按钮；若退出则单击【取消】按钮退出格式化。单击【确定】按钮，即可开始高级格式化磁盘分区 E。

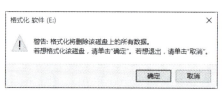

提示 此外，还可以使用 Diskgenius 软件格式化硬盘。

2. 调整分区容量

分区容量不能随便调整，否则会引起分区上的数据丢失。下面来讲述如何在 Windows 10 操作系统中利用自带的工具调整分区的容量。具体操作如下。

第1步 打开【计算机管理】窗口，单击窗口左侧的【磁盘管理】选项，即可在右侧窗格中显示出本机磁盘的信息列表。选择需要调整容量分区右击，在弹出的快捷菜单中选择【压缩卷】命令。

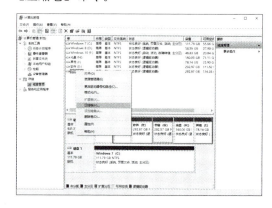

第 5 章
文件管理——管理电脑中的文件资源

第2步 弹出【查询压缩空间】对话框，系统开始查询卷以获取可用的压缩空间。

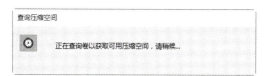

第3步 弹出【压缩G：】对话框，在【输入压缩空间量】文本框中输入调整出分区的大小"1000"MB，在【压缩后的总计大小（MB）】文本框中显示调整后容量，单击【压缩】按钮。

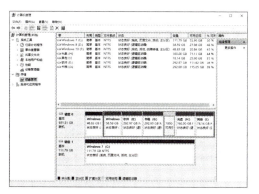

第4步 系统将自动从G盘中划分出1000MB空间，C盘的容量得到了调整。

3. 合并分区

如果用户想合并两个分区，则其中一个分区必须为未分配的空间，否则不能合并。在Windows操作系统中，用户可用【扩展卷】功能实现分区的合并。具体操作步骤如下。

第1步 打开【计算机管理】窗口，单击窗口左侧的【磁盘管理】选项，即可在右侧窗格中显示出本机磁盘的信息列表。选择需要合并的其中一个分区，右击并在弹出的快捷菜单中选择【扩展卷】菜单命令。

第2步 弹出【扩展卷向导】对话框，单击【下一步】按钮。

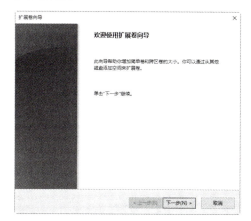

第3步 弹出【选择磁盘】对话框，在【可用】列表框中选择要合并的空间，单击【添加】按钮。

第4步 新的空间被添加到【已选的】列表框中，单击【下一步】按钮。

· 141 ·

第5步 弹出【完成扩展卷向导】对话框，单击【完成】按钮。

第6步 返回到【计算机管理】窗口，则两个分区被合并到一个分区中。

4. 删除分区

删除硬盘分区主要是创建可用于创建新分区的空白空间。如果硬盘当前设置为单个分区，则不能将其删除，也不能删除系统分区、引导分区或任何包含虚拟内存分页文件的分区，因为 Windows 需要此信息才能正确启动。

删除分区的具体操作步骤如下：

第1步 打开【计算机管理】窗口，单击窗口左侧的【磁盘管理】选项，即可在右侧窗格中显示出本机磁盘的信息列表。选择需要删除的分区，右击并在弹出的快捷菜单中选择【删除】命令。

第2步 弹出【删除简单卷】对话框，单击【是】按钮，即可删除分区。

5. 更改驱动器号

利用 Windows 中的【磁盘管理】程序也可处理盘符错乱情况，操作方法非常简单，用户不必再下载其他工具软件即可处理这一问题。

第1步 打开【计算机管理】窗口。在右侧磁盘列表中选择盘符混乱的磁盘【光盘(H:)】并右击，在快捷菜单中选择【更改驱动器名和路径】选项。

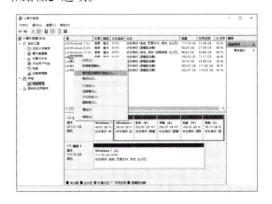

第 5 章
文件管理——管理电脑中的文件资源

第2步 弹出【更改 H：（光盘）的驱动器号和路径】对话框。

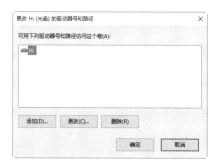

第3步 单击【更改】按钮，弹出【更改驱动器号和路径】对话框，单击右侧的下拉按钮，在下拉列表中为该驱动器指定一个新的驱动器号。

第4步 单击【确定】按钮，即可弹出【确认】对话框，单击【是】按钮即可完成盘符的更改。

◇ **复制文件的路径**

有时我们需要快速确定某个文件的位置，如编程时需要引用某个文件的位置，这时可以快速复制文件/文件夹的路径到剪切板。

具体的操作步骤如下。

第1步 打开【文件资源管理器】，在其中找到要复制路径的文件或文件夹。

第2步 在其上按住【Shift】键的同时，右击，会比直接右击时弹出的快捷菜单比原来多【复制为路径】选项。

第3步 选择【复制为路径】选项，则可以将其路径复制到剪切板中，新建一个记事本文件，按下【Ctrl+V】组合键，就可以复制路径到记事本中。

◇ 显示文件的扩展名

Windows 10 系统默认情况下并不显示文件的扩展名，用户可以通过设置显示文件的扩展名。具体操作步骤如下。

第1步 单击【开始】按钮，在弹出的【开始屏幕】中选择【文件资源管理器】选项，打开【文件资源管理器】窗口。

第2步 选择【查看】选项卡，在打开的功能区域中选择【显示/隐藏】区域中的【文件扩展名】复选框。

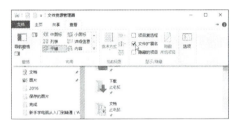

第3步 此时打开一个文件夹，用户便可以查看到文件的扩展名。

◇ 文件复制冲突的解决方式

复制完一个文件后，当需要将其粘贴到目标文件夹中时，如果目标文件夹包括一个与要粘贴的文件具有一样名称的文件，就会弹出一个信息提示框。

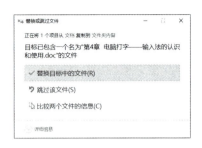

如果选择【替换目标中的文件】选项，则要粘贴的文件会替换掉原来的文件。如果选择【跳过该文件】选项，则不粘贴要复制的文件，只保留原来的文件。

如果选择【比较两个文件的信息】选项，则会打开【1个文件冲突】对话框，提示用户要保留哪些文件。

如果想要保留两个文件，则选中两个文件左上角的复选框，这样复制的文件将在名称中添加一个编号。

单击【继续】按钮，返回到文件夹窗口中，可以看到添加序号的文件与原文件。

第 6 章
程序管理——软件的安装与管理

📖 本章导读

　　一台完整的电脑包括硬件和软件,而软件是电脑的管家,用户要借助软件来完成各项工作。在安装完操作系统后,用户首先要考虑的就是安装软件,通过安装各种需要的软件,可以大大提高电脑的性能。本章主要介绍软件的安装、升级、卸载和组件的添加/删除、硬件的管理等基本操作。

🛪 思维导图

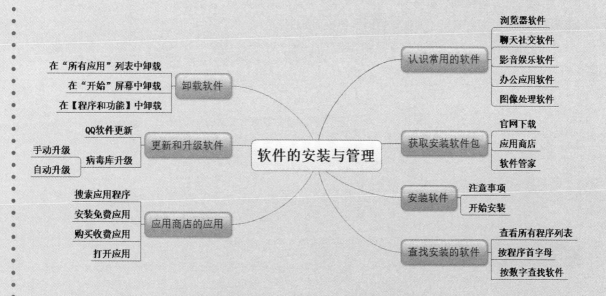

6.1 认识常用的软件

电脑的操作系统安装完毕后，还需要在电脑中安装软件，才能使电脑更好地为自己服务，常用的软件包括浏览器软件、聊天社交软件、影音娱乐软件、办公应用软件、图像处理软件等。

6.1.1 浏览器软件

浏览器软件是指可以显示网页服务器或者文件系统的 HTML 文件内容，并让用户与这些文件交互的一种软件，一台电脑只有安装了浏览器软件，才能进行网上冲浪。

IE 浏览器是现在使用人数最多的浏览器软件，它是微软新版本的 Windows 操作系统的一个组成部分，在 Windows 操作系统安装时默认安装，双击桌面上的 IE 快捷方式图标，即可打开 IE 浏览器窗口。

除 IE 浏览器软件外，360 浏览器软件是互联网上好用且安全的新一代浏览器软件，与 360 安全卫士、360 杀毒等软件等产品一同成为 360 安全中心的系列产品，该浏览器软件采用恶意网址拦截技术，可自动拦截挂马、欺诈、网银仿冒等恶意网址，其独创沙箱技术，在隔离模式即使访问木马也不会感染，360 安全浏览器界面如下图所示。

6.1.2 聊天社交软件

目前网络上存在的聊天社交软件有很多，比较常用有腾讯 QQ、微信等。腾讯 QQ 是一款

第 6 章
程序管理——软件的安装与管理

即时寻呼聊天软件，支持显示朋友在线信息、即时传送信息、即时交谈、即时传输文件。另外，QQ 还具有发送离线文件、超级文件、共享文件、QQ 邮箱、游戏等功能，如下图所示为 QQ 聊天软件的聊天窗口。

微信是一种移动通信聊天软件，目前主要应用在智能手机上，支持发送语音短信、视频、图片和文字，可以进行群聊。微信除了手机客户端版外，还有网页版微信，使用网页版微信可以在电脑上进行聊天，如下图所示为微信网页版的聊天窗口。

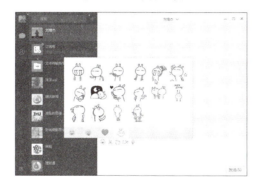

6.1.3 影音娱乐软件

目前，影音娱乐软件有很多，常见的有暴风影音、爱奇艺 PPS 影音等。暴风影音是一款视频播放器，该播放器兼容大多数的视频和音频格式，暴风影音播放的文件清晰，且具有稳定高效、智能渲染等特点，被很多用户视为经典播放器。

爱奇艺 PPS 影音是一家集 P2P 直播点播于一身的网络视频软件，爱奇艺 PPS 影音能够在线收看电影、电视剧、体育直播、游戏竞技、动漫、综艺、新闻等，该软件播放流畅、完全免费，是网民喜爱的装机必备软件。

6.1.4 办公应用软件

目前，常用的办公应用软件为 Office 办公组件，该组件主要包括 Word、Excel、PowerPoint 和 Outlook 等。通过 Office 办公组件，可以实现文档的编辑、排版和审阅，表格的设计、排序、筛选和计算，演示文稿的设计和制作，以及电子邮件收发等功能。

Word 2016 是市面上最新版本的文字处理软件，使用 Word 2016，可以实现文本的编辑、排版、审阅和打印等功能。

Excel 2016 是微软公司最新推出的 Office 2016 办公系列软件的一个重要组成部分，主要用于电子表格处理，可以高效地完成各种表格和图的设计，进行复杂的数据计算和分析。

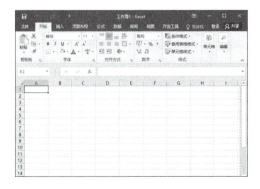

PowerPoint 2016 是制作演示文稿的软件，使用 PowerPoint 2016，可以使会议或授课变得更加直观、丰富。

6.1.5 图像处理软件

Photoshop CS6 是专业的图形图像处理软件，是优秀设计师的必备工具之一。Photoshop 不仅为图形图像设计提供了一个更加广阔的发展空间，而且在图像处理中还有化腐朽为神奇的功能。

6.2 实战 1：获取安装软件包

获取安装软件包的方法主要有 3 种，分别是从软件的官网上下载、从应用商店中下载和从软件管家当中下载，下面分别进行介绍。

6.2.1 官网下载

官网，亦称官方网站，官方网站是公开团体主办者体现其意志想法，团体信息公开，并带有专用、权威、公开性质的一种网站，从官网上下载安装软件包是最常用的方法。

从官网上下载安装软件包的操作步骤如下。

第1步 打开 IE 浏览器，在地址栏中输入软件的官网网址，如这里以下载 QQ 安装软件包为例，就需要在 IE 浏览器的地址栏中输入"http://im.qq.com/pcqq/"，按下【Enter】键，即可打开 QQ 软件安装包的下载页面。

第2步 单击【立即下载】按钮，即可开始下载 QQ 软件安装包，并在下方显示下载的进度与剩余的时间。

第3步 下载完毕后，会在 IE 浏览器窗口显示下载完成的信息提示。

第4步 单击【查看下载】按钮，即可打开【下载】文件夹，在其中查看下载的软件安装包。

6.2.2 应用商店

Windows 10 操作系统保留了 Windows 8 中的【应用商店】功能，用户可以在【应用商店】获取安装软件包，具体的操作步骤如下。

第1步 单击【开始】按钮，在弹出的【开始屏幕】中选择【所有应用】选项，再在打开的所有应用列表中选择【应用商店】选项。

第 6 章
程序管理——软件的安装与管理

第2步 随即打开【应用商店】窗口，在其中可以看到应用商店提供的应用。

第3步 在应用商店中找到需要下载的软件，如这里想要下载【酷我音乐】软件。

第4步 单击【酷我音乐】图标下方的【免费下载】按钮，进入【酷我音乐】的下载页面。

第5步 单击【免费下载】按钮，打开【选择账户】对话框，在其中选择 Microsoft 账户。

第6步 选择完毕后，打开【请重新输入应用商店的密码】对话框，在其中输入 Microsoft 账户的登录密码。

第7步 单击【登录】按钮，进入【是否使用 Microsoft 账户登录此设备】对话框，在其中输入 Windows 登录密码。

第 8 步　单击【下一步】按钮，进入【应用商店】窗口，开始下载酷我音乐程序。

第 9 步　下载完毕后，提示用户已经拥有此产品，并给出【安装】按钮。至此，就完成了在应用商店中获取安装软件包的操作。

6.2.3 软件管家

软件管家是一款一站式下载安装软件、管理软件的平台，软件管家每天提供最新最快的中文免费软件、游戏、主题下载，让用户大大节省寻找和下载资源的时间，这里以在 360 软件管家中下载音乐软件为例，来介绍从软件管家中下载软件的方法。

从软件管家中下载安装软件包的操作步骤如下。

第 1 步　打开 360 软件管家，在其主界面中选择【音乐软件】选项，进入音乐软件的【全部软件】工作界面。

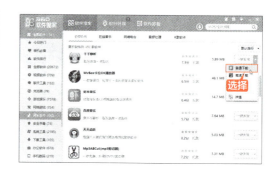

第 2 步　单击需要下载的音乐软件后面的【一键安装】按钮，在弹出的下拉列表中选择【普通下载】选项。

第 3 步　即可开始下载软件，单击【下载管理】按钮，打开【下载管理】界面，在其中可以查看下载的进度。

6.3 实战 2：安装软件

一般情况下，软件的安装过程大致相同，大致分为运行软件的主程序、接受许可协议、选择安装路径和进行安装等几个步骤，有些收费软件还会要求添加注册码或产品序列号等。

6.3.1 注意事项

安装软件的过程中，需要注意一些事项，下面进行详细介绍。

（1）安装软件时注意安装地址。

多数情况下，软件安装的默认地址在 C 盘，但是 C 盘是电脑的系统盘，如果 C 盘中安装了过多的软件，那么很可能导致软件无法运行或者运行缓慢。

（2）安装软件是否有捆绑软件。

很多时候，安装软件的过程中，会安装一些用户不知道的软件，这些就是捆绑软件，所以安装软件的过程中，一定要注意是否有捆绑软件，有的话，一定要取消捆绑软件的安装。

（3）电脑中不要安装过多或者相同的软件。

每一个软件安装在电脑中都占据一定的电脑资源，如果过多的安装，会使电脑反应慢。安装相同的软件也可能导致两款软件之间出现冲突，导致软件不能使用。

（4）安装软件尽量选择正式版软件不要选择测试版软件。

测试版的软件意味着这款软件可能并不完善，还存在很多的问题，而正式版则是经过了无数的测试，确认使用不会出现问题才推出的软件。

（5）安装的软件一定要经过电脑安全软件的安全扫描。

经过电脑安全软件扫描后确认无毒无木马的软件才是最安全的，可以放心的使用，如果安装出现了警告或者阻止的情况，那么就不要安装这个软件了，或者选择安全的站点重新下载之后再安装。

6.3.2 开始安装

当下载好软件之后，下面就可以将该软件安装到电脑中了，这里以安装暴风影音为例，来介绍安装软件的一般步骤和方法。

安装暴风影音软件的操作步骤如下。

第1步 双击下载的暴风影音安装程序，打开【开始安装】对话框，提示用户如果单击【开始安装】按钮，则表示接受许可协议中的条款。

第2步 单击【开始安装】按钮，打开【自定义安装设置】对话框，在其中可以设置软件的安装路径，并选择相应的安装选项。

第3步 单击【下一步】按钮,打开【暴风影音为您推荐的优秀软件】对话框,在其中可以根据自己的需要选择需要安装的软件。

第4步 单击【下一步】按钮,开始安装暴风影音软件,并显示安装的进度。

第5步 安装完毕后,暴风影音软件的安装界面右下角的【正在安装】按钮变换为【立即体验】按钮。

第6步 单击【立即体验】按钮,打开【暴风影音】的工作界面。

6.4 实战3:查找安装的软件

软件安装完毕后,用户可以在此电脑中查找安装的软件,包括查看所有程序列表、按照程序首字母和数字查找软件等。

6.4.1 查看所有程序列表

在 Windows 10 操作系统中,用户可以很简单地查看所有程序列表,具体的操作步骤如下。

第1步 单击【开始】按钮,进入【开始屏幕】工作界面。

第 6 章
程序管理——软件的安装与管理

第2步 在【开始屏幕】的左侧可以查看最常用的程序列表。

第3步 选择【所有应用】选项，即可在打开的界面中查看所有程序列表。

6.4.2 按程序首字母查找软件

在程序所有列表中可以看到包括很多软件，在找个某个软件时，比较麻烦，如果知道程序的首字母，则可以利用首字母来查找软件，具体的操作步骤如下。

第1步 在所有程序列表中选择最上面的数字【0-9】选项，即可进入程序的搜索界面。

第2步 单击程序首字母，如这里需要查看首字母为"W"的程序，则单击【搜索】界面中的【W】按钮。

第3步 返回到程序列表中，可以看到首先显示的就是以【W】开头的程序列表。

· 155 ·

6.4.3 按数字查找软件

在查找软件时，除了使用程序首行字母外，还可以使用数字查找软件，具体的操作步骤如下。

第1步 在程序的搜索界面中选择【0-9】选项。

第3步 单击程序列表后面的下三角按钮，可以看到其子程序列表也以数字开头显示。

第2步 返回到程序列表中，可以看到首先显示的就是以数字开头的程序列表。

6.5 实战4：应用商店的应用

应用商店其实是一个很通俗的说法，其本质上是一个平台，用以展示、下载电脑或手机适用的应用软件，在 Windows 10 操作系统中，用户可以使用应用商店来搜索应用程序、安装免费应用、购买收费应用以及打开应用。

6.5.1 搜索应用程序

在应用商店中存在有很多应用，用户可以根据自己的需要搜索应用程序，具体的操作步骤如下。

第1步 单击任务栏中的【应用商店】图标，打开【应用商店】窗口。

第2步 单击窗口右上角的【搜索】按钮，在打开的【搜索】文本框中输入应用程序名称，如这里输入"酷我音乐"。

第3步 单击【搜索】按钮，在打开的界面中显示与【酷我音乐】相匹配的搜索结果，其中可以快速找到需要的应用程序。

6.5.2 安装免费应用

在应用商店中，可以安装免费的应用，具体的操作步骤如下。

第1步 下载好需要安装的应用软件后，会在下方显示【安装】按钮，如这里以酷我音乐为例。

第2步 单击酷我音乐图标下方的【安装】按钮，开始安装此免费应用。

第3步 安装完毕后，会在下方显示【打开】按钮。

第4步 单击【打开】按钮，即可打开酷我音乐的工作界面。

6.5.3 购买收费应用

在应用商店中，除免费的应用软件外，还提供有多种收费应用软件，用户可以进行购买，具体的操作步骤如下。

第1步 单击任务栏中的【应用商店】图标，打开【应用商店】窗口，在【热门付费应用】区域中可以看到多种收费的应用。

第2步 单击付费应用的图标，如这里单击【8 Zip】图标，即可进入该应用的购买页面，单击价位按钮，即可进行购买操作。

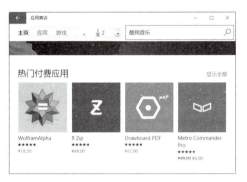

6.5.4 打开应用

当下载并安装好应用之后，用户可以在【应用商店】窗口中打开应用，具体的操作步骤如下。

第1步 单击任务栏中的【应用商店】图标，打开【应用商店】窗口。

第2步 单击【应用】按钮，进入【应用商店】的应用操作界面。

第3步 在右上角的搜索文本框中输入想要搜索的应用，这里输入"Windows"，单击【搜索】按钮，即可搜索出与 Windows 匹配的应用。

第4步 单击已经安装的应用图片，如这里单击【Windows 计算器】应用，即可打开【Windows 计算器】窗口。

第 6 章
程序管理——软件的安装与管理

第5步 单击【打开】按钮，即可在【应用商店】中打开【Windows 计算器】工作界面。

6.6 实战 5：更新和升级软件

软件不是一成不变的，而是一直处于升级和更新状态，特别是杀毒软件的病毒库，一直在升级，下面将分别讲述更新和升级的具体方法。

6.6.1 QQ 软件的更新

所谓软件的更新，是指软件版本的更新。软件的更新一般分为自动更新和手动更新两种，下面以更新 QQ 软件为例，来讲述软件更新的一般步骤。

第1步 启动 QQ 程序，单击界面的左下角【主菜单】按钮，在弹出的子菜单中选择【软件升级】选项。

第3步 单击【更新到最新版本】按钮，打开【正在准备升级数据】对话框，在其中显示了软件升级数据下载的进度。

第2步 打开【QQ 更新】对话框，在其中提示用户有最新 QQ 版本可以更新。

· 159 ·

第4步 升级数据下载完毕后，在QQ工作界面下方显示【QQ更新】信息提示框，提示用户更新下载完成，需要启动QQ后安装更新。

第5步 单击【立即重启】按钮，打开【正在安装更新】对话框，显示更新安装的进度，并提示用户不要中止安装，否则QQ将无法正常启动。

第6步 更新安装完成后，自定弹出QQ的登录界面，在其中输入QQ号码与登录密码，如下图所示。

第7步 单击【登录】按钮，即可登录到QQ的工作界面，并自动弹出【QQ更新完成】对话框。

第8步 在QQ工作界面中单击【主菜单】按钮，打开子菜单，在其中选择【软件升级】选项，将打开【QQ更新】对话框，在其中可以看到"恭喜！您的QQ已是最新版本！"的提示信息，说明软件的更新完成。

6.6.2 病毒库的升级

所谓软件的升级，是指软件的数据库增加的过程。对于常见的杀毒软件，常常需要升级病毒库。升级软件分为自动升级和手动升级两种。下面以升级360杀毒软件为例来讲述这两种升级软件的方法。具体操作步骤如下。

1. 手动升级病毒库

升级"360杀毒"病毒库的具体操作步骤如下。

第6章
程序管理——软件的安装与管理

第1步 在【360杀毒】软件工作界面中单击【检查更新】超链接。

第2步 即可检测网络中的最新病毒库，并显示病毒库升级的进度。

第3步 完成病毒库更新后，提示用户病毒库升级已经完成。

第4步 单击【关闭】按钮关闭【360杀毒－升级】对话框，单击【查看升级日志】超链接，打开【360杀毒－日志】对话框，在其中可以查看病毒升级的相关日志信息。

2. 自动升级病毒库

为了减少用户实时操心病毒库更新的麻烦，可以给杀毒软件制定一个病毒库自动更新的计划。其具体操作步骤如下。

第1步 打开360杀毒的主界面，单击右上角的【设置】超链接。

第2步 弹出【设置】对话框，用户可以通过选择【常规设置】、【病毒扫描设置】、【实时防护设置】、【升级设置】、【文件白名单】和【免打扰设置】选项，详细地设置杀毒软件的参数。

第3步 选择【升级设置】选项，在弹出的对话框中用户可以进行自动升级设置和代理服务器设置，设置完成后单击【确定】按钮。

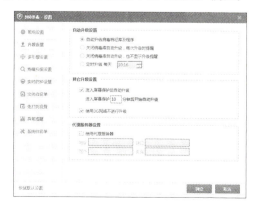

· 161 ·

6.7 实战6：卸载软件

当安装的软件不再需要时，就可以将其卸载以便腾出更多的空间来安装需要的软件，在 Windows 操作系统中，用户可以通过"所有应用"列表、"开始"屏幕、【程序和功能】窗口等方法卸载软件。

6.7.1 在"所有应用"列表中卸载软件

当软件安装完成后，会自动添加在【所有应用】列表中，如果需要卸载软件，可以在【所有应用】列表中查找是否有自带的卸载程序，下面以卸载腾讯 QQ 为例进行讲解。

具体操作步骤如下。

第1步 单击【开始】按钮，在弹出的菜单中选择【所有应用】→【腾讯软件】→【卸载腾讯QQ】命令。

第2步 弹出一个信息提示框，提示用户是否确定要卸载此产品。

第3步 单击【是】按钮，弹出【腾讯QQ】对话框，显示配置腾讯 QQ 的进度。

第4步 配置完毕后，弹出【腾讯QQ 卸载】对话框，提示用户腾讯 QQ 已成功地从您的计算机移除，表示软件卸载成功。

6.7.2 在"开始"屏幕中卸载应用

"开始"是 Windows 10 操作系统的亮点，用户可以在"开始"屏幕中卸载应用，这里以卸载千千静听应用为例，来介绍在"开始"屏幕中卸载应用的方法。

具体的操作步骤如下。

第1步 单击【开始】按钮，在弹出的"开始"屏幕中右击需要的卸载的应用，在弹出的快捷菜单中选择【卸载】选项。

第2步 弹出【程序和功能】窗口。

第3步 选中需要卸载的应用并右击鼠标，在弹出的快捷菜单中选择【卸载／更改】选项。

第4步 弹出【千千静听（百度音乐版）卸载向导】对话框，在其中根据需要选择相应的复选框。

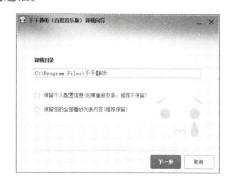

第5步 单击【下一步】按钮，开始卸载应用，卸载完毕后，弹出卸载完成对话框，单击【完成】按钮，即可完成应用的卸载操作。

6.7.3 在【程序和功能】中卸载软件

当电脑系统中的软件版本过早，或者是不需要某个软件了，除使用软件自带的卸载功能将其卸载外，还可以在【程序和功能】中将其卸载，具体的操作步骤如下。

第1步 右击【开始】按钮，在弹出的菜单命令中选择【控制面板】命令。

第2步 弹出【控制面板】窗口，单击【卸载程序】选项。

第3步 弹出【程序和功能】窗口,在需要卸载的程序上右击,然后在弹出的快捷菜单中选择【卸载／更改】命令。

第4步 弹出【暴风影音5卸载】对话框,在其中选中【直接卸载】单选按钮。

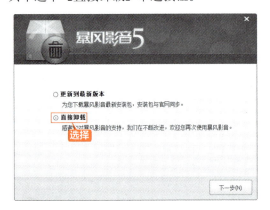

第5步 单击【下一步】按钮,打开【暴风影音卸载提示】对话框,提示用户是否保存电影皮肤、播放列表、在线视频数据文件等信息。

第6步 单击【否】按钮,打开【正在卸载,请稍等】对话框,在其中显示了软件卸载的进度。

第7步 卸载完毕后,打开【卸载原因】对话框,在其中选择卸载的相关原因,单击【完成】按钮,即可完成软件的卸载操作。

设置默认的应用

现在,电脑的功能越来越大,应用软件的种类也越来越多,往往一个功能用户会在电脑上安装多个软件,这时该怎么设置其中一个为默认的应用呢?设置默认应用的方法有多种,最常用的方法是在【控制面板】窗口中进行设置,还可以在360安全卫士中进行设置,如下图所示为在360安全卫士中设置默认应用的操作界面。

第6章
程序管理——软件的安装与管理

在【控制面板】中设置默认应用与在 360 安全卫士中设置默认应用的方法如下。

1. 在【控制面板】中设置默认应用

第1步 单击【开始】按钮，在弹出的【开始屏幕】中选择【控制面板】选项，打开【控制面板】窗口。

第2步 单击查看方式右侧的【类别】按钮，在弹出的快捷列表中选择【大图标】选项。

第3步 这样控制面板中的选项以大图标的方式显示。

第4步 单击【默认程序】按钮，打开【默认程序】窗口。

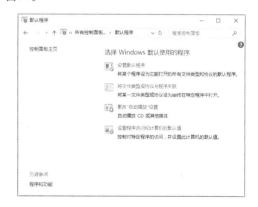

第5步 单击【设置默认程序】超链接，即可开始加载系统中的应用程序。

· 165 ·

第6步 加载完毕后，在【设置默认程序】窗口的左侧显示出程序列表。选中需要设置为默认程序的应用，单击【将此程序设置为默认值】按钮，即可完成设置默认应用的操作。

2. 使用360安全卫士设置默认应用

第1步 双击桌面上360安全卫士图标，打开360安全卫士操作界面。

第2步 单击右下角的【更多】按钮，打开360安全卫士的【全部工具】工作界面。

第3步 单击【系统工具】设置区域中的【默认软件】按钮，打开【默认软件设置】对话框，在其中可以看到相关参数选项。

第4步 单击应用程序下方的【设置默认】按钮，即可将该应用程序设置为默认应用。

第 6 章
程序管理——软件的安装与管理

◇ **为电脑安装更多字体**

如果想在电脑里输入一些特殊的字体，如草书、毛体、广告字体、艺术字体等，都需要用户自行安装，为电脑安装更多字体的操作步骤如下。

第1步 从网上下载字体库，如下图所示为下载的字体库文件夹。

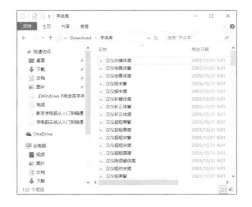

第2步 选中需要安装的字体，然后单击鼠标右键，在弹出的快捷菜单中选择【安装】选项。

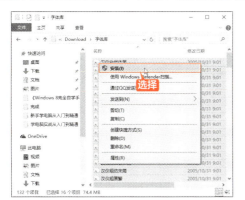

第3步 随即打开【正在安装字体】对话框，在其中显示了字体安装的进度。

第4步 安装完毕后，启动 Word 2016，在其主界面中单击【字体】按钮，在弹出的字体列表中可以看到安装的字体选项。

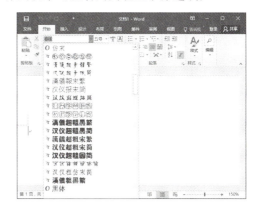

◇ **使用电脑为手机安装软件**

使用电脑可以为手机安装软件，不过要想完成安装软件的操作，需要借助第三方软件，这里以 360 手机助手为例，具体的操作步骤如下。

第1步 使用数据线将电脑与手机相连，进入 360 手机助手的工作界面，并弹出【360 手机助手－连接我的手机】对话框。

第2步 单击【开始连接我的手机】按钮，进入【连接我的手机】页面。

第3步 单击【连接】按钮,开始通过360手机助手将手机与电脑连接起来。

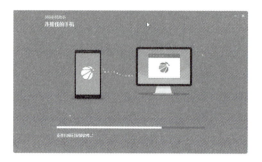

第4步 连接完成后,将弹出一个手机连接成功的信息提示对话框。

第5步 在360手机助手工作界面右上角的【搜索】文本框中输入要安装到手机上的软件名称,这里输入"UC浏览器"。

第6步 随即在下方的窗格中显示有关UC浏览器的搜索结果。

第7步 单击想要安装的软件后面的【一键安装】按钮,即可将该软件安装到手机上。

第8步 安装完毕后,选择【我的手机】选项,进入【我的手机】工作界面,在其中可以查看手机中的应用。

第 2 篇

上网娱乐篇

第 7 章　电脑上网——网络的连接与设置

第 8 章　走进网络——开启网络之旅

第 9 章　便利生活——网络的生活服务

第 10 章　影音娱乐——多媒体和网络游戏

第 11 章　通信社交——网络沟通和交流

　　本篇主要介绍上网娱乐，通过本篇的学习，读者可以学习网络的连接与设置、开启网络之旅、网络的生活服务、多媒体和网络游戏以及网络沟通和交流等操作。

第 7 章
电脑上网——网络的连接与设置

本章导读

互联网已经开始影响人们的生活和工作的方式，通过上网可以和万里之外的人交流信息。目前，上网的方式有很多种，主要的联网方式包括电话拨号上网、ADSL宽带上网、小区宽带上网、无线上网和多台电脑共享上网等方式。

思维导图

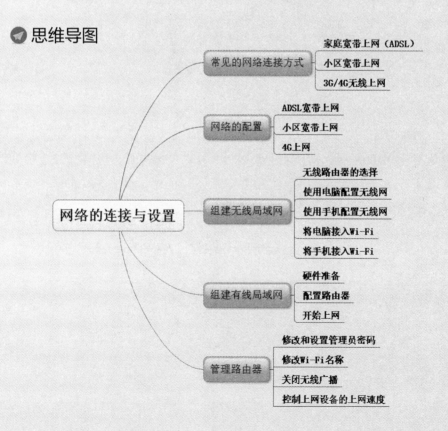

第 7 章
电脑上网——网络的连接与设置

7.1 常见的几种网络连接方式

目前，网络连接的方式有很多种，主要的联网方式包括电话拨号上网、ADSL 宽带上网、小区宽带上网、无线上网等方式。

7.1.1 家庭宽带上网（ADSL）

ADSL 全称是 Asymmetric Digital Subscribe，中文意思是"非对称数字用户线路"。它以普通电话线路作为传输介质，在普通双绞铜线上实现下行高达 8 Mbit/s 的传输速率；上行高达 640 Kbit/s 的传输速率。用户只要在普通线路两端加装 ADSL 设备，即可使用 ADSL 提供的高带宽服务，如下图所示即为 ADSL 调制解调器。

使用家庭宽带上网（ADSL），用户只需通过一条电话线，便可以比普通 MODEM 快 100 倍的速度浏览 Internet，通过网络进行学习、娱乐、购物，以及享受其他上网乐趣。与拨号上网相比，具有速率高、价格低的优点。

7.1.2 小区宽带上网

LAN 小区宽带也是常见的一种宽带接入方式，它主要采用以太局域网技术，以信息化小区的形式接入，小区局域网的特点解决了传统拨号上网方式的瓶颈问题，它的成本低、可靠性好、操作也相对简单，只需要一块网卡和一条网线即可，如果电脑的连接是小区宽带上网的方式，则在【设置】窗口中显示网络连接方式为【以太网】。

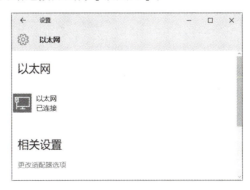

7.1.3 3G/4G 无线上网

无线上网非常适合于使用笔记本的用户，这样用户的笔记本就可以到处移动。目前，能开通此项业务的服务商主要有中国移动、中国联通和中国电信等。用户首先需要购买无线移动上网卡，然后安装无线网卡的驱动程序和拨号程序，拨号成功后即可实现无线上网。

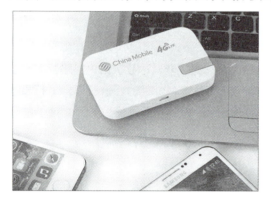

3G/4G 是第三代和第四代移动通信技术的简称，是指支持高速数据传输的蜂窝移动通信技术。3G/4G 服务能够同时传送声音及数据信息，如电子邮件、即时通信等，其代表特征是提供高速数据业务，3G/4G 无线上网和普通的无线上网的主要区别在于速度不同。开通 3G/4G 无线上网的方式和开通普通上网的方式类似，这里不再讲述。

7.2 实战 1：网络的配置

在了解了当前主要的网络连接方式后，下面介绍各个网络连接方式的配置方法与步骤，从而帮助用户根据需要选择和配置自己的上网方式。

7.2.1 ADSL 宽带上网

使用家庭宽带上网（ADSL）主要步骤为开通宽带上网、设置客户端和开始上网 3 个步骤。目前，常见的宽带服务商为电信和联通，申请开通宽带上网一般可以通过两条途径实现。一种是携带有效证件（个人用户携带电话机主身份证，单位用户携带公章），直接到受理 ADSL 业务的当地电信局申请；另一种是登录当地电信局推出的办理 ADSL 业务的网站进行在线申请。

当申请 ADSL 服务后，当地 ISP 员工会主动上门安装 ADSL MODEM 并配置好上网设置，进而安装网络拨号程序，并设置上网客户端。ADSL 的拨号软件有很多，但使用最多的还是 Windows 系统自带的拨号程序。其安装与配置客户端的具体操作步骤如下。

第 1 步 单击【开始】按钮，在打开的【开始】面板中选择【控制面板】菜单项，即可打开【控制面板】窗口。

第 2 步 单击【网络和 Internet】项，即可打开【网络和 Internet】窗口。

第7章
电脑上网——网络的连接与设置

第3步 选择【网络和共享中心】选项，即可打开【网络和共享中心】窗口，在其中用户可以查看本机系统的基本网络信息。

第4步 在【更改网络设置】区域中单击【设置新的连接和网络】超级链接，即可打开【设置连接或网络】对话框，在其中选择【连接到 Internet】选项。

第5步 单击【下一步】按钮，即可打开【您想使用一个已有的连接吗？】对话框，在其中选择【否，创建新连接】单选按钮。

第6步 单击【下一步】按钮，即可打开【你希望如何连接？】对话框。

第7步 单击【宽带 (PPPoE)(R)】按钮，即可打开【键入您的 Internet 服务提供商（ISP）提供的信息】对话框，在【用户名】文本框中输入服务提供商的名字，在【密码】文本框中输入密码。

第8步 单击【连接】按钮，即可打开【连接到 Internet】对话框，提示用户正在连接到宽带连接，并显示正在验证用户名和密码等信息。

第9步 等待验证用户名和密码完毕后，如果

· 173 ·

正确，则弹出【登录】对话框。在【用户名】和【密码】文本框中输入服务商提供的用户名和密码。

可打开 IE 浏览器窗口，并打开当前设置的首页——百度首页。

第10步 单击【确定】按钮，即可成功连接，在【网络和共享中心】窗口中选择【更改适配器设置】选项，即可打开【网络连接】窗口，在其中可以看到【宽带连接】呈现已连接的状态。

第12步 在百度【搜索】文本框中输入需要搜索内容，如"新闻"，单击【百度一下】按钮，即可打开搜索有关新闻的相关网页，则表明目前的计算机已经与外网联通。用户可以随心所欲地进行网上冲浪了。

第11步 在桌面上双击【IE 浏览器】图标，即

7.2.2 小区宽带上网

小区宽带上网的申请比较简单，用户只需携带自己的有效证件和本机的物理地址到小区物业管理处申请即可。一般情况下，物业网络管理处的人员，为了保证整个网络的安全，会给小区的业主一个固定的 IP 地址、子网掩码以及 DNS 服务器。

对于业主，在申请好上网的账号后，还需要在自己的电脑中安装好网卡和驱动程序，然后将网线插入电脑中的网卡接口中，接下来还需要设置上网的客户端，其设置方法与 ADSL 宽带上网相似，所不同的是输入的账户和密码不一样。

输入账号上网的具体操作步骤如下。

第1步 单击【开始】按钮，在打开的【开始】面板中选择【控制面板】菜单项，打开【控制面板】窗口，单击【网络和 Internet】项，即可打开【网络和 Internet】窗口。

第 7 章
电脑上网——网络的连接与设置

第2步 选择【网络和共享中心】选项，即可打开【网络和共享中心】窗口，在其中用户可以查看本机系统的基本网络信息。

第3步 在左侧的窗格中选择【更改适配器设置】选项，即可打开【网络连接】窗口。

第4步 选中【以太网】图标并右击，在弹出的快捷菜单中选择【属性】选项。

第5步 打开【以太网 属性】对话框，在【此连接使用下列项目】列表框中选中【Internet 协议版本 4（TCP/IPv4）】选项。

第6步 单击【属性】按钮，即可打开【Internet 协议版本 4（TCP/IPv4）属性】对话框，选中【使用下面的 IP 地址】和【使用下面的 DNS 服务器地址】单选按钮，如下图所示。

第7步 将申请到的 IP 地址、子网掩码、默认网关、首选 DNS 服务器和备用 DNS 服务器地址输入【IP 地址】、【子网掩码】、【默认网关】、【首选 DNS 服务器】和【备用 DNS 服务器】等文本框中。

第8步 单击【确定】按钮，即可完成配置，则以太网的媒体状态变成【已启用】，这样就可以开始上网了。

7.2.3 4G 上网

目前，4G 上网的方法主要应用于手机，手机通过 4G 网络上网，可以体验到最大 12.5~18.75Mbit/s 的下行速度，这是当前主流移动 3G(TD-SCDMA)2.8Mbit/s 的 35 倍，那么用户怎样才能享受这样的快速上网呢。

具体的操作步骤如下。

第1步 首先必须要有支持 4G 网络的手机，目前已超过 50 个不同品牌和信号的 4G 手机，买之前一定确认好。

第3步 到营业厅办理一个 4G 上网套餐，目前价格比 3G 套餐价格稍微贵一些。

第4步 最后，就可以马上享受 4G 带来的快速上网感觉。

第2步 办理一张 4G USIM 卡，老用户可以保号换卡，新用户直接购买 4G 卡。

7.3 实战2：组建无线局域网

无线局域网络的搭建给家庭无线办公带来了很多方便，而且可随意改变家庭里的办公位置而不受束缚，大大适合了现代人的追求，同时也保护了建筑物。建立无线局域网的操作比较简单，在有线网络（CABLE、ADSL、社区宽带等）到户后，用户只需连接一个无线宽带网关（拓扑图里为TFW3000），然后各房间里的PC、打印机或笔记本电脑利用无线网卡与无线宽带网关之间建立无线链接，即可构建整个家庭的内部局域网络，实现共享信息和接入Internet网遨游，如下图所示为一个无线局域网示意图。

7.3.1 无线路由器的选择

随着无线网络的发展，无线网络已经走入寻常百姓家，对普通家庭用户来说，无线网络相对有线网络更让人省心省力，少了布线。不过，要想在家庭实现无线上网，就需要具备一个具有无线功能的路由器。那么如何选择适合自己需要的路由器呢，下面介绍几个选择指标。

1. 无线标准

关于802.11，最常见的有802.11b/g、802.11n等，出现在路由器、笔记本电脑中，它们都属于无线网络标准协议的范畴。目前，最为流行的WLAN协议是802.11n，是在802.11g和802.11a之上发展起来的一项技术，最大的特点是速率提升，理论速率可达300 Mbit/s，可在2.4 GHz和5 GHz两个频段工作。802.11ac是目前较新的WLAN协议，它是在802.11n标准之上建立起来的，包括将使用802.11n的5 GHz频段。

目前，新的IEEE 802.11ad（也被称为WiGig）标准已被推出，支持2.4/5/60GHz三频段无线传输标准，实际数据传输速率达2Gbit/s，它以其抗干扰能力强、良好的覆盖范围、高容量网络等优点，将推动三频无线终端和路由的迅速普及。

2. 产品品牌

无线路由器包括共享宽带上网的能力和无线客户端接入的能力，产品的性能马虎不得。在选择时应选一些名牌产品，如Linksys、JCG等，由于规模大的厂商比较有实力，会采用名牌CPU和无线芯片，产品的性能和发射功率有保证，在支持接入主机数量、安全方案、无线覆盖范围、设置管理、软件升级等方面都会得到保证。

3. 简易安装

对于普通家庭用户来说，网络知识有限，

因此选购的产品最好是有简洁的基于浏览器配置的管理界面,能有智能配置向导,能提供软件升级。

7.3.2 使用电脑配置无线网

建立无线局域网的第一步就是配置无线路由器,默认情况下,具有无线功能的路由器是不开启无线功能的,需要用户手动配置,在开启了路由器的无线功能后,下面就可以配置无线网了。

使用电脑配置无线网的操作步骤如下。

第1步 打开 IE 浏览器,在地址栏中输入路由器的网址,一般情况下路由器的默认网址为"192.168.0.1",输入完毕后单击【转至】按钮,即可打开路由器的登录窗口。

第2步 在【请输入管理员密码】文本框中输入管理员的密码,默认情况下管理员的密码为"123456"。

第3步 单击【确认】按钮,即可进入路由器的【运行状态】工作界面,在其中可以查看路由器的基本信息。

第4步 选择窗口左侧的【无线设置】选项,在打开的子选项中选择【基本信息】选项,即可在右侧的窗格中显示无线设置的基本功能,并选中【开始无线功能】和【开启SSID广播】复选框。

第5步 选择【无线安全设置】选项,即可在右侧的窗格中设置无线网的相关安全参数。

第6步 选择【无线 MAC 地址过滤】选项，在右侧的窗格中可以对无线网络的 MAC 地址进行过滤设置。

第7步 选择【无线高级设置】选项，在右侧的窗格中可以对传输功率、是否开启 VMM 等选项进行设置。

第8步 选择【主机状态】选项，在右侧的窗格中可以查看无线网络的主机状态。

| 提示 |

当对路由器的无线功能设置完毕后，单击【保存】按钮进行保存，然后重新启动路由器，即可完成无线网的设置，这样具有 Wi-Fi 功能的手机、电脑、iPad 等电子设备就可以与路由器进行无线连接，从而实现共享上网。

7.3.3 使用手机配置无线网

除使用电脑配置无线网外，用户还可以使用手机对无线网进行配置，具体的操作步骤如下。

第1步 在手机中打开手机浏览器，然后在地址栏中输入路由器的网址，这里输入"192.168.0.1"，单击【转至】按钮，即可进入路由器的登录界面，在其中输入管理员密码，在手机中用手指点按【确认】按钮。

第2步 即可进入路由器的设置界面，然后选择【无线设置】选项下的【基本设置】选项，并在右侧的窗格中选中【开启无线功能】和【开启 SSID 广播】复选框。

第3步 单击【保存】按钮，即可保存相关设置，至于其他的相关设置和在电脑中配置无线网一样，这里不再赘述。

7.3.4 将电脑接入 Wi-Fi

笔记本电脑具有无线接入功能,台式电脑要想接入无线网,需要购买相应的无线接收器,这里以笔记本电脑为例,介绍如何将电脑接入无线网,具体的操作步骤如下。

第1步 双击笔记本电脑桌面右下角的无线连接图标,打开【网络和共享中心】窗口,在其中可以看到本台电脑的网络连接状态。

第2步 单击笔记本电脑桌面右下角的无线连接图标,在打开的界面中显示了电脑自动搜索的无线设备和信号。

第3步 单击一个无线连接设备,展开无线连接功能,在其中选中【自动连接】复选框。

第4步 单击【连接】按钮,在打开的界面中输入无线连接设备的连接密码。

第5步 单击【下一步】按钮,开始连接网络。

第6步 连接到网络之后,桌面右下角的无线连接设备显示正常,并以弧线的方法给出信号的强弱。

第7步 再次打开【网络和共享中心】窗口,在其中可以看到这台电脑当前的连接状态。

第 7 章
电脑上网——网络的连接与设置

7.3.5 将手机接入 Wi-Fi

无线局域网配置完成后，用户可以将手机接入 Wi-Fi，从而实现无线上网，手机接入 Wi-Fi 的操作步骤如下。

第1步 在手机界面中用手指点击【设置】图标，进入手机的【设置】界面，如下图所示。

第2步 使用手指点击 WLAN 右侧的【已关闭】，开启手机 WLAN 功能，并自动搜索周围可用的 WLAN。

第3步 使用手指点击下面可用的 WLAN，弹出连接界面，在其中输入相关密码。

第4步 点按【连接】按钮，即可将手机接入 Wi-Fi，并在下方显示【已连接】字样，这样手机就接入了 Wi-Fi，然后就可以使用手机进行上网了。

7.4 实战 3：组建有线局域网

通过将多个电脑和路由器连接起来，可以组建一个小的有线局域网，进而实现多台电脑同时共享上网。

7.4.1 硬件准备

有线局域网的组建需要一定的硬件准备，还需要选择相应的组网方案，下面以组建一个公司局域网为例，首先要做的也是要准备相应的硬件设施，并要根据实际的情况设计相应的组网方案。

1. 硬件准备

其实，公司局域网组建所需的硬件和其他类型的局域网基本上是一样，但是也有自己独特的特点，具体的表现在以下几个方面。

(1) 多台的计算机。

(2) 网卡与网线：100Mbit/s 的 PCI 网卡，采用 RJ45 插头（水晶头）和超五类双绞线与交换机连接。这样，可以保证网络的传输速率达到 100Mbit/s。

(3) HUB 和交换机：都是需要 10/100Mbit/s 的。

(4) RJ45 的水晶插头。

2. 组网方案

由于公司的规模和性质不同，所以针对不同的公司，其组网方案也是不同的。另外，公司局域网的组建，是一个非常细致的工作，因为一点的错误都会导致全公司的工作处于瘫痪的状态，作为方案也要从多方面考虑，这里就介绍一种最简单的组网方案。

一般情况下，公司网络主干上放置一台主干交换机，然后公司的各种服务都直接连接到主干交换机上。同时，由下一层交换机扩充网络交换端口，负责和所有工作站的连接，最后由路由器将整个网络连接到 Internet 上，这就是整个网络布线的方案，也可以用图形表示出来。

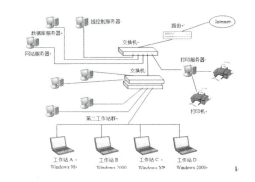

7.4.2 配置路由器

一般市面上的路由器产品均提供基于 Web 的配置界面，用户只需在 IE 浏览器的地址栏输入"http://192.168.0.1"，即可创建连接并弹出登录界面，分别在其中输入管理员用户名和密码。

一般情况下，路由器的默认 IP 地址是 192.168.0.1，默认子网掩码是 255.255.255.0，但这些值均可根据用户需要而改变，所以可先设置主控机 IP 地址为 192.168.1.***（xxx = 2 ~ 254），子网掩码为 255.255.255.0，使计算机与路由器处于同一网段。

如果用户名和密码输入无误，即可打开管理员模式窗口并弹出一个设置向导的界面，若没有自动弹出则可单击管理员模式中的【设置向导】选项，将其激活，然后就可以对路由器进行配置了，操作步骤如下。

第1步 在 IE 地址栏中输入路由器的 IP 地址"192.168.0.1"，打开【设置向导】工作界面。

第 7 章
电脑上网——网络的连接与设置

第 2 步 单击【下一步】按钮,打开【设置向导－上网方式】工作界面,在其中选择上网方式。

> **提示**
>
> 一般此时将显示最常用的 3 种上网方式,用户可根据需要进行相应选择。
>
> PPPoE（ADSL 虚拟拨号）上网方式:选中该方式后,用户需要分别输入 ADSL 上网账号和口令,这些均由申请上网业务时 ISP 服务商提供。
>
> 动态 IP 上网方式:该种上网方式可自动从网络服务商处获取 IP 地址。其中如果启用【无线功能】,则接入本无线网络的机器将可以访问有线网络或 Internet;"SSID 号"是指无线局域网用于身份验证的登录名,只有通过身份验证的用户才可以访问本无线网络。
>
> 静态 IP 上网方式:使用该种上网方式的用户必须拥有网络服务商提供的固定 IP 地址,并根据提示填写"固定 IP 地址、子网掩码、网关、DNS 服务器、备用 DNS 服务器"等内容。

第 3 步 单击【下一步】按钮,打开【设置向导－PPPoE】工作界面,在其中输入上网账号与上网口令,这里的上网账号与口令是从网络运营商那里购买而来。

第 4 步 单击【下一步】按钮,打开【设置向导－无线设置】工作界面,在其中设置对路由器的无线功能进行设置。

第 5 步 单击【下一步】按钮,打开【设置向导】完成界面。

第 6 步 单击【完成】按钮,即可完成路由器的设置,并显示当前路由器的运行状态。

7.4.3 开始上网

路由器设置完成后，接下来需要设置电脑的网络配置，并开始进行上网。不过，也可以让电脑自动获取有线局域网中的 IP 地址，使设置更为简单。

具体操作步骤如下。

第1步 右击桌面上的【网络】图标，在弹出的快捷菜单中选择【属性】菜单命令，弹出【网络和共享中心】窗口。

第2步 在左侧的窗格中选择【更改适配器设置】选项，即可打开【网络连接】窗口。

第3步 选中【以太网】图标，右击鼠标，在弹出的快捷菜单中选择【属性】选项。

第4步 打开【以太网 属性】对话框，在【此连接使用下列项目】列表框中选中【Internet 协议版本 4（TCP/IPv4）】选项。

第5步 单击【属性】按钮，在弹出的对话框中选中【自动获得 IP 地址】单选按钮，单击【确定】按钮，保存设置。

第6步 单击【状态栏】上网络图标按钮，在弹出的面板中可以看到网络连接的状态，提示网络已经连接。

7.5 实战 4：管理路由器

路由器是组建局域网中不可缺少的一个设备，尤其是在无线网络普遍应用的情况下，路由器的安全更是不可忽略。用户通过设置路由器管理员密码、修改路由器 WLAN 设备的名称、关闭路由器的无线广播功能等方式，可以提高局域网的安全性。

7.5.1 修改和设置管理员密码

路由器的初始密码比较简单，为了保证局域网的安全，一般需要修改或设置管理员密码，具体的操作步骤如下。

第1步 打开路由器的 Web 后台设置界面，选择【系统工具】选项下的【修改登录密码】选项，打开【修改管理员密码】工作界面。

第2步 在【原密码】文本框中输入原来的密码，在【新密码】和【确认新密码】文本框中输入新设置的密码，最后单击【保存】按钮即可。

7.5.2 修改 Wi-Fi 名称

Wi-Fi 的名称通常是指路由器当中 SSID 号的名称，该名称可以根据自己的需要进行修改，具体的操作步骤如下。

第1步 打开路由器的 Web 后台设置界面，在其中选择【无线设置】选项下的【基本设置】选项，打开【无线网络基本设置】工作界面。

第2步 将 SSID 号的名称由 "TP-LINK1" 修改为 "wifi"，最后单击【确定】按钮，即可保存 Wi-Fi 修改后的名称。

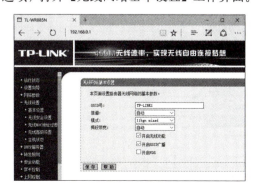
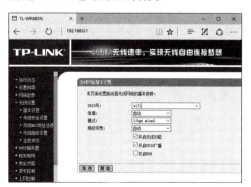

7.5.3 防蹭网设置：关闭无线广播

路由器的无线广播功能再给用户带来方便的同时，也给用户带来了安全隐患，因此，在不用无线功能的时候，要将路由器的无线功能关闭掉，具体的操作步骤如下。

第1步 打开无线路由器的 Web 后台设置界面，在其中选择【无线设置】选项下的【基本设置】选项，即可在右侧的窗格中显示无线网络的基本设置信息。

第2步 取消【开启无线功能】和【开启SSID广播】两个复选框的选中状态，最后单击【保存】设置，即可关闭路由器的无线广播功能。

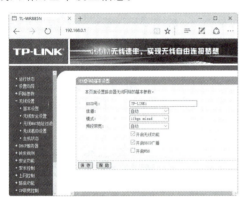

7.5.4 控制上网设备的上网速度

在局域网中所有的终端设备都是通过路由器上网的，为了更好地管理各个终端设备的上网情况，管理员可以通过路由器控制上网设备的上网速度，具体的操作步骤如下。

第1步 打开路由器的 Web 后台设置界面，在其中选择【IP 宽带控制】选项，在右侧的窗格中可以查看相关的功能信息。

第2步 选中【开启IP 宽带控制】复选框，即可在下方的设置区域中对设备的上行总宽带和下行总宽带数进行设置，进而控制终端设置的上网速度。

电脑和手机网络的相互共享

目前，随着网络和手机上网的普及，电脑和手机的网络是可以互相共享的，这在一定程度上方便了用户。例如，如果手机共享电脑的网络，则可以节省手机的上网流量；如果自己的电脑不在有线网络环境中，则可以利用手机的流量进行电脑上网。电脑和手机网络的相互共享分为两种情况，一种是手机共享电脑的网络，另一种是电脑使用手机的上网流量进行上网，下面分别进行介绍，如下图所示为手机与电脑网络共享的情况。

电脑和手机网络的共享需要借助第三方软件，这样可以使整个操作简单方便，这里以借助 360 免费 Wi-Fi 软件为例进行介绍。

1. 手机共享电脑的网络

第1步 将电脑接入 Wi-Fi 环境中。

第2步 在电脑中安装 360 免费 Wi-Fi 软件，然后打开其工作界面，在其中设置 Wi-Fi 名称与密码。

第3步 打开手机的 WLAN 搜索功能，可以看到搜索出来的 Wi-Fi 名称，如这里是 "LB-LINK1"。

第4步 使用手指点按"LB-LINK1",即可打开 Wi-Fi 连接界面,在其中输入密码。

第5步 点击【连接】按钮,手机就可以通过电脑发生出来的 Wi-Fi 信号进行上网了。

第6步 返回到电脑工作环境中,在【360免费WiFi】的工作界面中选择【已经连接的手机】选项卡,则可以在打开的界面中查看通过此电脑上网的手机信息。

2. 电脑共享手机的网络

第1步 打开手机,进入手机的设置界面,在其中使用手指点按【便携式 WLAN 热点】,开启手机的便携式 WLAN 热点功能。

第2步 返回到电脑的操作界面,单击右下角的无线连接图标,在打开的界面中显示了电脑自动搜索的无线设备和信号,这里就可以看到手机的无线设备信息【HUAWEI C8815】。

第 3 步 单击手机无线设备,即可打开其连接界面。

第 4 步 单击【连接】按钮,将电脑通过手机设备连接网络。

第 5 步 连接成功后,在手机设备下方显示【已连接、开放】信息,其中的"开放"表示该手机设备没有进行加密处理。

| 提示 |

至此,就完成了电脑通过手机上网的操作,这里需要注意的是一定要注意手机的上网流量。

3. 加密手机的 WLAN 热点功能

第 1 步 在手机的移动热点设置界面中,点击【配置 WLAN 热点】功能,在弹出的界面中点击【开放】选项,可以选择手机设备的加密方式。

第 2 步 选择好加密方式后,即可在下方显示密码输入框,在其中输入密码,然后单击【保存】按钮即可。

第 3 步 加密完成后,使用电脑再连接手机设备时,系统提示用户输入网络安全密钥。

◇ **防蹭网：MAC 地址的克隆**

一般情况下，宽带运行商一个用户限制只能一台电脑上网，假设一台电脑的网卡 MAC 地址是 11-11-11-11-11-11，如果换了一台电脑（假设这台电脑的网卡 MAC 地址是 22-22-22-22-22-22）后，肯定上不了网的。这是因为宽带运行商只允许 MAC 地址是 11-11-11-11-11-11 的电脑上网，即锁定了 MAC 地址，所以 MAC 地址是 22-22-22-22-22-22 的电脑上不了网。

根据上述原理，用户可以通过 MAC 地址的克隆，来防止其他用户蹭网，具体的操作步骤如下。

第1步 打开 IE 浏览器，在地址栏中输入路由器的网址，一般情况下路由器的默认网址为"192.168.0.1"，输入完毕后单击【转至】按钮，即可打开路由器的登录窗口。

第2步 在【请输入管理员密码】文本框中输入管理员的密码，默认情况下管理员的密码为"123456"。

第3步 单击【确认】按钮，即可进入路由器的【运行状态】工作界面，在其中可以查看路由器的基本信息。

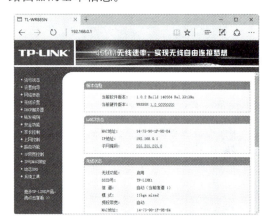

第4步 选择【网络参数】→【MAC 地址克隆】选项，进入【MAC 地址克隆】页面。

第5步 单击【克隆 MAC 地址】按钮，即可完成 MAC 地址的克隆。

第6步 设置完毕后，单击【保存】按钮，这样别的上网设备就不能通过这台路由器进行上网了，从而达到防止别人蹭网的目的。

◇ **诊断和修复网络不通问题**

当自己的电脑不能上网时，说明电脑与网络连接不通，这时就需要诊断和修复网络了，具体的操作步骤如下。

第1步 打开【网络连接】窗口，右击需要诊断的网络图标，在弹出的快捷菜单中选择【诊断】选项。

第2步 弹出【Windows 网络诊断】窗口，并显示网络诊断的进度。

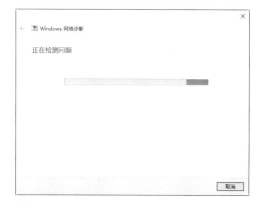

第3步 诊断完成后，将会在下方的窗格中显示诊断的结果。

第4步 单击【尝试以管理员身份进行这些修复】连接，即可开始对诊断出来的问题进行修复。

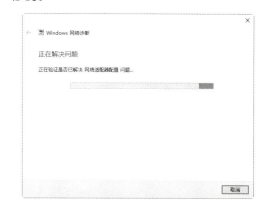

第5步 修复完毕后，会给出修复的结果，提示用户疑难解答已经完成，并在下方显示已修复信息提示。

第 8 章
走进网络——开启网络之旅

本章导读

计算机网络技术近年来取得了飞速的发展，正改变着人们的学习和工作的方式。在网上查看信息、下载需要的资源和设置 IE 浏览器是用户网上冲浪经常做的操作。

思维导图

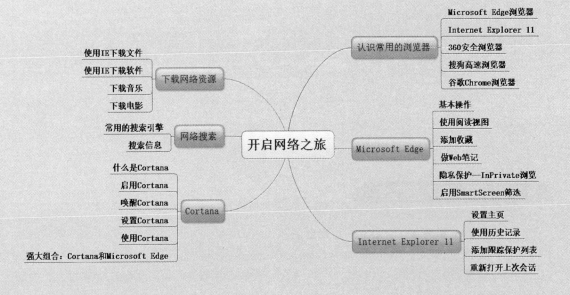

8.1 认识常用的浏览器

浏览器是指可以显示网页服务器或者文件系统的 HTML 文件内容，并让用户与这些文件交互的一种软件，一台电脑只有安装了浏览器软件，才能进行网上冲浪，下面就来认识一下常用的浏览器。

8.1.1 Microsoft Edge 浏览器

Microsoft Edge 浏览器是 Windows 10 操作系统内置的浏览器，Edge 浏览器的一些功能细节包括：支持内置 Cortana 语音功能，内置了阅读器、笔记和分享功能；设计注重实用和极简主义，如右图所示为 Microsoft Edge 浏览器的工作界面。

8.1.2 Internet Explorer 11 浏览器

Internet Explorer 11 浏览器是现在使用人数最多的浏览器，它是微软新版本的 Windows 操作系统的一个组成部分，在 Windows 操作系统安装时默认安装，双击桌面上的 IE 快捷方式图，或单击快速启动栏中的 IE 图标，都可以打开 Internet Explorer 11，其工作界面如右图所示。

8.1.3 360 安全浏览器

360 安全浏览器是互联网上好用且安全的新一代浏览器，与 360 安全卫士、360 杀毒等软件等产品一同成为 360 安全中心的系列产品。360 安全浏览器拥有全国最大的恶意网址库，采用恶意网址拦截技术，可自动拦截挂马、欺诈、网银仿冒等恶意网址。其独创沙箱技术，在隔离模式即使访问木马也不会感染，360 安全浏览器界面如下图所示。

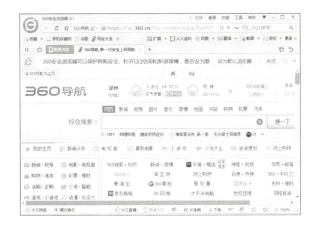

8.1.4 搜狗高速浏览器

搜狗浏览器是首款给网络加速的浏览器，可明显提升公网教育网互访速度 2~5 倍，通过业界首创的防假死技术，使浏览器运行快捷流畅，具有自动网络收藏夹、独立播放网页视频、Flash 游戏提取操作等多项特色功能，并且兼容大部分用户使用习惯，支持多标签浏览、鼠标手势、隐私保护、广告过滤等主流功能。搜狗高速浏览器界面如右图所示。

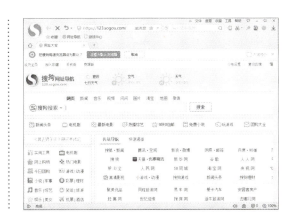

8.1.5 谷歌 Chrome 浏览器

谷歌 Chrome 浏览器是一款可以让用户更快速、轻松且安全地使用网络的浏览器。Chrome 浏览器的设计超级简洁，使用起来更加方便，该浏览器最大的亮点就是其多进程架构，保护其不会因恶意网页和应用软件而崩溃。如右图所示为 Chrome 浏览器的工作界面。

8.2 实战 1：Microsoft Edge 浏览器

通过 Microsoft Edge 浏览器用户可以浏览网页，还可以根据自己的需要设置其他功能，如在阅读视图模式下浏览网页、将网页添加到浏览器的收藏夹中、给网页做 Web 笔记等。

8.2.1 Microsoft Edge 基本操作

Microsoft Edge 基本操作包括启动、关闭与打开网页等，下面分别进行介绍。

1. 启动 Microsoft Edge 浏览器

启动 Microsoft Edge 浏览器，通常使用以下三种方法之一。

（1）双击桌面上的 Microsoft Edge 快捷方式图标。

（2）单击快速启动栏中的 Microsoft Edge 图标。

（3）单击【开始】按钮，选择【所有程序】→【Microsoft Edge】菜单项。

通过上述三种方法之一打开 Microsoft Edge 浏览器，默认情况下，启动 Microsoft Edge 后将会打开用户设置的首页，它是用户进入 Internet 的起点。如下图所示用户设置的首页为百度搜索页面。

2. 使用 Microsoft Edge 浏览器打开网页

如果知道要访问网页的网址（即 URL），则可以直接在 Microsoft Edge 浏览器中的地址栏中输入该网址，然后按【Enter】键，即可打开该网页。例如，在地址栏中输入新浪网网址"http://www.sina.com.cn/"，按【Enter】键，即可进入该网站的首页。

另外，当打开多个网页后，单击地址栏中的下拉按钮，在弹出的下拉列表中可以看到曾经输入过的网址。当在地址栏中再次输入该地址时，只需要输入一个或几个字符，地址栏中将自动弹出一个下拉列表，其中列出了与输入部分相同的曾经访问过的所有网址，如下图所示。

在其中选择所需要的网址，即可进入相应的网页。例如，选择【淘宝网 – 淘！我喜欢】网址，即可打开淘宝网首页。

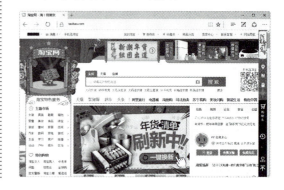

3. 关闭 Microsoft Edge 浏览器

当用户浏览网页结束后，就需要关闭 Microsoft Edge 浏览器，同大多数 Windows 应用程序一样，关闭 Microsoft Edge 浏览器通常采用以下 3 种方法。

（1）单击【Microsoft Edge 浏览器】窗口右上角的【关闭】按钮 × 。

（2）按键盘上【Alt+F4】组合键。

（3）右击 Microsoft Edge 浏览器的标题栏，在弹出的快捷菜单中选择【关闭】选项。

为了方便起见，用户一般采用第一种方法来关闭 Microsoft Edge 浏览器。

8.2.2 使用阅读视图

Microsoft Edge 浏览器提供阅读视图模式，可以在没有干扰（没有广告，没有网页的头标题和尾标题等，只有正文）的模式下看文章，还可以调整背景和文字大小。

具体的操作步骤如下。

第1步 在 Edge 浏览器中，打开一篇文章的网页，如这里打开一篇有关"蜂蜜"介绍的网页。

第2步 单击浏览器工具栏的【阅读视图】按钮 。

第3步 进入网页阅读视图模式中，可以看到此模式下除了文章之外，没有网页上其他的东西。

| 提示 |

再次单击【阅读视图】按钮，会退出阅读模式。

第4步 如果想调整阅读时的背景和字体大小，需要单击浏览器中的【更多】按钮，在弹出的下拉列表中选择【设置】选项。

第5步 打开设置界面，单击【阅读视图风格】下方的下拉按钮，在弹出的下拉列表中选择【亮】选项。

第6步 单击【阅读视图字号】下方的下拉按钮，在弹出的下拉列表中选择【超大】选项。

第7步 设置完毕后，返回到【阅读视图】中，可以看到调整设置后的效果。

8.2.3 添加收藏

Microsoft Edge 浏览器的收藏夹其实就是一个文件夹，其中存放着用户喜爱或经常访问的网站地址，如果能好好利用这一功能，将会使网上冲浪更加轻松惬意。

将网页添加到收藏夹的具体操作步骤如下。

第1步 打开一个需要将其添加到收藏夹的网页，如新浪首页。

第2步 单击页面中的【添加到收藏夹或阅读列表】按钮。

第3步 打开【收藏夹或阅读列表】工作界面，在【名称】文本框中可以设置收藏网页的名称，在【保存位置】文本框中可以设置网页收藏时保存的位置。

第4步 单击【保存】按钮，即可将打开的网页收藏起来，单击页面中的【中心】按钮，可以打开【中心】设置界面，在其中单击【收藏夹】按钮，可以在下方的列表中查看收藏夹中已经收藏的网页信息。

8.2.4 做 Web 笔记

Web 笔记，顾名思义就是浏览网页时，如果想要保存一下当前网页的信息，可以通过这个功能实现，使用 Web 笔记保存网页信息的操作步骤如下。

1. 做 Web 笔记内容

第1步 双击任务栏中的【Microsoft Edge】图标，启动 Microsoft Edge 浏览器。

第2步 单击 Microsoft Edge 浏览器页面中的【做 Web 笔记】按钮。

第3步 进入浏览器做 Web 笔记工作环境中。

第4步 单击页面左上角的【笔】按钮，在弹出的面板中可以设置做笔记时的笔触颜色。

第5步 使用笔工具可以在页面中输入笔记内容，如这里输入"大"字。

第6步 如果想要清除输入的笔记内容，则可以单击【橡皮擦】按钮，在弹出的列表中选择【清除所有墨迹】选项，即可清除输入的笔记内容。

第7步 单击【添加键入的笔记】按钮。

第8步 可以在页面中绘制一个文本框，然后在其中输入笔记内容。

第9步 单击【剪辑】按钮，进入剪辑编辑状态。

第10步 按下鼠标左键，拖动鼠标可以复制区域。

2. 保存笔记

第1步 笔记做完之后，单击页面中的【保存Web笔记】按钮。

第2步 弹出笔记保存设置界面，单击【保存】按钮，即可将做的笔记保存起来。

第3步 如果想要退出Web笔记工作模式，则可以单击【退出】按钮。

8.2.5 隐私保护——InPrivate 浏览

使用 InPrivate 浏览网页时，用户的浏览数据（如 Cookie、历史记录或临时文件）在用户浏览完后不保存在电脑上，也就是说当关闭所有的 InPrivate 标签页后，Microsoft Edge 会从电脑中删除临时数据。

使用 InPrivate 浏览网页的操作步骤如下。

第1步 双击任务栏中的【Microsoft Edge】图标，打开 Microsoft Edge 浏览工作界面，单击【更多】按钮，在弹出的下拉列表中选择【新 InPrivate 窗口】选项。

第2步 打开 InPrivate 窗口，在其中提示用户正在浏览 InPrivate。

第3步 在【搜索或输入网址】文本框中输入想要使用 InPrivate 浏览的网页网址，如这里输入"www.baidu.com"。

第4步 单击➡按钮，即可在 InPrivate 中打开百度网首页。

第5步 单击【InPrivate】窗口右上角的【关闭】按钮，即可关闭 InPrivate 窗口，返回到 Microsoft Edge 窗口中。

8.2.6 安全保护——启用 SmartScreen 筛选

启用 SmartScreen 筛选功能，可以保护用户的计算机免受不良网站和下载内容的威胁，启用 SmartScreen 筛选功能的操作步骤如下。

第1步 打开 Microsoft Edge 浏览器，单击窗口中的【更多】按钮，在弹出的下拉列表中选择【设置】选项。

第 2 步 打开【设置】界面，在其中单击【查看高级设置】按钮。

第 3 步 打开【高级设置】工作界面，在其中将【启动 SmartScreen 筛选，保护我的计算机免受不良网站和下载内容的威胁】下方的【开/关】按钮设置为【开】，即可启用 SmartScreen 筛选功能。

8.3 实战 2：Internet Explorer 11 浏览器

Internet Explorer 11 是微软公司推出的一款全新的浏览器，具有快速、安全、与现有网站兼容等特点，可提供网络互动新体验，对于开发者来说，IE 11 支持最新的网络标准和技术。

8.3.1 设置主页

为了浏览网页时方便、快捷，可以将经常访问的网站设置为主页，这样当启动 IE 浏览器后，就会自动打开该网页。

设置常用默认主页的具体操作步骤如下。

第 1 步 双击桌面上的 IE 浏览器图标，打开 IE 浏览器的工作界面。

第 2 步 按下键盘上的【Alt】键，显示浏览器的工具栏。

第8章
走进网络——开启网络之旅

第3步 选择【工具】→【Internet 选项】菜单项，打开【Internet 选项】对话框，选择【常规】选项卡。

第4步 在【主页】组合框中的文本框中输入要设置为主页的网址，如这里输入"http://www.baidu.com"。

在【主页】组合框中存在有3个按钮，其作用如下。

① 【使用当前页（C）】按钮用于将主页设置为当前正在浏览的页面。

② 【使用默认值（F）】按钮用于将主页设置为默认的网站首页。

③ 【使用新标签页（U）】按钮用于将主页设置为空白页。

第5步 单击【确定】按钮，即可将百度首页设置为主页。

8.3.2 使用历史记录访问曾浏览过的网页

使用 Internet Explorer 11 浏览器的历史记录功能可以访问用户曾浏览过的网页，具体的操作步骤如下。

第1步 双击桌面上的 Internet Explorer 11 浏览器图标，启动浏览器。

第2步 单击【查看收藏夹、源和历史记录】按钮，打开其工作界面，在其中选择【历史记录】选项。

第3步 选择想要查看的历史记录时间，如这里【星期一】选项，可以展开星期一用户所浏览的网页网址列表。

第4步 单击其中的网址列表，如这里单击第一个网址列表，可以展开子网页网址列表。

第5步 单击网页的网址，可以打开曾经浏览过的网页。

8.3.3 添加跟踪保护列表

使用浏览器浏览网页的过程中，总会弹出各种广告窗口，给用户带来很大麻烦，一不小心还会感染上系统病毒，使用 IE 浏览器的跟踪保护功能，可以有效拦截广告。

使用跟踪保护功能拦截广告首先要做的就是添加跟踪保护列表，具体的操作步骤如下。

第1步 启动 Interest Explorer 11 浏览器，单击浏览器工作界面中的【设置】按钮，在弹出的下拉列表中选择【安全】→【启用跟踪保护】选项。

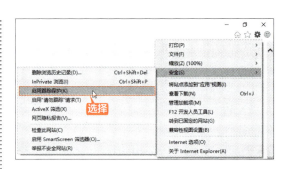

第2步 打开【管理加载项】对话框，在其中选择【启用跟踪保护】选项。

第3步 单击【联机获取跟踪保护列表】超链接，打开跟踪保护列表的下载界面。

第4步 单击想要添加的跟踪列表后面的【Add（添加）】按钮，打开【跟踪保护】对话框。

第5步 单击【添加列表】按钮，即可将选中的跟踪列表添加到【管理加载项】对话框中。

第6步 双击添加的跟踪列表，即可打开【详细信息】对话框，在其中可以看到添加的跟踪列表信息。至此，就完成了跟踪保护列表的添加操作。

8.3.4 重新打开上次浏览会话

当启动新的浏览会话时，可以通过重新打开上次使用 Internet Explorer 时打开的部分或全部页面，从之前中断的地方继续浏览，用户可以使用 Internet Explorer 打开各个网页选项卡，或者打开上一次的整个浏览会话。

重新打开上次浏览会话的操作步骤如下。

第1步 启动 Interest Explorer 11 浏览器。

第2步 按下键盘上的【Alt】键，显示出浏览器的工具栏，选择【工具】→【重新打开上次浏览页面】命令。

第3步 即可重新打开上次浏览的页面。

8.4 实战3：私人助理——Cortana（小娜）

Windows 10 操作系统的自带有 Cortana，其中文名为微软小娜，它是微软发布的全球第一款个人智能助理，可以说 Cortana（小娜）是 Windows 10 操作系统的私人助理。

8.4.1 什么是 Cortana

Cortana"能够了解用户的喜好和习惯""帮助用户进行日程安排、问题回答等"，可以说是微软在机器学习和人工智能领域方面的尝试。

使用 Cortana 可以帮助 Windows 10 操作系统实现如下功能。

（1）提示用户在特定的时间或地点做一些事情。

（2）用户可以用语音来给 Cortana 布置任务、发短消息或者和 Cortana 聊天。

（3）帮助用户查找设备或网站上的内容，具有搜索功能。

（4）帮助用户跟踪快递包裹和航班的状态。

（5）为用户提供个性化想法、新闻、比分、趣闻、事件、交通、天气、笑话等内容。

8.4.2 启用 Cortana

默认情况下 Cortana 处于关闭状态，使用之前需要将其开启，具体的操作步骤如下。

第1步 单击桌面右下角的【搜索 Windows】搜索框，在弹出的界面中单击【设置】按钮，打开【设置】窗口，将最上方的【关】按钮拖曳滑块向右侧。

第2步 弹出提示登录的信息，单击【登录】按钮。

第3步 弹出【选择账户】对话框，选择前面注册的 Microsoft 账户，用户也可以选择【Microsoft 账户】，然后用新的账户登录，这里选择【Microsoft 账户】选项。

第4步 打开【添加你的 Microsoft 账户】对话框，在其中输入账户与密码。

第5步 单击【登录】按钮，打开【是否使用 Microsoft 账户登录此设备？】对话框，在其中输入 Windows 密码。

第6步 单击【下一步】按钮，即可登录到 Cortana 工作界面，并成功启用 Cortana。

8.4.3 唤醒 Cortana

启用 Cortana 之后，下面还需要唤醒 Cortana，才能使用 Cortana，唤醒 Cortana 的操作步骤如下。

第1步 在 Cortana 的工作界面中选择【笔记本】选项，在打开的【笔记本】界面中选择【设置】选项。

第2步 打开 Cortana 设置界面，在其中可以看到唤醒 Cortana 的设置界面。

第3步 将【你好小娜】下面的【开／关】按钮设置为【开】状态，在下面的【响应呼唤】设置界面中可以设置谁能使用 Cortana，这里选中【响应任何人的呼唤】单选按钮。

8.4.4 设置 Cortana

通过设置 Cortana，可以使 Cortana 更好地为用户服务，设置 Cortana 的操作步骤如下。

第1步 在 Cortana 设置界面中选择【记事本】选项，在打开的界面中选择【设置】选项。

第2步 随即打开 Cortana 的设置界面，在上面设置区域设置对 Cortana 的开启状态、显示图标、是否唤醒 Cortana 进行设置。

第3步 使用鼠标拖动右侧的滑块，在下方的

设置界面中可以对是否开启查找航班等信息、是否开启任务栏的问候语、是否未接来电通知等信息进行设置。

第4步 使用鼠标拖动右侧的滑块，在最下方的设置界面中可以对是否开启设备搜索历史记录、是否开启 Web 搜索历史记录等信息进行设置。

8.4.5 使用 Cortana

设置完 Cortana 之后，下面就可以使用 Cortana 为自己服务了，使用 Cortana 的操作步骤如下。

第1步 在 Cortana 工作界面中的【有问题尽管问我】文本框中输入想要问 Cortana 的问题，如这里输入"今天的天气怎么样"。

第3步 选择【笔记本】选项，在打开的界面中可以选择问题的分类。

第2步 在弹出的列表中选择【最佳匹配】列表中的选项，即可在打开的界面中显示今天的天气情况。

第4步 选择【天气】选项，可以在打开的【天气】界面中设置是否打开天气卡片和通知、是否开启附件的天气预报等信息，最后单击【保存】按钮即可保存设置。

第6步 单击【闹钟】按钮，打开【闹钟】设置界面，在其中可以设置闹钟的启用、关闭等操作。

第5步 单击【帮助】按钮，在打开的界面中可以看到Cortana还能帮助用户做的事情提示。

8.4.6 强大组合：Cortana和Microsoft Edge

Cortana和Microsoft Edge可以结合起来使用，最大程度地方便了用户，如当你在Web上偶然发现一个你想要了解更多相关信息的主题时，就可以询问Cortana找出它的所有相关信息，反之，当你在Cortana中询问一个问题时，会在工作界面中列出与之相关的问题网页，用户单击相关内容，就可以在Microsoft Edge进行查看。例如，在Cortana中输入"美丽心灵"，在打开的界面中就会显示与之相关的问题列表。

单击任何一个超链接，即可在Microsoft Edge中查看有关美丽心灵的信息。

8.5 实战 4：网络搜索

搜索引擎是指根据一定的策略、运用特定的计算机程序搜集互联网上的信息，在对信息进行组织和处理后，将处理后的信息显示给用户，简言之搜索引擎就是一个为用户提供检索服务的系统。

8.5.1 认识常用的搜索引擎

目前网络中常见的搜索引擎有很多种，比较常用的如百度搜索、Google 搜索、搜狗等，下面分别进行介绍。

1. 百度搜索

百度是最大的中文搜索引擎，在百度网站中可以搜索页面、图片、新闻、MP3 音乐、百科知识、专业文档等内容。

2. Google 搜索

Google 搜索引擎成立于 1997 年，是世界上最大的搜索引擎之一，Google 通过对 70 多亿网页进行整理，为世界各地的用户提供搜索，属于全文搜索引擎，而且搜索速度非常快。Google 搜索引擎分为"网站""新闻""网页目录""图像"等搜索类别。目前，Google 已退出中国市场，建议在中国大陆以外的地方使用。

3. 搜狗搜索

搜狗是全球首个第三代互动式中文搜索引擎，其网页收录量已达到 100 亿，并且，每天以 5 亿的速度更新，凭借独有的 SogouRank 技术及人工智能算法，搜狗为用户提供最快、最准、最全面的搜索资源。下图所示就是搜狗搜索引擎的首页。

8.5.2 搜索信息

使用搜索引擎可以搜索很多信息，如网页、图片、音乐、百科知识、专业文档等，用户所遇到的问题，几乎都可以使用搜索引擎进行搜索。

1. 搜索网页

搜索网页可以说是百度最基本的功能，在百度中搜索网页的具体操作步骤如下。

第1步 打开IE 11浏览器，在地址栏中输入百度搜索网址"http://www.baidu.com"，按下【Enter】键，即可打开百度首页。

第2步 在【百度搜索】文本框中输入想要搜索网页的关键字，如输入"蜂蜜"，即可进入【蜂蜜-百度搜索】页面。

第3步 单击需要查看的网页，如这里单击【蜂蜜 百度百科】超链接，即可打开【蜂蜜 百度百科】页面，在其中可以查看有关"蜂蜜"的详细信息。

2. 搜索图片

使用百度搜索引擎搜索图片的具体操作步骤如下。

第1步 打开百度首页，将鼠标放置在【更多产品】按钮之上，在弹出的下拉列表中选择【图片】选项。

第2步 进入图片搜索页面，在【百度搜索】文本框中输入想要搜索图片的关键字，如输入"玫瑰"。

第3步 单击【百度一下】按钮，即可打开有关"玫瑰"的图片搜索结果。

第8章
走进网络——开启网络之旅

第4步 单击自己喜欢的玫瑰图片，如这里单击第二个蓝色的玫瑰图片链接，即可以大图的方式显示该图片。

第2步 进入MP3搜索页面，在【百度搜索】文本框中输入想要搜索音乐的关键字，如输入"回家"。

3. 搜索音乐

使用百度搜索引擎搜索MP3的具体操作步骤如下。

第1步 打开百度首页，将鼠标放置在【更多产品】按钮之上，在弹出的下拉列表中选择【音乐】选项。

第3步 单击【百度一下】按钮，即可打开有关"回家"的音乐搜索结果。

8.6 实战5：下载网络资源

网络就像一个虚拟的世界，在网络中用户可以搜索到几乎所有的资源，当自己遇到想要保存的数据时，就需要将其从网络中下载到自己的电脑硬盘之中。

8.6.1 使用IE下载文件

用IE浏览器直接下载是最普通的一种下载方式，但是这种下载方式不支持断点续传。一般情况下只在下载小文件的情况下使用，对于下载大文件就很不适用。

下面以Internet Explorer 11浏览器为例，介绍在IE浏览器中直接下载文件的方法，一般网上的文件以".rar"".zip"等后缀名存在，使用IE浏览器下载后缀名为".rar"文件的具体操作步骤如下。

第1步 打开要下载的文件所在的页面，单击需要下载的链接，如这里单击【下载】按钮。

第2步 即可打开【文件下载】对话框。

第3步 单击【普通下载】按钮，在页面的下方显示下载信息提示框，提示用户是否运行或保存此文件。

第4步 单击【保存】按钮右侧的下拉按钮，在弹出的下拉列表中选择【另存为】选项。

| 提示 |

在单击网页上的链接时，会根据链接的不同而执行不同的操作，如果单击的链接指向的是一个网页，则会打开该网页，当链接为一个文件时，才会打开【文件下载】对话框。

第5步 打开【另存为】对话框，并选择保存文件的位置。

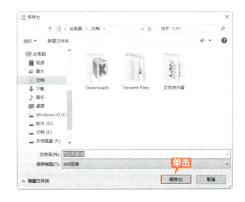

第6步 单击【保存】按钮，开始下载文件。

第 7 步　下载完成后，出现【下载完毕】对话框。

第 8 步　单击【打开文件夹】按钮，可以打开下载文件所在的位置，单击【运行】按钮，即可执行程序的安装操作。

8.6.2 使用 IE 下载软件

一般情况下，用户下载软件都要到软件的官方网站上去下载最新的软件，下面以下载 360 杀毒软件为例进行讲解，具体操作步骤如下。

第 1 步　打开 IE 浏览器，在地址栏中输入"http://www.360.com/"，单击【转到】按钮，打开 360 主页，在其中找到 360 杀毒软件的下载页面。

第 2 步　单击【立即下载】按钮，在页面的下方显示出下载提示框，提示用户是否运行或保存此文件。

第 3 步　单击【保存】按钮右侧的下拉按钮，在弹出的下拉列表中选择【另存为】选项。

第 4 步　打开【另存为】对话框，在其中选择软件保存的位置，并输入软件的名称。

第5步 单击【保存】按钮，开始下载软件，下载完毕后，弹出下载完成信息提示。

窗口，在其中可以看到已经下载完成的360杀毒软件。

第6步 单击【查看下载】按钮，打开【查看下载】

8.6.3 下载音乐

下载音乐分为两种情况，一种是可以在音乐网站当中下载，如在百度音乐网站；另一种是在音乐盒子当中下载音乐，如在酷我音乐盒。

1. 在百度音乐网站中下载音乐

第1步 打开百度音乐搜索页面，在【百度搜索】文本框中输入想要搜索音乐的关键字，如输入"回家"。

第3步 单击想要下载的音乐后面的【下载】按钮，即可下载音乐。

第2步 单击【百度一下】按钮，即可打开有关"回家"的音乐搜索结果。

2. 在 QQ 音乐中下载音乐

QQ 音乐为用户提供了下载功能，这样

第8章
走进网络——开启网络之旅

就可以把自己喜欢的歌曲下载到自己的电脑中，下载音乐的具体操作步骤如下。

第1步　下载并安装 QQ 音乐，双击桌面上的 QQ 音乐快捷图标，打开 QQ 音乐工作界面。

第2步　单击 QQ 音乐工作界面当中的【分类】选项，进入【分类】设置界面。

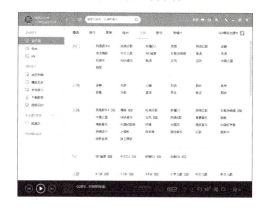

第3步　在音乐分类工作界面中选择相应的分类类型，如这里单击【甜蜜】超链接，进入【甜蜜】音乐播放列表。

第4步　单击【下载】按钮，打开【下载】对话框，在其中选中需要下载的音乐文件。

第5步　单击【下载到电脑】按钮，即可将选中的音乐下载的电脑中，并进入【下载的歌曲】页面，在其中可以查看音乐下载的进度。

8.6.4 下载电影

在网络资源中下载电影最常用的方法是在视频播放软件中下载，常用的视频播放软件包括暴风影音、QQ 影音等，下面以在暴风影音中下载电影为例，介绍从网络资源中下载电影的方法，具体的操作步骤如下。

第1步　打开暴风影音工作界面，在其中选择自己想要下载的电影，并双击该电影，即可将该电影添加到【正在播放】列表中。

第2步　右击正在播放的电影，在弹出的快捷菜单中选择【下载】选项。

第4步 进入【下载管理】对话框，在其中可以查看电影的下载速度。

第3步 随即打开【提示】对话框，在其中可以看到要下载的电影名称、保存位置以及视频下载列表等信息，单击【确定】按钮。

使用迅雷下载工具

　　迅雷是当前使用比较广泛的下载软件之一，该软件使用的多资源超线程技术是基于网络原理的，能够将网络上存在的服务器和计算机资源进行有效的整合，构成独特的迅雷网络，通过迅雷网络各种数据文件能够以最快的速度进行传递。使用迅雷下载工具几乎可以下载网络资源中的各种文件，如电影、音乐、软件等。不过，要想使用迅雷下载工具下载网络资源，首先要做的是安装迅雷工具到本台电脑中，然后在搜索想要下载的网络资源。如下图所示为使用迅雷工具下载电影的工作界面。

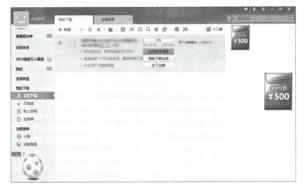

使用迅雷下载工具下载网络资源的操作步骤如下。

1. 使用IE浏览器下载迅雷安装程序

第1步 启动IE浏览器，在地址栏中输入迅雷产品中心的网址"http://dl.xunlei.com/"，进入【迅雷产品中心】界面，在其中找到迅雷下载工具的下载界面。

第8章
走进网络——开启网络之旅

第2步 单击【立即下载】按钮，在IE浏览器窗口的下方显示下载的信息提示。

第3步 单击【保存】按钮右侧的下拉按钮，在弹出的下拉列表中选择【另存为】选项。

第4步 打开【另存为】对话框，在其中设置文件保存的位置与名称。

第5步 单击【保存】按钮，即可开始下载迅雷安装软件，下载完毕后，在IE窗口的下方显示出下载完成的信息提示。

第6步 单击【查看下载】按钮，打开【查看下载】对话框，在其中可以看到已经下载完成的迅雷安装程序。

2. 安装迅雷下载工具

第1步 在【查看下载】对话框中单击【运行】按钮，打开【迅雷】对话框，在其中选中【已阅读并同意迅雷软件许可协议】复选框。

第2步 单击【快速安装】按钮,即可开始安装迅雷软件,并显示安装的进度。

第3步 安装完毕后,弹出【为您推荐】对话框,在其中可以根据自己的需要选择是否体验迅雷推荐的软件。

第4步 单击【立即体验】按钮,进入【迅雷】的工作界面。

第5步 在【输入影片名】文本框中输入想要下载的影片,如这里输入"大圣归来"。

第6步 单击【一键搜片】按钮,即可在【迅雷】工作界面中显示出搜索的结果。

第7步 单击搜索结果中的超链接,进入下载页面,在【迅雷】右侧显示出下载链接。

第8步 单击【立即下载】按钮,打开【新建任务】对话框,在其中可以设置迅雷下载文件的保存地址。

第9步 单击【立即下载】按钮,开始下载搜索的影片文件,在其中可以查看下载的进度。

第 8 章
走进网络——开启网络之旅

◇ **将电脑收藏夹网址同步到手机**

使用 360 安全浏览器可以将电脑收藏夹中的网址同步到手机中，其中 360 安全浏览器的版本要求在 7.0 以上，具体的操作步骤如下。

（1）在电脑环境下将浏览器的收藏夹进行同步。

第 1 步 在电脑中打开 360 安全浏览器 8.1。

第 2 步 单击工作界面左上角的浏览器标志，在弹出的界面中单击【登录账号】按钮。

第 3 步 弹出【登录 360 账号】对话框，在其中输入账号与密码。

| 提示 |

如果没有账号，则可以单击【免费注册】按钮，在打开的界面中输入账号与密码进行注册操作。

第 4 步 输入完毕后，单击【登录】按钮，即可以会员的方式登录到 360 安全浏览器中，单击浏览器左上角的图标，在弹出的下拉列表中单击【手动同步】按钮。

· 221 ·

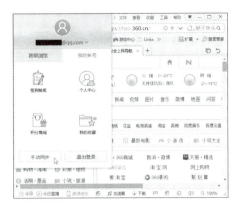

第 5 步 即可将电脑中的收藏夹进行同步。

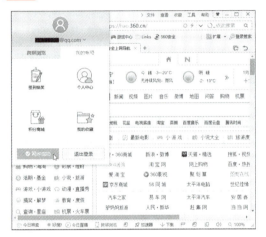

(2) 在手机中查看同步的收藏夹网址。

第 1 步 进入手机操作环境中，点按 360 手机浏览器图标，进入手机 360 浏览器工作界面。

第 2 步 点击页面下方的"≡"按钮，打开手机 360 浏览器的设置界面。

第 3 步 点击【收藏夹】图标，进入手机 360 浏览器的收藏夹界面。

第 8 章
走进网络——开启网络之旅

第4步 点击【同步】按钮,打开【账号登录】界面。

第5步 在登录界面中输入账号与密码,这里需要注意的是手机登录的账号与密码与电脑登录的账户与密码必须一致。

第6步 单击【立即登录】按钮,即可以会员的方式登录到手机360浏览器中,在打开的界面中可以看到【电脑收藏夹】选项。

第7步 点击【电脑收藏夹】选项,即可打开【电脑收藏夹】操作界面,在其中可以看到电脑中的收藏夹的网址信息出现在手机浏览器的收藏夹中,这就说明收藏夹同步完成。

◇ **屏蔽网页广告弹窗**

　　Interest Explorer 11浏览器具有屏蔽网页广告弹窗的功能,使用该功能屏蔽网页广告弹窗的操作步骤如下。

· 223 ·

第1步 在IE 11浏览器的工作界面中选择【工具】→【启用弹出窗口阻止程序】命令。

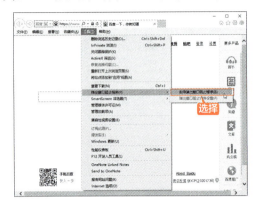

第2步 打开【弹出窗口阻止程序】对话框，提示用户是否确实要启用 Interest Explorer 弹出窗口阻止程序。

第3步 单击【是】按钮，即可启用该功能，然后选择【工具】→【弹出窗口阻止程序设置】菜单命令。

第4步 打开【弹出窗口阻止程序设置】对话框，在【要允许的网站地址】文本框中输入允许的网站地址。

第5步 单击【添加】按钮，即可将输入的网站网址添加到【允许的站点】列表中。

第6步 单击【关闭】按钮，即可完成弹出窗口阻止程序的设置操作。

第9章
便利生活——网络的生活服务

本章导读

网络除了可以方便人们娱乐、资料的下载等,还可以帮助人们进行生活信息的查询,常见的有查询日历、查询天气、查询车票等。另外,进行网上炒股、网上理财和网上购物也是网络带给用户的方便。

思维导图

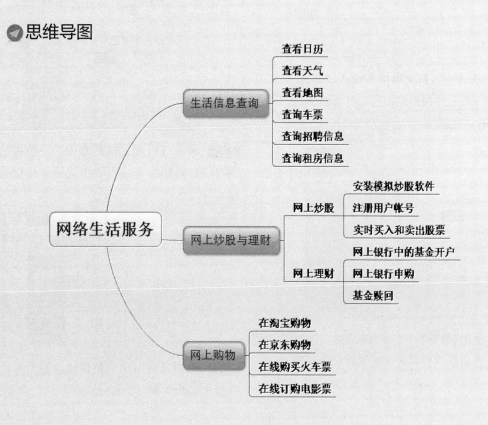

9.1 实战 1：生活信息查询

随着网络的普及，人们生活节奏的加快，现在很多生活信息都可以足不出户在网上进行查询，就拿天气预报来说，再也不用守时守点地听广播或看电视了。

9.1.1 查看日历

日历用于记载日期等相关信息，用户如果想要查询有关日历的信息，不用再去找日历本了，则可以在网上进行查询，具体的操作步骤如下。

第1步 打开 Microsoft Edge 浏览器，在地址栏中输入百度搜索网址"http://www.baidu.com"，按下【Enter】键，即可打开百度首页。

第2步 在【搜索】文本框中输入"日历"，即可在下方的界面中列出有关日历的信息。

第3步 单击【日历】当中年份后面的下拉按钮，可以在弹出的下拉列表中查询日历的年份。

第4步 单击月份后面的下拉按钮，在弹出的下拉列表中选择日历的月份。

第5步 单击【假期安排】右侧的下拉按钮，则可以在弹出的下拉列表中选择本年份的假期安排信息。

第6步 单击【返回今天】按钮，即可返回到当前系统的日期。

9.1.2 查看天气

天气关系着人们的生活，尤其是在出差或旅游时一定要知道所到地当天的天气如何，这样才能有的放矢地准备自己的衣物。

在网上查询天气的具体操作步骤如下。

第1步 启动 Microsoft Edge 浏览器，打开百度首页，在【搜索】文本框中输入想要查询天气的城市名称，如这里输入"郑州 天气预报"，即可在下方的界面中列出有关郑州天气预报的查询结果。

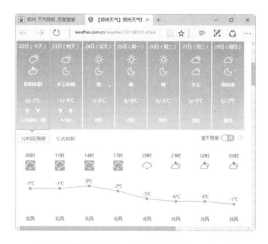

第2步 单击【郑州天气预报 一周天气预报 中国天气网】超链接，即可在打开的页面中查询郑州最近一周的天气预报，包括气温、风向等。

除了可以利用百度进行查询天气外，用户经常上的QQ登录窗口中也为用户列出了实时天气情况及最近3天的天气预报。登录QQ，然后将鼠标指针放置在QQ登录窗口右侧的天气预报区域，这时会在右侧弹出天气预报面板，在其中列出了QQ登录地的最近3天的天气预报。

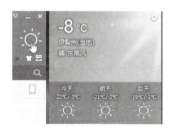

9.1.3 查看地图

地图在人们的日常生活中是必不可少的，尤其是在出差、旅游时，那么如何在网上查询平面地图呢？具体的操作步骤如下。

第1步 启动 Microsoft Edge 浏览器，打开百度首页，单击【地图】链接，即可打开百度地图页面，在其中显示了当前城市的平面地图。

第2步 将鼠标指针放置在地图中，当鼠标指针变成手形 时，按住鼠标左键不放，即可来回移动地图。

第3步 在百度地图首页中单击【切换城市】链接，打开【城市列表】对话框，在其中可以选择想要查看的其他城市的地图。

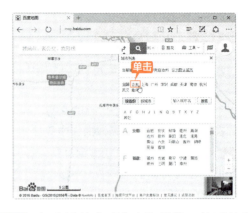

第4步 如这里单击【北京】链接，就可以在页面中显示出北京的平面地图。

9.1.4 查询车票

在出差、旅游以及探亲的时候，如果没有列车车次时刻表，或者是列车车次时刻表已经过期，那么就可以在网上进行查询火车时刻表。

查询火车时刻表的具体操作步骤如下。

第1步 启动 Microsoft Edge 浏览器，在地址栏中输入火车票查询网站的网址"http://www.12306.cn"。

第2步 单击页面左侧的【余票查询】超链接，即可打开余票查询界面，在【出发地】文本框中输入出发地点，在【目的地】文本框中输入目的地，并选择出发的日期。

第3步 单击【查询】按钮，即可在打开的页面中查询所有经过符合条件的列车时刻表。

第 9 章
便利生活——网络的生活服务

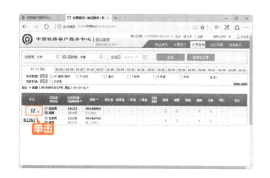

第4步 单击车次按钮，即可弹出这趟车所经过的车站名称、到站时间、出站时间和停留时间等信息。

第5步 单击座位类型下方的数字，展开该车次的票价信息。

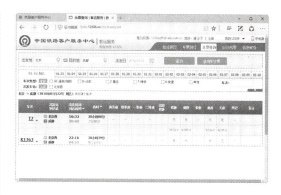

第6步 在12306网站首页的左侧还可以根据自己的需要进行火车票其他业务的操作，如退票、票价查询及列车时间表的查询等。

9.1.5 查询招聘信息

随着Internet的普及与发展，网上出现了很多人才市场，即可以在网上发布企业招聘信息，也可以发布个人求职信息，为人才流动提供了及时迅速的信息服务，这里以在前程无忧招聘网（http://www.51job.com/）上查询招聘信息为例，介绍查询招聘信息的具体操作步骤。

第1步 启动 Microsoft Edge 浏览器，在地址栏中输入前程无忧招聘网的网址"http://www.51job.com/"，按下【Enter】键，进入招聘网首页。

第2步 在【热门城市】区域单击想要查找招聘信息所在的城市，如这里选择【郑州】，进入【前程无忧郑州】网站首页。

·229·

第3步 单击【选择职能】按钮，在弹出的职能列表中选择自己感兴趣的职能信息。

第4步 如这里单击【财务／审计／税务】超链接，在弹出的面板中选择【会计】复选框。

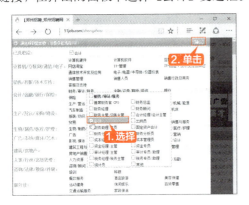

第5步 选择完毕后，单击右上角的【确认】按钮，返回到浏览器操作界面，再单击【选择行业】按钮，在弹出的【请选择行业类别】面板中选择自己感兴趣的行业类别，如果想要不限类别，则可以单击【不限】按钮，返回到浏览器操作界面。

第6步 单击【搜索】按钮，即可搜索与会计职能有关的职位信息。

第7步 搜索完毕后，在下方的页面中将显示搜索出来的招聘信息。

第8步 单击想要查看的照片信息超链接，即可在打开的页面中查看具体的职位介绍性信息，包括公司简介、职位要求等。

第9步 如果对该职位有兴趣，则可以单击【申请职位】按钮进行申请。

第 9 章
便利生活——网络的生活服务

9.1.6 查询租房信息

初到一个城市,首先需要解决的问题就是住房,而租房子是解决这一问题最简单有效的方法,那么如何查找租房信息呢?下面介绍在赶集网上查询租房信息的方法。

具体的操作步骤如下。

第1步 启动 Microsoft Edge 浏览器,在地址栏中输入赶集网的网址"http://www.ganji.com/",按下【Enter】键,进入赶集网的首页,并定位到北京这个城市。

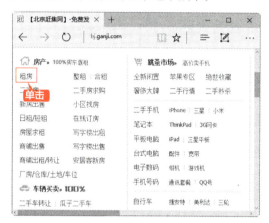

第2步 单击【租房】超链接,进入租房首页当中的【找房】页面。

第3步 选择房子所在的大致位置,如这里选择【海淀】超链接,即可在页面的下方显示出海淀区的租房信息。

第4步 单击想要查看房屋信息的超链接,即可在打开的页面中查看此房屋的介绍性信息和联系方式。如果有意这个房子的话,可以给发布信息的人联系。

9.2 实战 2:网上炒股与理财

为了提供生活的质量,很多人越来越重视财产的升值,通过一些理财方式赚取更多的收入,常见的理财方式包括网上炒股和网上购买理财产品。

9.2.1 网上炒股

互联网的普及为网上炒股提供了很多方便，投资者在网络世界中就能够及时获得全面而且丰富的股票资讯，网上炒股方便快捷，成本低廉。使用模拟炒股软件进行炒股，可以有效地避免新股民不懂炒股而误操作导致的损失。下面以模拟炒股软件为例，介绍网上炒股买入与卖出的操作步骤。

1. 安装模拟炒股软件

软件下载完成后，即可进行安装操作。具体操作步骤如下。

第1步 在电脑中找到所下载文件的安装程序setup.exe，双击安装程序，将会出现一个【安装－股城模拟炒股标准版】对话框，单击【下一步】按钮。

第2步 弹出【选择目标位置】对话框，根据需要设置安装程序的目标文件夹，单击【下一步】按钮。

第3步 弹出【选择开始菜单文件夹】对话框，根据需要设置快捷方式的放置路径，单击【下一步】按钮。

第4步 弹出【准备开始安装】对话框，核实安装参数，无误后单击【安装】按钮。

第5步 系统即可开始自动安装软件，并显示安装的进度，安装完成后，弹出【股城模拟炒股标准版安装完成】对话框，单击【完成】按钮，即可完成股城模拟炒股的安装。

2. 注册用户账号

在使用股城模拟炒股软件之前，投资者需要先进行用户注册。

具体的操作步骤如下。

第1步 股城模拟炒股软件安装成功之后，双击桌面上的股城模拟炒股的快捷方式图标，即可打开【股城模拟炒股平台登录】对话框，单击【免费注册】按钮。

第2步 即可打开【股城网_通行证注册】页面，根据提示填写完注册信息，单击页面下的【我接受协议，注册账号】按钮，即可完成用户的注册。

3. 实时买入和卖出股票

实时买卖是指在股市开盘交易的时间（即周一到周五的每天9:30～15:00）之内进行的买卖操作，超过这个时间段，是不能进行实时买卖操作的，将会弹出一个不能进行交易的提示信息。

在股城模拟炒股平台上模拟股票实时买入的具体操作步骤如下。

第1步 在股城模拟炒股软件的登录对话框中输入股城账户、密码和站点等信息。

第2步 单击【登录】按钮，即可以会员的身份登录到股城模拟炒股软件中。

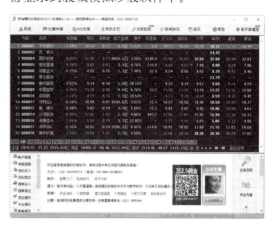

第3步 在股城模拟炒股平台界面下方的工具栏中，单击【实时买入】按钮，即可打开【实时买入】面板。

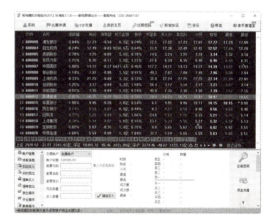

第4步 在【股票代码】文本框中输入个股代码，本实例输入"深发展A"的代码"000001"，按【Enter】键，即可显示【股票名称】、【股票现价】、【可买数量】等基本信息，在【买入数量】文本框中输入"300"。

第5步 单击【确定买入】按钮，弹出【交易成功】对话框，单击【OK】按钮即可。

在股城模拟炒股平台上模拟股票实时卖出的具体操作步骤如下。

第1步 在股城模拟炒股平台界面下方的工具栏中，单击【实时卖出】按钮，即可打开【实时卖出】面板。

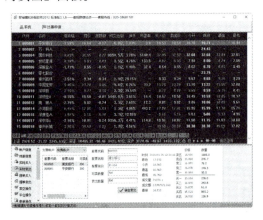

第2步 在【实时卖出】面板的股票列表中单击要卖出的股票，即可在其右侧出现该股票的股票代码、股票名称等信息，在【卖出数量】文本框中输入数量"300"，单击【确定卖出】按钮。

第3步 弹出【交易成功】对话框，单击【OK】按钮即可完成实时卖出股票。

9.2.2 网上理财

股市市场变化莫测，风险较大，而且需要花费很多的时间去关注，很多忙碌的年轻人却没有这么多时间去关注股市，因此不少人就选择了更为省心的理财方式，那就是网上购买基金。

1. 网上银行中的基金开户

在网上银行中开通基金账户是进行网上基金交易的首要条件，在开通基金账户之前，投资者必须拥有一个银行的活期卡账户。例如，投资者想要在交通银行的网上银行中开通基金账户，必须先申请一张交通银行的活期卡，这就需要到交通银行的柜台前填写有关申请单、办理相关手续，获取银行卡号，然后再到网上银行中进行相关的设置。

下面就以已经申请好银行账户为例，来介绍在交通银行开通基金账户的操作步骤。

第1步 进入交通银行首页，单击【个人网上银行大众版】按钮，进入【个人银行理财大众版】主页。

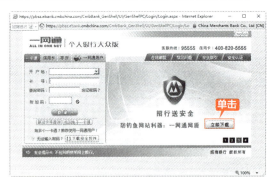

第2步 单击页面右侧的【立即下载】按钮，弹出【一网通网盾】页面，在其中介绍了为何在使用网上银行之前必须安装一网通网盾的原因。

第 9 章
便利生活——网络的生活服务

第3步 单击任意一个下载链接，下载并安装一网通网盾。

第4步 在安装好一网通网盾之后，在大众版登录页面中输入卡号、密码和附加码等信息。

第5步 单击【登录】按钮，登录到个人银行大众版页面中，在其中可以看到该页面集中了银行账户管理、各种投资理财账户管理、贷款管理、自助缴费、网上支付等多种功能。

第6步 单击页面左下角的【基金首页】选项，进入【基金首页】页面。如果是第一次使用该基金管理页面，应该首先开通该网银账号的基金理财专户，单击页面中的【网上开户】按钮，进入开户页面，在其中输入各种信息，带"*"号的是必须填写的内容。

第7步 在设置好各种信息后，单击【确定】按钮，即可开通成功。返回到基金首页，在其中输入理财专户密码，再单击【确定】按钮，即可进入基金账户页面。

2. 网上银行申购

在网上银行申购基金的操作非常简单，这为很多初学基金理财的人带来了极大的方便，本节就来介绍如何在招商银行的网上银行中申购基金，其具体的操作步骤如下。

第1步 进入招商银行的网上银行基金首页，单击【基金产品】选项卡，进入基金产品页面。

· 235 ·

第2步 单击【购买】链接，进入【基金申购】页面，在【理财专户购买】文本框中输入购买的金额，单击【确定】按钮。

第3步 进入【购买确认】页面，在其中查看购买的基金名称、交易币种、理财专户余额、申购金额汇总等，单击【确定】按钮。

第4步 弹出一个信息提示框，提示用户所填写的资料是否正确无误。如果确认无误，则单击【确定】按钮，打开【申购基金交易以受理】页面，在其中提示用户交易委托已经接受。

第5步 返回到网上银行基金首页之中，单击【交易申请】按钮，进入交易申请页面，在其中可以查看用户最近提交的基金购买或赎回申请。如果已经交易成功，则不会显示在该窗口中，如果还未交易成功，则会在显示在该窗口中，且状态是"在途申请"。

3. 基金赎回

当购买了几只基金后，如果觉得是赎回的时机了，就可以通过网上银行进行基金赎回操作了。具体的操作步骤如下。

第1步 进入网上银行的基金首页，选择【我的账户】选项卡，在其中可以看出投资者所购买的基金收益情况，单击【赎回】按钮。

第2步 打开【验证专户密码】对话框，在其中进行理财专户的验证，单击【确定】按钮。

第3步 进入【赎回】页面，在其中输入赎回的份数，单击【确定】按钮。

第4步 弹出一个信息提示框，提示用户所填写的资料是否正确无误。如果确认无误，单击【确定】按钮，打开【赎回基金交易已受理】页面，提示用户交易委托已经受理。

第 9 章
便利生活——网络的生活服务

第5步 另外，在基金赎回后，如果长期不再购买该基金公司的基金的话，就可以关闭该基金公司的理财账户了。在基金首页中单击【基金账户】选项卡，进入基金账户页面。

第7步 弹出一个信息提示框，提示用户确定要关闭该基金账户吗？单击【确定】按钮，打开如下图所示页面，提示用户基金公司关户交易已经受理。

第6步 单击基金前的【关户】链接，进入【关户】页面，单击【确定】按钮。

9.3 实战 3：网上购物

网上购物就是通过互联网检索商品信息，并通过电子订购单发出购物请求，然后进行网上支付，厂商通过邮购的方式发货，或是通过快递公司送货上门。

9.3.1 在淘宝购物

要想在淘宝网上购买商品，首先要注册一个账号，才可以以淘宝会员的身份在其网站上进行购物，下面介绍如何在淘宝网上注册会员并购买物品。

1. 注册淘宝会员

第1步 启动 Microsoft Edge 浏览器，在地址栏中输入"http://www.taobao.com"，打开淘宝网首页。

第2步 单击页面左上角的【免费注册】按钮，打开【注册协议】工作界面。

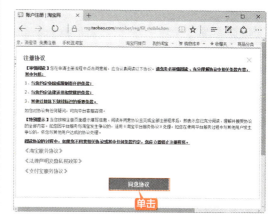

· 237 ·

第3步 单击【同意协议】按钮，打开【设置用户名】页面，输入手机号码，并拖动滑块进行验证。

第4步 单击【下一步】按钮，打开【验证手机】页面，在其中输入淘宝网发给手机的验证码。

第5步 单击【确认】按钮，打开【填写账号信息】页面，在其中输入相关的账户信息。

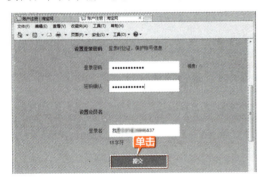

第6步 单击【提交】按钮，打开【用户注册】页面，在其中提示用户注册功能。

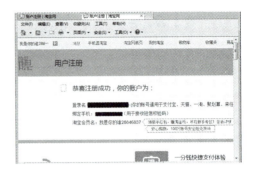

第7步 打开淘宝网用户登录界面，在其中输入淘宝网的账号与登录密码。

第8步 单击【登录】按钮，即可以会员的身份登录淘宝网上，这时可以在淘宝网首页的左上角显示登录的会员名。

2. 在淘宝网上购买商品

第1步 在淘宝网的首页搜索文本框中输入自己想要购买的商品名称，如这里想要购买一个手机壳，就可以输入"手机壳"。

第9章
便利生活——网络的生活服务

第2步 单击【搜索】按钮，弹出搜索结果页面，选择喜欢的商品。

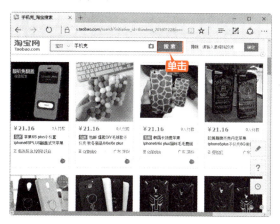

第3步 单击其图片，弹出商品的详细信息页面，在【颜色分类】中选择商品的颜色分类，并输入购买的数量。

第4步 单击【立刻购买】按钮，弹出发货详细信息页面，设置收货人的详细信息和运货方式，单击【提交订单】按钮。

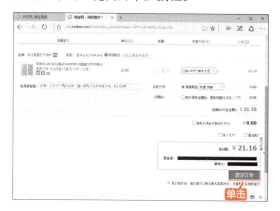

第5步 弹出【支付宝我的收银台】窗口，在其中输入支付宝的支付密码。

第6步 单击【确认付款】按钮，即可完成整个网上购物操作，并在打开的界面中显示付款成功的相关信息，下面只需要等待快递送货即可。

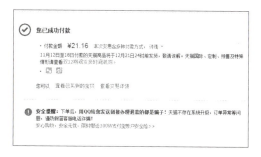

· 239 ·

9.3.2 在京东购物

京东商城网主要是做电子类的商品，为广大用户提供便利可靠的高品质网购专业平台，本节讲述如何在京东商城购买电子类商品。

具体的操作步骤如下。

第1步 启动 Microsoft Edge 浏览器，在地址栏中输入京东商城的网址"http://www.jd.com"，打开京东商城的首页。

第2步 单击页面上的【登录】按钮，打开京东商城的登录界面，在其中输入用户名和密码。

第3步 单击【登录】按钮，即可以会员的身份登录到京东商城。

第4步 在京东商城的搜索栏中输入想购买的电子商品，如这里想要购买一部华为品牌的手机，可以在搜索框中输入"华为手机"。

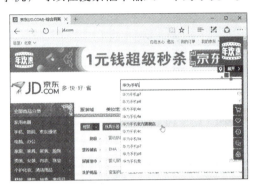

第5步 在搜索中选择相关的搜索关键字，这里选择【华为手机官方旗舰店】搜索关键字，即可进入华为手机在京东商城中的官方旗舰店中。

第6步 在官方旗舰店之中单击想要购买的华为手机图片，即可进入商品的详细信息界面，在其中可以查看相关的购买信息，以及商品的相关说明信息，如商品颜色、商品型号等。

第 9 章
便利生活——网络的生活服务

第7步 单击【加入购物车】按钮，即可将自己喜欢的商品放置到购物车中，这时可以去购物车当中结算，也可以继续到网站中选购其他的商品。

第8步 单击【去购物车结算】按钮，即可进入商品的结算页面，在其中显示了商品的价位、购买的数量等信息。

第9步 单击【去结算】按钮，进入【填写并核对订单信息】界面，在其中设置收货人的信息、支付的方式等信息。

第10步 单击【提交订单】按钮，进入【订单付款】界面，在其中可以选择付款的银行信息，最后单击【立即支付】按钮，即可完成在京东商城购买电子产品的相关操作。

9.3.3 在线购买火车票

现在很多的人会选择在网上购买火车票，这样方便又快捷，而且不用去排队，也避免出一些意外，不过，在线购买火车票一定要到官方网站之中，铁路部门唯一网络官方网址为"www.12306.cn"。

在线购买火车票的操作步骤如下。

第1步 启动 IE 11 浏览器，在地址栏中输入官方购票网站"www.12306.cn"，按下【Enter】键，打开该网站的首页。

第2步 在网页左侧的列表中选择【购票】超链接，进入【购买】界面，单击【登录】按钮。

· 241 ·

第3步 打开【登录】页面，在其中输入登录名与密码等信息。

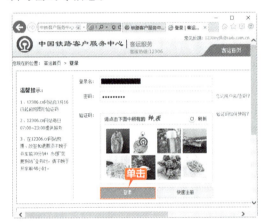

第4步 单击【登录】按钮，即可以会员的身份登录到购票网站中。

第5步 单击页面右上角的【车票预订】选项卡，进入【车票预订】页面，在其中输入车票的出发地、目的地与出发日期等信息。

第6步 单击【查询】按钮，即可查询出符号条件的火车票信息。

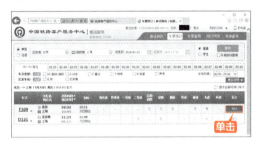

第7步 单击【预订】按钮，系统进入【列车信息】页面，在其中添加乘客信息。

第8步 单击【提交订单】按钮，弹出【请核对以下信息】提示框，在其中核实自己的车票信息。

第9步 如果没有错误，则可以单击【确定】按钮，进入【订单信息】页面，在其中可以查看自己的订单信息。

第 9 章
便利生活——网络的生活服务

第10步 单击【网上支付】按钮，按照网站的提示进行支付，即可完成在线购买车票的操作。

9.3.4 在线订购电影票

现在，电影业很发达，新片层出不穷，直接去电影院买票，价格很贵！有时就会选择网上买电影票，既便宜又方便。

在线订购电影票的操作步骤如下。

第1步 启动 Microsoft Edge 浏览器，在地址栏中输入可以购买电影票的网址，这里输入万达电影网站的网址"http://www.wandafilm.com/"，按下【Enter】键，打开万达电影的首页。

第2步 将地址定位到"北京"，然后选择【正在热映】选项卡下的电影信息，如这里选择【寻龙诀】图标，将鼠标定位到该电影的图标之上，并单击【去购票】按钮。

第3步 进入该电影的购票页面，在其中选择影院、日期等信息。

第4步 单击页面下方的【购票】按钮，打开【选择座位】页面，在其中选择座位信息。

· 243 ·

第5步 选择完毕后，在该页面的下方输入自己的手机号码、验证码等信息。

第6步 单击【下一步】按钮，进入【订单支付】页面，在其中可以看到电影票的总金额信息。

第7步 单击【继续支付】按钮，打开【选择支付方式】页面，在其中可以根据实际情况选择支付方法。

第8步 如这里选择【网银支付】，然后选择支付的银行，单击【确认无误支付】按钮，进入网上银行支付页面。

第9步 单击【下一步】按钮，在其中输入自己的银行信息，即可完成在线购买电影票的操作。

出行攻略——手机电脑协同，制定旅游行程

随着人们生活水平的提高，旅游已经成为人们休假当中首选的事情，而且自由旅游已经成为年轻一代追求的旅游方式，那么怎么才能做到使自己的旅游丰富而舒适呢，这就需要出行前制定好旅游行程了，本节就来介绍如何使用电脑与手机协同制作旅游行程。目前提供旅游计划服务的网站有很多，如携程旅游、去哪里儿网、驴妈妈旅游等，在这些网站中，用户可以很轻松地制作旅游行程，这里以"去哪儿网"为例，来介绍制作旅游行程的方法与技巧，如下图所示为在"去哪儿网"中制作的行程列表。

第 9 章
便利生活——网络的生活服务

1. 在电脑中制作旅游行程

第1步 以会员的身份登录到"去哪儿"网站,在页面的【旅行攻略】区域可以看到【创建行程】按钮。

第2步 单击【创建行程】按钮,进入【创建行程】页面。

第3步 在页面的左侧可以手动添加城市,还可以在右侧选择自己想要去的城市,如这里选择昆明。

第4步 单击页面中的【+】或【-】按钮,可以设置自己旅行的天数。

第5步 单击【开始编辑行程】按钮,进入编辑行程页面。

第6步 单击【添加】按钮,打开【添加地点】对话框,在其中输入行程中的地点名称,并选择类型与城市。

第9步 在打开的页面中可以看到自己制作的【昆明7日游】行程概览，这样就完成了添加旅游行程的操作。

第7步 单击【保存】按钮，返回到编辑行程页面，在其中可以看到添加的旅游景点与行程。

2. 使用手机团购网预订酒店

第1步 打开手机当中的团购网，这里以"美团"网为例进行介绍。

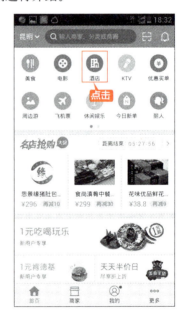

第8步 使用同样的方法添加这个城市中的其他景点，然后单击页面右上角的【完成】按钮。

第2步 点单页面当中的【酒店】连接，进入【酒店】界面，在其中选择入住的日期和离开的日期。

第9章
便利生活——网络的生活服务

第3步 点击【查找】按钮，即可查找出目前进行团购的酒店列表。

第5步 选择自己想要入住的房间类型，然后点击后面的【预订】按钮，进入房间预订页面，在其中根据团购网的提示输入银行卡或其他支付工具信息，进行支付即可完成酒店的预订。

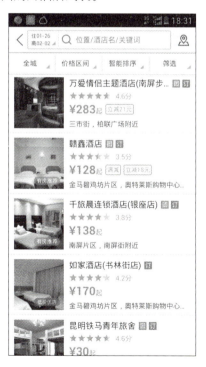

第4步 在其中找到自己想要入住的酒店，并点击该酒店的链接，即可进入【商家详情】页面。

· 247 ·

◇ 如何网上申请信用卡

信用卡除了去银行的营业厅申请外，也可以到网上申请，由于网上开通信用卡申请的银行很多，开通的方式也是大同小异的，所以下面就以一家银行为例，来介绍网上申请信用卡的操作步骤。

第1步 在银行的网站当中，找到信用卡申请服务功能模块。

第2步 单击【信用卡在线申请】超链接，进入【信用卡申请】页面，在其中输入页面提示的相关信息。单击【下一步】按钮。

第3步 打开【信用卡申请】协议页面，选中下方的复选框，表示愿意遵守相关协议，单击【下一步】按钮。

第4步 进入【基本资料】填写页面，在其中根据提示输入基本资料，单击【下一步】按钮。

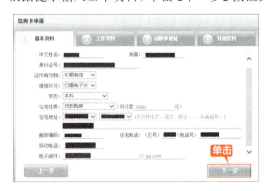

第5步 打开【工作资料】页面，在其中输入工作资料信息，单击【下一步】按钮。

第6步 进入【对账单地址】页面，在其中根据提示输入对账单的相关地址，单击【下一步】按钮。

第7步 打开【其他资料】页面，在其中根据提示输入其他资料，单击【下一步】按钮。

第 9 章
便利生活——网络的生活服务

第8步 打开【您的申请】页面，在其中可以查看自己的基本资料，并输入手机的验证码。单击【确认提交申请】按钮，即可完成信用卡的网上申请操作。

> **提示**
>
> 信用卡申请后，银行会通过客服联系用户，一般有两种情况：银行要求用户带上相关证件去营业厅办理，或者银行工作人员上门帮用户办理。只要身份等核实正确，用户符合开通信用卡的条件，那么用户的网上申请信用卡就算是真的成功了。

◇ 使用比价工具寻找最便宜的卖家

惠惠购物助手比价工具能够进行多站比价，显示历史价格曲线，寻找网上最便宜的卖家，将商品添加到"想买"清单后还可开通降价提醒，帮用户轻松省钱。

使用惠惠购物助手比价工具寻找最便宜卖家的操作步骤如下。

第1步 启用360安全浏览器，单击浏览器工作界面右上角的【扩展】按钮，在弹出的快捷菜单中选择【扩展中心】选项。

第2步 进入360安全浏览器的扩展中心页面，在其中选择【全部分类】选项，并在左侧的列表中选择【生活便利】选项，进入【生活便利】信息页面。

第3步 单击【惠惠购物助手】下方的【安装】按钮，即可安装惠惠购物助手。

第4步 安装完毕后，弹出一个信息提示框，提示用户是否要添加"惠惠购物助手"。

第5步 单击【添加扩展程序】按钮，即可将惠惠购物助手添加到360安全浏览器的扩展中。

第6步 重新启动360安全浏览器，在商品购

物页面中可以看到添加的惠惠购物助手,将鼠标指针放置在【其他7家报价】选项卡上,在弹出的界面中可以查看其他购物网站该商品的报价。

第7步 在商品详细信息页面的下方显示【惠惠购物助手】的工具条。

第8步 单击【更多报价】超链接,进入商品比价页面,在其中可以看到该商品在其他购物网站的详细报价信息。

第10章
影音娱乐——多媒体和网络游戏

本章导读

网络将人们带进了一个更为广阔的影音娱乐世界,丰富的网上资源给网络增加了无穷的魅力。无论是谁,都会在网络中找到自己喜欢的音乐、电影和网络游戏,并能充分体验高清的音频与视频带来的听觉、视觉上的享受。

思维导图

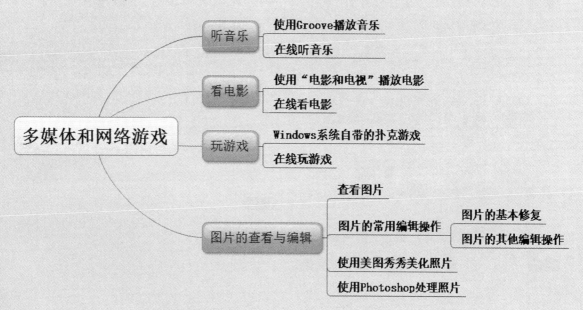

10.1 实战1：听音乐

在网络中，音乐一直是热点之一，只要电脑中安装有合适的播放器，就可以播放从网上下载的音乐文件，如果电脑中没有安装合适的播放器，还可以到专门的音乐网站听音乐。

10.1.1 使用Groove播放音乐

Windows 10系统在开始菜单里有Groove音乐功能，该功能可以播放音乐及搜索音乐，在用电脑时可以通过该功能播放自己喜欢的音乐。

使用Groove音乐功能播放音乐的操作步骤如下：

第1步 单击【开始】按钮，在弹出的【开始屏幕】中选择【Groove音乐】图标。

第2步 打开【Groove音乐】工作界面，即可显示本台电脑中的音乐文件。

第3步 单击任何一首音乐图标，即可进入该音乐的播放界面。

第4步 单击【播放】按钮，即可开始播放选中的音乐。

第5步 单击页面左侧的【歌曲】按钮，即可进入【歌曲】工作界面，在其界面中可以看到音乐文件列表。

第 10 章
影音娱乐——多媒体和网络游戏

第 8 步 单击【添加到】按钮，在弹出的下拉列表中选择【正在播放】选项。

第 6 步 单击【选择】按钮，即可弹出每个音乐文件的选择复选框。

第 7 步 选中想要播放的音乐文件复选框。

第 9 步 随即将选中的音乐文件添加到正在播放列表中。

第 10 步 单击【全部随机播放】按钮，即可随播放所有的音乐文件。

10.1.2 在线听音乐

要想在网上听音乐，最常用的方法就是访问音乐网站，然后单击想要听的音乐的超链接，就可以在网上欣赏美妙的音乐了。

1. 主流音乐网站

百度音乐：百度音乐是一个搜索引擎，主要提供用户搜索歌曲，在该网站中用户可以便捷地找到最新、最热的歌曲，同时查看更丰富、权威的音乐排行榜。

一听音乐网：一听音乐网（www.1ting.com）是一个在线音乐网站，融正版音乐、原创歌曲平台、网络电台为一体，拥有丰富的正版音乐库、原创歌曲展示平台和精彩纷呈的电台节目。一听音乐追求完美的音乐享受，关注听友的耳朵与心灵，推崇无处不音乐的生活方式，引领全新音乐娱乐方式。

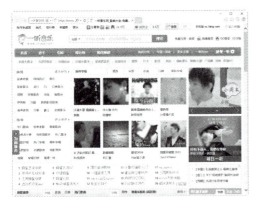

2. 在音乐网站上听音乐

大部分音乐网站都收录了数万首歌曲、音乐等，那么如何才能在众多的歌曲中找到自己喜欢的歌曲呢？下面具体介绍一下如何在音乐网站上查找自己喜欢的歌曲。

具体的操作步骤如下。

第1步 打开IE浏览器，在地址栏中输入音乐网站的网址，这里输入一听音乐网网站的网址"www.1ting.com"，然后按下【Enter】键，即可打开一听音乐网首页。

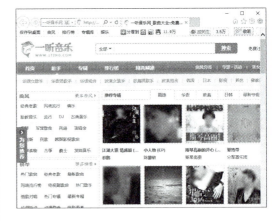

第2步 在页面的【搜索】文本框中输入自己喜欢的歌曲的名称，如这里输入"青花瓷"。

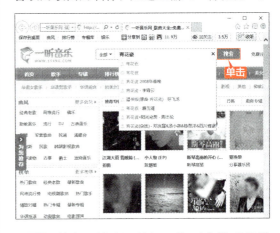

第3步 单击【搜索】按钮，即可在搜索结果页面中列出有关"青花瓷"的歌曲。

第 10 章
影音娱乐——多媒体和网络游戏

第4步 在搜索结果列表中选中想要听的歌曲复选框，单击【播放】按钮，即可在打开页面中试听音乐。

3. 在音乐软件中听音乐

酷狗音乐盒是一款很受欢迎的音乐下载免费播放软件，功能非常强大，可自动下载歌曲、在线播放音乐等，并支持多种格式的音乐。

使用酷狗音乐盒收听音乐的操作步骤如下。

第1步 双击下载的酷狗音乐安装程序，即可打开【酷狗音乐8】的安装界面。

第2步 单击【自定义安装】链接，打开【自定义安装】界面，在其中设置酷狗音乐的安装目录。

第3步 单击【立即安装】按钮，即可开始安装酷狗音乐，并显示安装的进度。

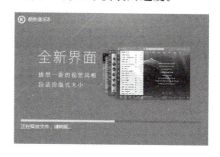

第4步 安装完毕后，酷狗音乐将自动弹出【安装成功】界面。

第5步 单击【立即体验】按钮，即可打开酷狗音乐的工作界面，在其中可以看到相关的功能区域。

第6步 单击【全部播放】按钮，即可开始播放新歌首发当中的音乐文件。

第7步 在酷狗音乐主窗口中的【搜索】文本框中输入喜欢的歌曲或歌手，如这里输入"青花瓷"。

第8步 单击【搜索】按钮，即可将有关"青花瓷"的歌曲搜索出来。

第9步 在搜索结果中选择每首歌曲前面的复选框，或单击窗口上面的复选框，选中所有的歌曲。

第10步 单击【添加】按钮，即可将选中的歌曲添加到播放列表中。

第11步 单击【播放】按钮，即可开始播放列表中的音乐，并在下面显示相关的歌词信息。

10.2 实战2：看电影

以前看电影要到电影院，而且节目固定，但自从有了网络，人们就可以在线看电影了，而且不受时间与地点的限制，同时节目丰富，甚至可以观看世界各地的电影。

第 10 章
影音娱乐——多媒体和网络游戏

10.2.1 使用"电影和电视"播放电影

Windows 10 系统中新增了全新的电影和电视应用，这个应用可以给用户提供更全面的视频服务，使用"电影和电视"播放电影的操作步骤如下。

第1步 在电脑中找到电影文件保存的位置，并打开该文件夹。

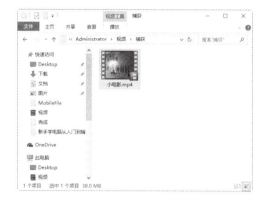

第2步 选中需要播放的电影文件，右击鼠标，在弹出的快捷菜单中选择【电影和电视】选项。

第3步 即可在【电影和电视】应用中播放电影文件。

10.2.2 在线看电影

在网页中除了可以观看视频外，还可以看电影，这里以在优酷网中看电影为例，在网页中看电影的具体操作步骤如下。

第1步 打开 IE 浏览器，在地址栏中输入优酷网网址"www.youku.com"，然后按下【Enter】键，即可进入优酷网主页。

第2步 单击【电影】按钮，进入优酷电影页面。

第3步 在【搜索】文本框中输入自己想要看

的电影名称,如这里输入"龙凤店"。单击【搜索】按钮,即可在打开的页面中查看有关"龙凤店"的电影搜索结果。

第4步 单击需要观看的电影,即可在打开的页面中观看该电影。

10.3 实战3:玩游戏

网络游戏已经成为大多数年轻人休闲娱乐的方式,目前,网络游戏非常多,常用的网络游戏主要可以分为棋牌类游戏、休闲类小游戏、在线网络游戏等类型。

10.3.1 Windows 系统自带的扑克游戏

蜘蛛纸牌是 Windows 系统自带的扑克游戏,该游戏的目标是以最少的移动次数移走玩牌区的所有牌。根据难度级别,牌由 1 种、2 种或 4 种不同的花色组成。纸牌分 10 列排列,每列的顶牌正面朝上,其余的牌正面朝下,其余的牌叠放在玩牌区右下角。

蜘蛛纸牌的玩法规则如下。

(1)要想赢得一局,必须按降序从 K 到 A 排列纸牌,将所有纸牌从玩牌区移走。

(2)在中级和高级中,纸牌的花色还必须相同。

(3)在按降序成功排列纸牌后,该列纸牌将从玩牌区飞走。

(4)在不能移动纸牌时,可以单击玩牌区底部的发牌叠,系统就会开始新一轮发牌。

(5)不限制一次仅移动一张牌。如果一串牌花色相同,并且按顺序排列,则可以像对待一张牌一样移动它们。

启动蜘蛛纸牌游戏的具体操作步骤如下。

第1步 单击【开始】按钮,在弹出的【开始屏幕】中单击【Microsoft Solitaire Collection(微软纸牌集合)】图标。

第 10 章
影音娱乐——多媒体和网络游戏

第2步 进入【Microsoft Solitaire Collection】（微软纸牌集合）窗口，提示用户欢迎玩 Microsoft Solitaire Collection，单击【确定】按钮。

第3步 进入【Microsoft Solitaire Collection】窗口。

第4步 单击【Spider】（蜘蛛纸牌）图标，弹出【蜘蛛纸牌】窗口。

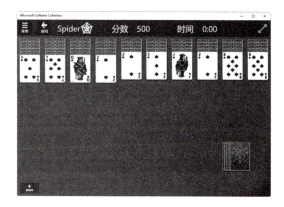

第5步 单击【菜单】按钮，在弹出的下拉列表中选择【游戏选项】选项，在打开的【游戏选项】界面中可以对游戏的参数进行设置。

> **提示**
> 如果用户不知道该如何移动纸牌，可以选择【菜单】→【提示】命令，系统将自动提示用户该如何操作。

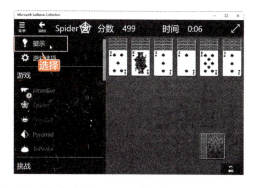

第6步 按降序从 K 到 A 排列纸牌，直到将所有纸牌从玩牌区移走。

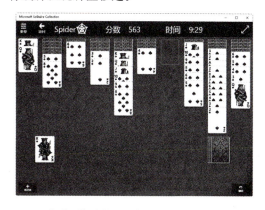

第7步 根据移牌规则移动纸牌，单击右下角的列牌可以发牌。在发牌前，用户需要确保没有空档，否则不能发牌。

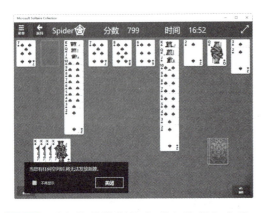

第 9 步 飞舞效果结束后,将会弹出【恭喜】页面,在其中显示用户的分数、玩游戏的时间、排名等信息。

第 8 步 所有的牌按照从大到小排列完成后,系统会弹出飞舞的效果。

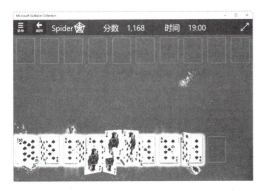

第 10 步 单击【新游戏】按钮,即可重新开始新的游戏。单击【主页】按钮,即可退出游戏返回到【Microsoft Solitaire Collection】窗口。

10.3.2 在线玩游戏

斗地主是大多数人都比较喜欢的在线多人网络游戏,其趣味性十足,且不用太多的脑力,是游戏休闲最佳的选择,下面就以在 QQ 游戏大厅中玩斗地主为例,来介绍一下在 QQ 游戏大厅玩游戏的步骤。

第 1 步 在 QQ 登录窗口中单击【QQ 游戏】按钮。

第 3 步 登录完成后,即可进入 QQ 游戏大厅。

第 2 步 随即打开【QQ 游戏】登录对话框,在其中提示用户正在登录游戏大厅。

第 4 步 在 QQ 游戏大厅左侧的窗格中选择【欢乐斗地主】选项,进入欢乐斗地主页面。

第10章
影音娱乐——多媒体和网络游戏

第8步 在左侧列表中选择想要进入的房间，即可进入游戏房间窗口。

第5步 单击【开始游戏】按钮，弹出【下载管理器】对话框，在其中显示欢乐斗地主的下载进度。

第6步 下载完成后，系统开始自动安装欢乐斗地主程序，并显示安装的进度。

第7步 当游戏下载并安装完毕后，系统自动进入欢乐斗地主窗口。

第9步 单击页面中的【快速加入游戏】按钮，这样就可以开始欢乐斗地主了。

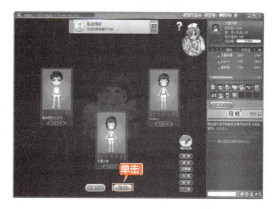

第10步 单击【开始】按钮，即可开始QQ斗地主。

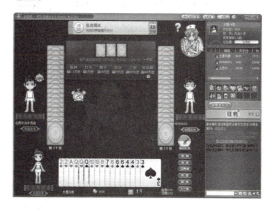

| 提示 |

在QQ游戏大厅中还有其他类型的游戏，用户可以按照玩斗地主的方法下载并开始游戏。

10.4 实战4：图片的查看与编辑

Windows 10 操作系统自带的照片功能，给用户带来了全新数码体验，该软件提供了高效的图片管理，数码照片管理、编辑、查看等功能。

10.4.1 查看图片

使用照片查看图片的操作步骤如下。

第1步 单击【开始】按钮，在弹出的【开始屏幕】中选择【所有应用】→【照片】选项。

第2步 启动照片功能，在该窗口中可以查看本台电脑中的图片，并显示图片文件的建立日期。

第3步 单击图片，即可显示图片放大后的效果。

第4步 选择【照片】窗口左侧的【相册】选项，进入【相册】页面，则照片会自动为用户创建相册。

第5步 单击【保存的图片】图标，即可以相册的形式查看图片。

第 10 章
影音娱乐——多媒体和网络游戏

10.4.2 图片的常用编辑操作

在照片中编辑图片的具体操作步骤如下。

1. 图片的基本修复

第1步 在打开的【照片】窗口中单击需要编辑的图片，以放大的形式显示图片。

第2步 单击【编辑】按钮 ✏️，进入图片编辑状态。

第3步 单击【照片】窗口左侧的【基本修复】按钮，进入【基本修复】窗口，单击【增强】按钮，可以为图片添加增强效果。

第4步 单击【旋转】按钮，可以旋转图片。

第5步 单击【剪裁】按钮，进入图片剪裁模式，使用鼠标拖动显示的矩形边框，可以更改剪裁的范围。

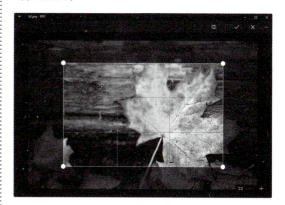

第6步 按下【Enter】键，确认剪裁。

第7步 单击【拉直】按钮，进入图片【拉直】编辑模式，拉直完成后，按下【Enter】键，确认拉直操作。

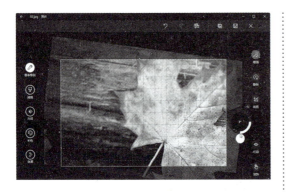

> **提示**
>
> 在【基本修复】工作界面中，用户还可以对图片进行红眼和润饰操作，操作比较简单，这里不再赘述。

2. 图片的其他编辑操作

第1步 在图片编辑工作界面中单击【滤镜】按钮，在窗口的右侧可以选择图片滤镜效果。

第2步 单击【光线】按钮，进入图片光线编辑界面。

第3步 单击【亮度】按钮，在打开的圆圈中，选中白色圆圈并单击，拖动鼠标可以对图片的亮度进行设置。

第4步 使用相同的方法可以对图片光线中的【对比度】、【阴影】和【突出显示】进行设置。

第5步 单击【彩色】按钮，进入【彩色】编辑界面，在其中可以对图片的【温度】、【色调】、【饱和度】和【增强色彩】进行设置。

第6步 单击【效果】按钮，进入图片的效果编辑界面，在其中可以对图片的【晕影】和【选择性聚焦】进行设置。

第 10 章
影音娱乐——多媒体和网络游戏

第 7 步 图片的编辑操作完成后，单击【保存为副本】按钮。

第 8 步 编辑后的图片以副本方式保存到文件夹中，这样不会把原图片覆盖掉。

10.4.3 使用美图秀秀美化照片

美图秀秀是一款很好用的免费图片处理软件，能够一键式轻松打造各种影楼艺术照，强大的人像美容，可祛斑祛痘、美白等。

使用美图秀秀美化照片的操作步骤如下。

第 1 步 双击桌面上的【美图秀秀】快捷图标，即可打开【美图秀秀】工作界面。

第 2 步 单击【美化图片】按钮，进入【美化】工作界面。

第 3 步 单击【打开一张图片】按钮，打开【打开图片】对话框，在其中选择需要美化的图片。

第4步 单击【打开】按钮,将选中的图片在美图秀秀当中打开,通过调整图片的亮度、对比度、色彩饱和度等参数可以美化图片。

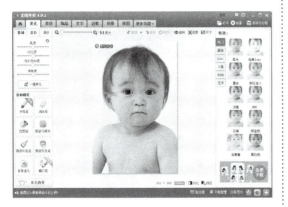

第5步 选择【美容】选项,进入美图秀秀的【美容】工作界面,可以对图片的皮肤、眼部等部位进行美化操作。

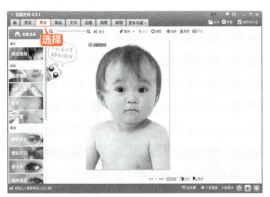

第6步 选择【饰品】选项卡,进入【饰品】设置界面,在其中可以为图片添加饰品元素。

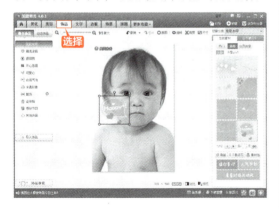

第7步 选择【文字】选项卡,进入【文字】设置界面,在其中可以为图片添加文字效果。

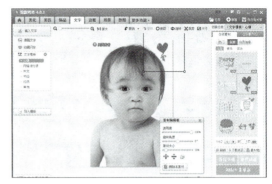

第8步 选择【边框】选项卡,进入【边框】设置界面,在其中可以为图片添加边框效果。

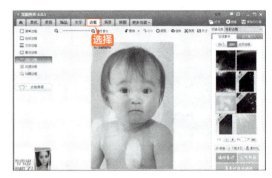

第9步 选择【场景】选项卡,进入【场景】设置界面,在其中可以为图片添加场景效果,单击【确定】按钮。

第10步 返回到【美图秀秀】工作界面,在其中单击【保存并分享】按钮,即可保存美化后的照片。

第 10 章
影音娱乐——多媒体和网络游戏

10.4.4 使用 Photoshop 处理照片

Photoshop 是专业的图形图像处理软件，使用 Photoshop 可以处理照片，下面利用【快速选取工具】和【自由变换】等命令来制作儿童相册页。

具体操作步骤如下。

第1步 打开随书光盘中的"素材\ch10\儿童 01.jpg"和"儿童 02.jpg"儿童相册。

第2步 选择"儿童 01"图像，选择【快速选择工具】，在背景区域单击，选取背景。

第3步 在【图层】面板上，双击背景图层对背景图层进行解锁，按【Delete】键删除背景，然后按【Ctrl+D】组合键，取消选区。

第4步 使用同样的方法去除素材"儿童 02"的背景。

第5步 打开随书光盘中的"素材\ch10\相册页.psd"素材，选择【移动工具】将去除背景的"儿童 01"和"儿童 02"拖曳到相册文档中。

第6步 按住【Ctrl+T】组合键分别调整"儿童 01"和"儿童 02"的位置和大小，并调整图层顺序。

第7步 设置前景色为粉色（C：0、M：40、Y：0、

K：0），选择【画笔工具】并在属性栏中进行如下图所示的设置，选择枫叶图案。

第8步 新建一个图层，在图像中拖动鼠标，绘制如下图所示的图像，儿童相册页制作完成。

> **提示**
>
> 在制作儿童相册时，在制作风格上要以活泼为主，添加一些小动物的图案或者花花草草之类的图案，以符合小朋友的心理。

将喜欢的音乐/电影传输到手机中

在电脑上下载的音乐或电影只能在电脑上收听或观看，如果用户想要把音乐或电影传输到手机中，进而随时随地都能享受音乐或电影带来的快乐，该如何处理呢？本节就来介绍如何将电脑上的音乐或电影传输到手机中。目前，几乎任何一部智能手机都能随时随地进行网络连接，这样用户就可以利用无线网络来实现电脑与手机的相互连接，进而传输数据，不过这种方法需要借助第三方软件来完成，如 QQ 软件、微信等，如下图所示为电脑与手机进行无线传输数据的效果。

另外，使用数据线也可以实现电脑与手机的数据传输，这种方法所用到的原理是将手机转换为移动存储设备来完成，如下图所示为手机转换成移动存储设备在电脑中的显示效果，其中 U 盘 (I:) 和 U 盘 (J:) 就是手机

转换成 U 盘之后在电脑当中显示的效果。

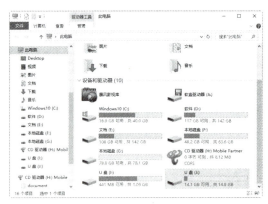

将喜欢的音乐或电影传输到手机当中的操作步骤如下。

1. 使用无线网络进行传输

第1步 打开 QQ 登录界面，单击【我的设备】

第 10 章
影音娱乐——多媒体和网络游戏

选项，展开我的设备列表。

第 2 步 双击【我的 Android 手机】选项，即可打开如下图所示的界面。

第 3 步 单击【选择文件发送】按钮，打开【打开】对话框，在其中找到想要发送的音乐或电影文件。

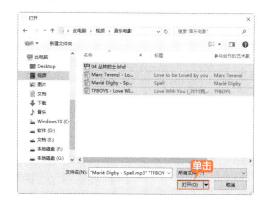

第 4 步 单击【打开】按钮，返回到如下图所示的界面，在其中可以看到添加的音乐或电

影文件，并显示发送的速度。

第 5 步 在手机当中登录到自己的 QQ 账户当中，即可显示如下图所示的温馨提示信息。

第 6 步 在手机中点击【全部下载】按钮，即可开始下载从电脑中传输过来的音乐或电影文件。

第7步 下载完毕，即可完成将电脑中的音乐或电影传输到手机中的操作。

2. 使用数据线进行传输

第1步 使用数据线将手机连接到电脑中，然后在电脑中打开需要传输的音乐或电影所在的文件夹。

第2步 选中需要传输的音乐或电影并单击鼠标右键，在弹出的快捷菜单中选择【复制】命令。

第3步 在电脑中打开手机转换成 U 盘后的盘符，并找到保存音乐文件的文件夹，将其打开，然后在空白处右击，在弹出的快捷菜单中选择【粘贴】选项。

第4步 打开粘贴提示框，在其中显示了文件完成的进度。

第5步 完成之后，即可在 U 盘当中查看复制之后的音乐或电影。

第6步 将手机与电脑断开连接，在手机中打开音乐播放器，即可打开如下图所示的界面。

第7步 使用手机点击【本地歌曲】按钮，即可在【本地歌曲】界面中查看复制之后的音乐文件。

第 10 章
影音娱乐——多媒体和网络游戏

第8步 点击任何一首音乐，即可在手机中播放选中的音乐，这样就完成了将电脑中的音乐或电影传输到手机中的操作。

◇ 将歌曲剪辑成手机铃声

有时遇到一首好听的音乐，但是前奏太长，设置成铃声通常只能听到前奏，那么如何才能将音乐直接剪辑到高潮呢？下面介绍一种将歌曲剪辑成手机铃声的方法，具体的操作步骤如下。

第1步 双击桌面上的【酷狗音乐】快捷图标，打开【酷狗音乐】工作界面。

第2步 单击工作界面左侧的【更多】按钮，打开【更多】功能设置界面。

第3步 单击【铃声制作】图标按钮，打开【酷狗铃声制作专家】对话框。

第4步 单击【添加歌曲】按钮，打开【打开】对话框，在其中选择一首歌曲。

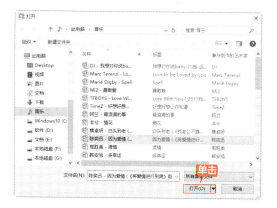

第5步 单击【打开】按钮，返回到【酷狗铃声制作专家】对话框中。

第6步 单击【设置起点】和【设置终点】按钮，设置铃声的起点和终点。

第7步 在【第三步，保存设置：】设置区域中单击【铃声质量】右侧的【默认】下拉按钮，在弹出的下拉列表中选择铃声的质量。

第8步 设置完毕，单击【保存铃声】按钮，打开【另存为】对话框，在其中输入铃声的名称，并选择铃声保存的类型。

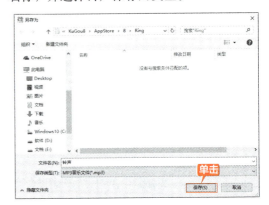

第9步 单击【保存】按钮，打开【保存铃声到本地进度】对话框，在其中显示了铃声保存的进度。

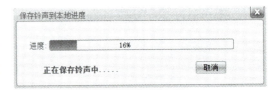

第10步 保存完毕，会在【保存铃声到本地进度】对话框的下方显示【铃声保存成功】的信息提示框，单击【确定】按钮，关闭对话框。

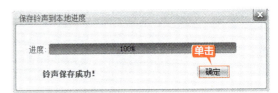

◇ **电影格式的转换**

有时，用户的手机不支持电影的某种格式，如果需要将这个电影放到手机或 MP4 当中播放，这就需要将电影的格式转换成手机或 MP4 支持的格式。

转换电影格式的操作步骤如下：

第1步 双击桌面上的【QQ影音】快捷图标，打开【QQ影音】工作界面。

第 10 章
影音娱乐——多媒体和网络游戏

第2步 单击【影音工具箱】按钮，在弹出的【影音工具箱】面板中单击【转码】按钮。

第3步 打开【音视频转码】对话框。

第4步 单击【添加文件】按钮，打开【打开】对话框，在其中选择需要转码的电影文件。

第5步 单击【打开】按钮，返回到【音视频转码】对话框中，在下方的窗格中可以看到添加的电影文件。

第6步 单击【输出设置】区域中的【魅族】右侧的下拉按钮，在弹出的下拉列表中选择需要的手机类型，如这里选择【三星】选项。

第7步 单击右侧型号下拉按钮，在弹出的型号列表中选择手机型号。

第8步 设置完毕，单击【参数设置】按钮，打开【参数设置】对话框，在其中对电影的视频参数、音频参数等选项进行设置。

第9步 设置完毕，单击【确定】按钮，返回到【音视频转码】对话框中。

第10步 单击【开始】按钮，即可开始进行电影格式的转换，并显示转换的进度。

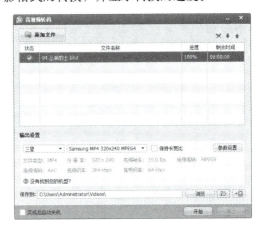

第11步 转换完成后，单击【打开输出文件目录】按钮，即可打开转换之后文件保存的文件夹，在其中可以看到电影格式转换后的文件。

第 11 章
通信社交——网络沟通和交流

本章导读

随着网络技术的发展,目前网络通信社交工具有很多,常用的包括 QQ、微博、微信、电子邮件等,本章就来介绍这些网络通信工具的使用方法与技巧。

思维导图

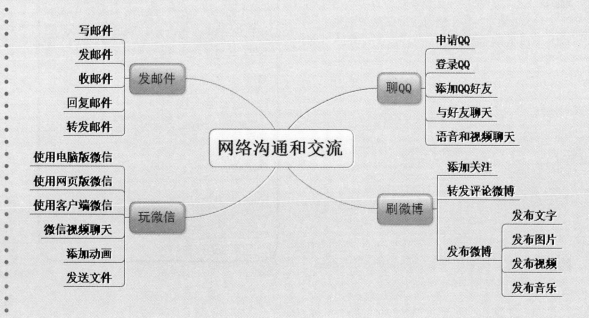

11.1 实战1：聊 QQ

腾讯 QQ 是一款即时寻呼聊天软件，支持显示朋友在线信息、即时传送信息、即时交谈、即时传输文件。另外，QQ 还具有发送离线文件、超级文件、共享文件、QQ 邮箱、游戏等功能。

11.1.1 申请 QQ

要想使用 QQ 软件进行聊天，首先需要做的是安装并申请 QQ 账号，其中安装 QQ 软件与安装其他普通的软件一样，按照安装程序的提示一步一步地安装即可，这里不再赘述，下面具体介绍申请 QQ 账号的操作步骤。

第1步 双击桌面上的 QQ 快捷图标，即可打开【QQ】对话框。

第2步 单击【注册账号】按钮，即可进入【注册账号】页面，在其中输入注册账号的昵称、密码、手机号码等信息。

第3步 单击【提交注册】按钮，即可成功注册一个 QQ 账号。

| 提示 |

如果用户想要使用邮箱注册 QQ 账号，这时可以选择 QQ 注册页面左侧的【邮箱账号】选项，在打开的页面中输入相关邮箱账号、昵称等信息，最后单击【提交注册】按钮，可以成功申请一个邮箱 QQ 账号。

11.1.2 登录 QQ

申请完 QQ 账号后,用户即可登录自己的 QQ。具体操作步骤如下。

第1步 双击桌面上的 QQ 快捷图标,即可打开【QQ】对话框,输入申请的账号和密码,单击【登录】按钮。

第2步 验证信息成功后,即可登录到 QQ 的主界面。

11.1.3 添加 QQ 好友

将朋友的 QQ 号码加到自己的 QQ 中,才可以进行聊天,添加 QQ 好友的操作步骤如下。

第1步 在 QQ 的主界面中,单击【查找】按钮。

第2步 打开【查找】对话框,在【查找】对话框上方的文本框中输入账号或昵称。

第3步 单击【查找】按钮,即可在下方显示出好友的相关信息。

第4步 单击【好友】按钮,弹出【添加好友】对话框,在其中输入验证信息。

第5步 单击【下一步】按钮，在打开的对话框中可以备注好友的姓名，然后将该好友进行分组。

第6步 单击【下一步】按钮，即可将该申请加入好友信息发送给对方，然后单击【完成】按钮，关闭【添加好友】对话框。

第7步 当把添加好友的信息发送给对方后，对方好友的QQ账号下方会弹出验证消息的相关提示信息。

第8步 单击【同意】按钮，弹出【添加】对话框，在其中输入备注姓名和选择分组信息。

第9步 单击【确定】按钮，即可完成好友的添加操作，在【验证消息】对话框中显示已同意信息。

第10步 这时QQ程序自动弹出与对方进行会话的对话框。

第 11 章
通信社交——网络沟通和交流

11.1.4 与好友聊天

收发信息是QQ最常用和最重要的功能，实现信息收发的前提是用户拥有一个自己的QQ号和至少有一个发送对象（即QQ好友）。

给好友发送文字信息的具体操作步骤如下。

第1步 在QQ界面上选择需要聊天的好友头像，右击并在弹出的快捷菜单中选择【发送即时消息】命令，用户也可以双击。

第2步 弹出【即时聊天】对话框，输入发送的文字信息，单击【发送】按钮，即可将文字聊天信息发送给对方。

第3步 在【即时聊天】对话框中单击【选择表情】按钮，弹出系统默认表情库。

第4步 选择需要发送的表情，如【握手】图标。

第5步 单击【发送】按钮，即可发送表情。

第6步 用户不仅可以使用系统自带的表情，还可以添加自定义的表情，单击【表情设置】按钮，在弹出的下拉列表中选择【添加表情】选项。

第7步 打开【打开】对话框，选择自定义的图片。

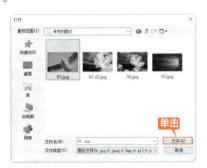

第8步 单击【打开】按钮，打开【添加自定义表情】对话框，在其中选择将自定义表情放置的位置，这里选择【我的收藏】选项，单击【确定】按钮。

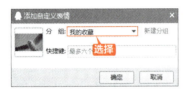

第9步 关闭【添加自定义表情】对话框，返

回到【即时聊天】对话框之中，单击【表情】按钮，在弹出的表情面板中可以查看添加的自定义表情。

第10步 单击想要发送给好友的表情，然后单击【发送】按钮，即可将该表情发送给好友。

11.1.5 语音和视频聊天

QQ软件不仅可使用户通过手动输入文字和图像的方式与好友进行交流，还可通过声音和视频进行信息沟通。在双方都安装了声卡及其驱动程序，并配备音箱或者耳机、话筒、摄像头的情况下，才可以进行语音和视频聊天。

语音和视频聊天的具体操作步骤如下。

第1步 双击要进行语音聊天的QQ好友头像，在【聊天】对话框中单击【发起语音通话】按钮。

第2步 软件即可向对方发送语音聊天请求，

如果对方同意语音聊天，会提示已经和对方建立了连接，此时用户可以调节麦克风和扬声器的音量大小，进行通话即可。如果要结束语音对话，则单击【挂断】按钮，即可结束语音聊天。

第 11 章
通信社交——网络沟通和交流

第3步 双击要进行视频聊天的QQ好友头像，在弹出【聊天】对话框中单击【发起视频通话】按钮，即可向对方发送视频聊天请求。

果没有安装好摄像头，则不会显示任何信息，但可以语音聊天。

第5步 如果要结束视频，单击【挂断】按钮即可实现结束视频聊天。

第4步 如果对方同意视频聊天，会提示已经和对方建立了连接并显示出对方的头像，如

11.2 实战 2：刷微博

微博，也被称为微博客（MicroBlog），是一个基于用户关系的信息分享、传播及获取的平台，用户可以通过手机客户端、网络及各种客户端组件实现即时信息的分享。本节以腾讯微博为例来介绍使用微博的方法与技巧。

11.2.1 添加关注

腾讯微博账号与自己的QQ号可以连接，使用QQ号码可以登录腾讯微博，然后在微博当中添加关注、转发微博、评论微博和发布微博。

在腾讯微博中添加关注的操作步骤如下。
第1步 在QQ登录界面中单击【更多】按钮，在弹出的列表中单击【微博】图标。

第3步 在页面的右侧中间，用户可以看到【推荐收听】模块，在其中显示了可以关注的对象。

第2步 即可登录到自己的微博页面。

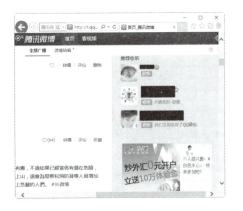

播的信息，这里的收听与关注功能是一样的。

第4步 单击【收听】按钮，即可收听对方广

11.2.2 转发评论微博

当看到自己收听的广播有需要转发和评论的微博后，用户可以转发并评论，具体的操作步骤如下。

第1步 登录到自己的微博页面，在页面的下方显示的就是自己所收听的广播信息。

第2步 单击广播信息右下角的【评论】选项，打开评论界面。

第3步 在【评论本条微博】文本框中可以输入评论的内容。

第4步 如果想要转发这条微博，可以选中【同时转播】复选框。

第 11 章
通信社交——网络沟通和交流

第5步 单击【评论】按钮，即可转发并评论这条微博。

11.2.3 发布微博

在腾讯微博中发布微博的具体操作步骤如下。

第1步 在 QQ 登录界面中单击【更多】按钮，在弹出的列表中单击【腾讯微博】图标。

第2步 即可登录到自己的微博页面。

第3步 在【来，说说你在做什么，想什么】文本框中输入自己最近的心情、遇到的好笑的事情等。

第4步 另外，还可以在发表的言论中插入表情，单击文本框下侧的表情按钮，即可打开【表情】面板。

第5步 单击【表情】面板中的表情，如这里选择一个流泪的表情，单击该表情，即可将其添加到文本框中。

第6步 单击【广播】按钮，即可在我的微博主页下方显示出发布的言论。

另外，用户还可以在微博中发布图片、视频、音乐等。具体的操作步骤如下。

1. 发布图片

第1步 在我的微博首页中单击【来，说说你在做什么，想什么】文本框下侧的【图片】按钮，即可展开【图片】面板。

第2步 单击【上传图片】按钮，即可打开【打开】对话框，在保存图片的文件夹中选中需要上传的图片。

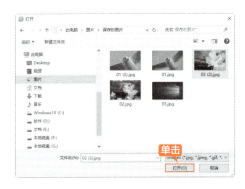

第3步 单击【打开】按钮，即可开始上传图片。

第4步 上传完成后，即可在【图片】面板之中显示图片的缩略图。

第5步 单击【广播】按钮，即可将图片发布到自己的微博中，并在下方的列表中显示出来。

第 11 章
通信社交——网络沟通和交流

2. 发布视频

第1步 单击【来,说说你在做什么,想什么】文本框下侧的【更多】按钮,展开更多功能面板。

第2步 单击【视频】按钮,即可展开【视频】面板。

第3步 单击【在线视频】按钮,在【地址】文本框中输入视频在新浪播客、优酷网、土豆网等视频网站的视频播放链接地址。

第4步 最后单击【确定】按钮,再单击【广播】按钮即可。

3. 发布音乐

第1步 在【更多】面板中单击【音乐】按钮。

第2步 展开【音乐】设置面板,在其中选择【音乐收藏】选项。

第3步 在【QQMusic】文本框中输入音乐的名称,如这里输入"回家",即可在下侧显示有关"回家"的信息。

第4步 单击【搜索】按钮,即可在下方显示有关"回家"的歌曲列表。

第5步 选中某个需要上传的歌曲前面的单选按钮，单击【添加】按钮，即可在【来，说说你在做什么，想什么】文本框显示添加的歌曲及链接地址等。

第6步 单击【广播】按钮，即可将该歌曲发布到自己的微博中。

11.3 实战3：玩微信

微信是一种移动通信聊天软件，目前主要应用在智能手机上，支持发送语音短信、视频、图片和文字，可以进行群聊。

11.3.1 使用电脑版微信

微信除了手机客户端版外，还有电脑系统版微信，使用电脑系统版微信可以在电脑上进行聊天，具体的操作步骤如下。

第1步 打开电脑系统版微信下载页面。

第2步 单击【立即下载】按钮，打开【查看下载】对话框，在其中单击【运行】按钮。

第3步 系统开始下载电脑系统版微信，并自动弹出【微信安装向导】对话框，在其中可以设置电脑系统版微信安装的路径。

第 11 章
通信社交——网络沟通和交流

第 4 步 单击【安装微信】按钮，开始安装电脑系统版微信程序，安装完毕，单击【已安装微信】对话框。

第 5 步 单击【开始使用】按钮，弹出【微信】二维码页面，提示用户使用微信扫一扫登录。

第 6 步 使用手机微信扫一扫功能扫描电脑桌面上的微信二维码，弹出【微信】页面，提示用户在手机上确认登录。

第 7 步 使用手机登录微信，这时电脑上的微信也登录，并弹出下图所示的页面。

第 8 步 单击【开始使用】按钮，即可打开电脑系统版微信的即时聊天对话框，在其中显示了以前的聊天记录。

第 9 步 在即时聊天窗口中输入聊天信息。

第 10 步 单击下方的【发送】按钮，即可将文字信息发送给对方。

然后单击【发送】按钮，将表情发送给好友。

第11步　单击【表情】按钮，可以打开电脑系统版微信的表情面板，在其中可以选择表情，

11.3.2 使用网页版微信

网页版微信是在网页中与微信好友聊天的工具，使用网页版微信与好友进行聊天的操作步骤如下。

第1步　使用 IE 浏览器打开微信网页版页面。

第2步　登录手机微信客户端，找到微信的扫一扫功能，扫描网页上的二维码。

第3步　扫描完成后，手机会弹出如下图所示的界面。

第4步　点击【登录】按钮，即可登录到微信网页版当中，左侧显示的是微信好友列表。

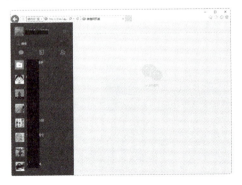

第 11 章
通信社交——网络沟通和交流

第 5 步　双击好友的头像，即可打开与之聊天窗口。

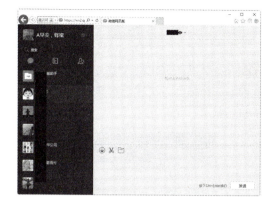

第 6 步　在聊天窗口的右下方窗格中可以输入聊天文字信息。

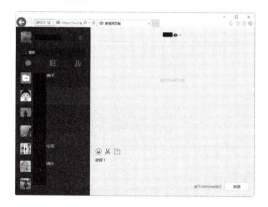

第 7 步　输入完毕，单击【发送】按钮，即可将输入的文字信息发送给好友。

第 8 步　单击【发送文件】按钮，打开【选择要加载的文件】对话框，在其中选择要发送给好友的图片。

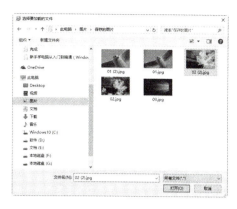

第 9 步　单击【打开】按钮，即可将选中的图片发送给好友。

第 10 步　单击【表情】按钮，即可打开表情面板，在其中可以选择给好友发送的表情动画。

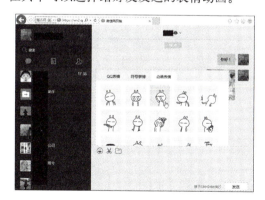

第 11 步　单击想要发送的表情图标，即可将该表情发送给好友。

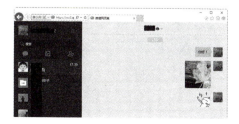

· 289 ·

11.3.3 使用客户端微信

在手机上使用微信客户端聊天已经是一种非常普遍的聊天方式，下面介绍在手机上使用微信聊天的操作步骤。

第1步 在手机上用手指点击微信标志，打开手机微信登录界面。

第2步 在【请填写密码】文本框中输入微信登录密码。

第3步 点击【登录】按钮，登录到手机微信。

第4步 使用手机点击微信好友的头像，打开与之聊天的窗口，在其中显示了与该好友的聊天记录。

第5步 点击表情图标，即可打开表情面板，在其中点击想要发送给好友的表情。

第6步 点击【发送】按钮，即可将该表情发送给好友。

第 11 章
通信社交——网络沟通和交流

第 7 步 点击聊天窗口中的文本横线，即可激活手机中的输入法，在其中可以输入文本聊天内容。

第 8 步 点击【发送】按钮，即可将文本聊天内容发送给好友。

第 9 步 点击聊天界面左侧的【》】按钮，可以激活语音说话功能，点击【按住说话】按钮不放，对着手机说话，可以把说话的内容保存起来，并发送给对方，这样就省去了打字的麻烦。

11.3.4 微信视频聊天

微信与 QQ 一样，除了可以进行文字信息聊天外，还可以进行视频与语音聊天，具体的操作步骤如下。

第 1 步 在电脑系统版微信的聊天窗口中单击【视频聊天】按钮。

第2步 随即弹出一个与好友聊天的视频请求窗格。

第3步 对方确认接受视频聊天的请求后，会在视频聊天的窗格中显示视频内容。

第4步 如果想要与对方进行语音聊天，则可以单击即时通信窗口中的【语音聊天】按钮，发送与对方进行语音聊天的请求。

第5步 对方接受请求后，会在电脑系统版微信聊天窗口中显示"语音聊天中"的信息提示框。

第6步 如果想要中断语音聊天，则可以单击【挂断】按钮，关闭语音聊天，并在聊天窗格中显示通话的时长。

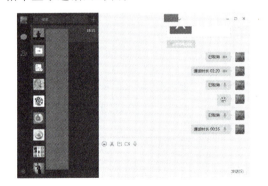

11.3.5 添加动画

使用微信客户端可以录制小动画，直接发送给好友，还可以将事先录制好的保存在电脑或手机中的小动画发送给好友。

1. 使用电脑系统版微信发送小动画

第1步 在电脑系统版的聊天窗口中单击【发送文件】按钮。

第 11 章
通信社交——网络沟通和交流

第2步 打开【打开】对话框,在其中选择需要发送的小动画。

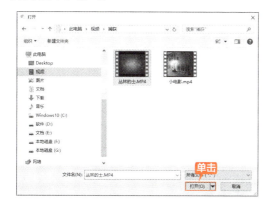

第3步 单击【打开】按钮,返回到微信聊天窗口中,在其中可以看到添加的小动画文件。

第4步 单击【发送】按钮,即可将添加的动画发送给好友。

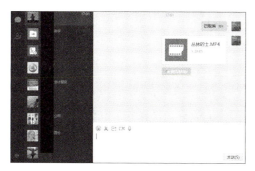

2. 使用手机客户端微信发送小动画

第1步 在手机上登录微信,打开与好友的聊天窗口,点击【+】按钮,展开更多功能界面。

第2步 点击【小视频】按钮,进入小视频拍摄界面,拍摄完成后,即可将小视频发送给好友。

第3步 返回到电脑系统版微信聊天窗口,可以看到给好友发送的小视频记录。

11.3.6 发送文件

使用微信除聊天外，还可以与好友之间互传文件，具体的操作步骤如下。

第1步 在网页版微信聊天窗口中单击【文件】按钮，如下图所示。

第3步 单击【打开】按钮，即可将文件添加到发送窗格中，如下图所示。

第2步 单击【文件】按钮，打开【打开】对话框，在其中选择要发送的文件，如下图所示。

第4步 单击【发送】按钮，即可将该文件发送给好友，如下图所示。

11.4 实战 4：发邮件

收发电子邮件都是通过固定的电子邮箱实现的，并不是每个人都可以随意地使用电子邮箱，只有申请了一定的电子邮箱账号才能领略收发电子邮件的魅力，本节以在 163 网易邮箱中收发电子邮件为例进行介绍。

11.4.1 写邮件

要想使用电子邮箱收发邮件，首先必须先登录电子邮箱。登录电子邮箱的具体操作步骤如下。

第1步 在 IE 浏览器的地址栏中输入 163 邮箱的网址"http://mail.163.com/"，按【Enter】键或单击【转至】按钮，即可打开 163 邮箱的登录页面。

第 11 章
通信社交——网络沟通和交流

第 2 步 在【邮箱地址账号】和【密码】文本框中输入已拥有的 163 邮箱账号和密码。

第 3 步 单击【登录】按钮，即可进入到邮箱页面中。

第 4 步 登录到自己的电子邮箱后，单击左侧列表中的【写信】按钮，即可进入到电子邮箱的编辑窗口。

第 5 步 在【收件人】文本框中输入收件人的电子邮箱地址、在【主题】文本框中输入电子邮件的主题，相当于电子邮件的名字，最好能让收信人迅速知道邮件的大致内容，然后在下面的空白文本框中输入邮件的内容。

11.4.2 发邮件

写好的邮件一般分为两种，一种是不带附件的，另一种是带有附件的。发送这两种邮件的方法不同，主要区别在于在发送邮件之前是否需要添加附件。

1. 发送不带附件的邮件

第1步 写好邮件后，单击【发送】按钮，即可开始发送电子邮件，在发送的过程中为了防止垃圾邮件泛滥，需要输入验证信息。

第2步 输入名称后，单击【保存并发送】按钮，发送电子邮件，发送成功后，窗口中将出现【发送成功】的提示信息，如下图所示。

2. 发送带有附件的邮件

发送带有附件的电子邮件的具体操作步骤如下。

第1步 打开电子邮件的写信编辑窗口，在【收件人】文本框中输入收件人的电子邮箱地址，在【主题】文本框中输入邮件的主题。

第2步 单击【添加附件】按钮，即可打开【选择要加载的文件】对话框，在其中选择要上传的图片。

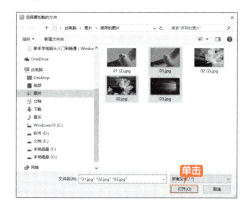

第3步 单击【打开】按钮，即可完成附加文件或图片的添加，系统开始自动上传图片。

第4步 上传附件完成后，显示添加的附件的大小和名称。

第5步 附件添加完成后，在下方的信件区域输入发送信件的内容。

第6步 单击【发送】按钮，即可将带有附件的电子邮件发送出去，并提示用户发送成功。

11.4.3 收邮件

登录到自己的电子邮箱之后，就可以查看其中的电子邮件了，查看电子邮件的具体操作步骤如下。

第1步 当登录到自己的电子邮箱后，如果有新的电子邮件，则会在邮箱首页中显示"未读邮件"的提示信息。

第2步 单击邮箱页面左侧栏中的【收件箱】按钮，或单击页面中的【未读邮件】超链接，即可打开【收件箱】，别人发来的邮件都会显示在其中。

第3步 双击未读的邮件，即可在打开的页面中阅读邮件内容。

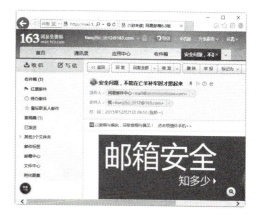

| 提示 |

在【收件箱】的邮件列表中显示了各封电子邮件的发件人、主题、日期以及邮件的大小。如果邮件名称前面有一个封闭的信封标记，则表示该邮件未读，如果有一个回形针标记 📎，则表示该邮件内容含有附件。

11.4.4 回复邮件

当收到对方的邮件后，用户需要及时回复邮件，回复邮件的操作步骤如下。

第1步 登录电子邮箱，单击左侧的【收信】按钮，然后在【收件箱】中单击接收到的电子邮件的【主题】超链接，打开一封邮件。

第2步 单击【回复】按钮，进入到回复状态，这时发现系统已经把对方的 E-mail 地址自动填写到【收件人】文本框中了，对方发过来的邮件内容也出现在编辑区。

第3步 此时在编辑区写上要回复的内容，单击【发送】按钮，即可将回复信发出。

11.4.5 转发邮件

当收到一封邮件后，如果需要将该邮件发送给其他人，则可以利用邮箱的转发功能进行转发。操作步骤如下。

第1步 打开一封需要转发的邮件，单击【转发】按钮，进入到转发状态，即邮件内容将自动出现在编辑区，邮件的主题也自动填写，并添加了【转发】标识信息。

第2步 在【收件人】文本框中输入需要转发给别人的邮箱地址，然后单击【发送】按钮，即可将邮件转发出去。

第 11 章
通信社交——网络沟通和交流

举一反三

使用 QQ 群聊

群是为 QQ 用户中拥有共性的小群体建立的一个即时通信平台，如"老乡会"和"我的同学"等群，每个群内的成员可以对某些感兴趣的话题相互沟通。QQ 群只有 QQ 会员或级别已经达到太阳的普通会员才能创建。群的成员除了可以在 QQ 客户端自由地进行讨论之外，还可以享受腾讯提供的多人语音聊天、QQ 群共享和 QQ 相册和超值网站资源等，如下图所示为一个生活休闲同乡类的群聊天窗口。

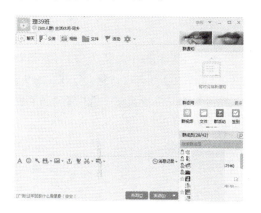

使用 QQ 群进行聊天的操作步骤如下。

1. 加入 QQ 群

<u>第1步</u> 在 QQ 面板中单击【查找】按钮。

<u>第2步</u> 弹出【查找】对话框，选择【找群】选项卡，在下面的文本框中输入群号，并在左侧选择群的类型，如这里选择【生活休闲】选项。

<u>第3步</u> 单击【查找】按钮，即可在网络上查找到需要查找的群。

<u>第4步</u> 单击【加群】按钮，弹出【添加群】对话框，在验证信息文本框中输入相应的内容。

· 299 ·

第5步 单击【下一步】按钮，即可将申请加入群的请求发送给该群的群主。

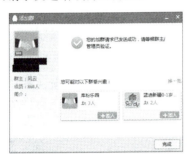

第6步 如果群创建者验证好通过验证，即可成功加入该群，并弹出一个信息提示框。

第7步 单击信息提示框，即可打开群聊天窗口，在其中就可以进行聊天了。

2. QQ群在线文字聊天

第1步 在打开的QQ主界面中，选择需要聊天的QQ群并双击。

第2步 弹出【聊天】对话框，输入相关文字信息，单击【发送】按钮，即可进行文字聊天。

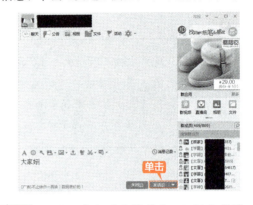

第3步 如果用户和群中的某个QQ好友私聊，可以在【群成员】列表中选择QQ好友的头像，右击并在弹出的快捷菜单中选择【发送消息】命令。

第4步 在弹出的【聊天】对话框中，输入相关文字信息，单击【发送】按钮，即可进行私聊。私聊的信息其他的群成员是看不到的。

第 11 章
通信社交——网络沟通和交流

◇ **使用 QQ 导出手机相册**

使用手机拍照已经是非常普遍的现象了，但是手机的存储空间是有限的，一段时间后，需要将手机中的照片保存到电脑当中，给手机释放存储空间，使用 QQ 可以轻松导出手机相册，具体的操作步骤如下。

第1步 在 QQ 的登录界面中单击【我的设备】选项，在打开的列表中选择【我的 Android 手机】选项。

第2步 打开如下图所示界面。

第3步 单击【导出手机相册】按钮，打开【导出手机相册】对话框，提示用户正在连接手机。

第4步 连接成功后，弹出如下图所示界面，在其中列出了手机当中的相册。

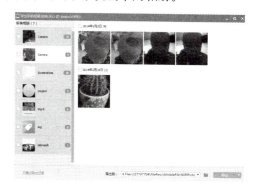

第5步 在【所有相册】列表中选中需要导出的相册。

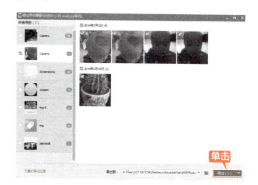

第6步 单击【导出】按钮，打开【流量提示】信息提示框，提示用户的手机当前未处于 Wi-Fi 连接环境，需要消耗手机的流量。

第7步 单击【继续导出】按钮，开始导出手机相册，并在下方显示导出的进度。

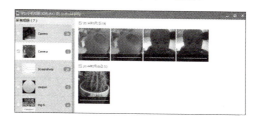

第8步 导出完成后，会在【导出手机相册】窗口的上方弹出导出成功的信息提示。

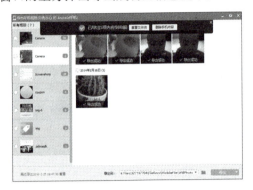

第9步 单击【查找文件夹】按钮，会打开电脑中存储手机相册的文件夹，在其中可以看到导出的照片信息。

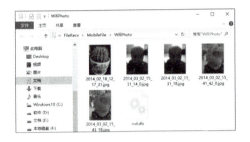

◇ 使用手机收发邮件

使用手机可以收发邮件，这需要在手机中安装具有收发邮件功能的第三方软件，这里以"WPS Office"办公软件为例，来介绍使用手机收发邮件的操作步骤与方法。

第1步 在手机中打开"WPS Office"办公软件，将要发送的文件显示在屏幕上，点击屏幕上方的邮件图标，在弹出的列表中点击【邮件发送】按钮。

第2步 弹出如下图所示的提示，选择【电子邮件】选项。

第3步 输入邮箱账号和密码，点击【登录】按钮。

第4步 输入收件人的邮箱，并对要发送的邮件进行编辑，如输入主题等，点击右上角的【发送】按钮即可将其发送至对方邮箱。

第 3 篇

高效办公篇

第 12 章　文档编排——使用 Word 2016
第 13 章　表格制作——使用 Excel 2016
第 14 章　演示文稿——使用 PowerPoint 2016

本篇主要介绍办公操作，通过本篇的学习，读者可以学习如何使用 Word 2016、Excel 2016 及 PowerPoint 2016。

第 12 章
文档编排——使用 Word 2016

本章导读

Word 是最常用的办公软件之一，也是目前使用最多的文字处理软件，使用 Word 2016 可以方便地完成各种文档的制作、编辑及排版等，尤其是处理长文档时，可以快速地对其排版。本章主要介绍 Word 2016 的高级排版应用，主要包括页面设置、封面设计、格式化正文、设置页眉和页脚、插入页码和创建目录等内容。

思维导图

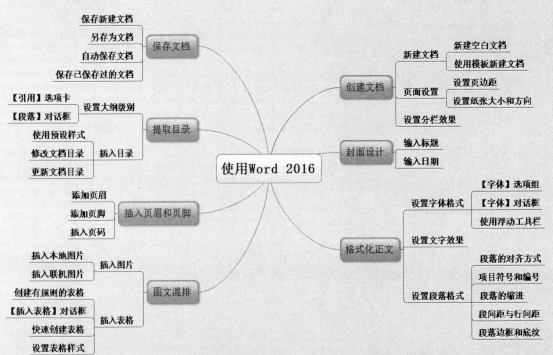

第 12 章
文档编排——使用 Word 2016

12.1 产品说明书

产品说明书是一种常见的说明文，是生产者向消费者全面、明确地介绍产品名称、用途、性质、性能、原理、构造、规格、使用方法、保养维护、注意事项等内容而写的准确、简明的文字材料。

实例名称：产品说明书	
实例目的：明确地介绍产品名称、用途、性质、性能等	
素材	素材 \ch12\ 无
结果	结果 \ch12\ 产品说明书.docx
录像	视频教学录像\12 第 12 章

12.1.1 案例概述

产品说明书要实事求是，制作产品说明书时不可夸大产品的作用和性能，这是制作产品说明书的职业操守，产品说明书具有宣传产品、扩大消息、传播知识等基本功能。制作产品说明书时，需要注意以下几点。

1. 事实就是

产品使用涉及千家万户，关系到广大消费者的切身利益，决不允许夸大其词，鼓吹操作，甚至以假冒伪劣产品来谋取自身的经济利益。

2. 通俗易懂

很多消费者没有专业知识，就有必要用通俗浅显和大众喜闻乐见的语言，清楚明白地介绍产品，使消费者使用产品得心应手，注意事项心中有数，维护维修方便快捷。

3. 图文并茂

产品说明书制作要全面地说明事物，不仅介绍其优点，同时还要清楚地说明应注意的事项和可能产生的问题。产品说明书一般采用说明性文字，不过，也可以根据情况需要，使用图片、图表等多样形式，以期达到最好的说明效果。

4. 版面简洁

（1）确定产品说明书的布局，避免多余文字。
（2）页面设置合理，避免页面过多的留白。
（3）字体不宜过大，但文档的标题可以适当加大加粗字体。

12.1.2 设计思路

制作产品说明书时可以按以下的思路进行。
（1）创建空白文档，并对文档进行保存命名。
（2）设置页面布局，使页面宽度高度合适。
（3）设置文档的封面效果，并对文档封面文字格式进行设置。
（4）格式化文档中的字体格式与段落格式。
（5）为文档添加图片，并插入合适的表格，使文档图文并茂。
（6）设置纸张方向，并添加页眉和页脚。

(7) 设置说明书文档当中的段落大纲级别，并提取目录。
(8) 另存为兼容格式，共享文档。

12.1.3 涉及知识点

本案例主要涉及以下知识点。
(1) 创建空白文档。
(2) 设置页面布局。
(3) 插入文档封面。
(4) 格式化字体与段落格式。
(5) 插入图片与表格。
(6) 插入页眉页脚。
(7) 提取目录。
(8) 保存与共享文档。

12.2 创建说明书文档

在制作产品说明书时，首先要创建空白文档，并对我们创建的空白文档进行页面设置。

12.2.1 新建文档

在使用 Word 2016 编排文档之前，首先需要创建一个新文档，新建文档的方法有以下两种。

1. 新建空白文档

新建空白文档主要有以下 3 种方法。

(1) 在打开的 Word 文档中选择【文件】选项卡，在其列表中选择【新建】选项，在【新建】区域单击【空白文档】选项，即可新建空白文档。

速访问工具栏】按钮，在弹出的快捷菜单中，单击【新建】按钮，将【新建】按钮添加至快速访问工具栏中，然后单击快速访问工具栏中的【新建】按钮也可以新建 Word 文档。

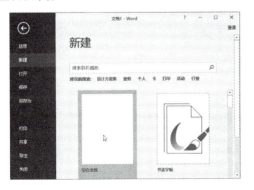

(3) 在打开的现有文档中，按【Ctrl+N】组合键即可新建空白文档。

2. 使用模板新建文档

使用模板新建文档，系统已经将文档的

(2) 单击快速访问工具栏中的【自定义快

模式预设好了，用户在使用的过程中，只需在指定位置填写相关的文字即可。电脑在联网的情况下，可以在"搜索联机模板"文本框中，输入模板关键词进行搜索并下载。

下面以使用系统自带的模板为例进行介绍，具体操作步骤如下。

第1步 在 Word 2016 中，单击【文件】按钮，选择【新建】命令，在打开的可用模板设置区域中选择【报表设计（空白）】选项。

第3步 单击【创建】按钮，即可创建一个以报表设计为模板的文档，在其中根据实际情况可以输入文字。

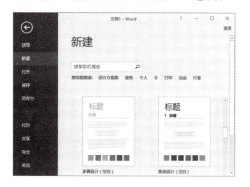

第2步 随即弹出【报表设计（空白）】对话框。

12.2.2 页面设置

页面设置是指对文档布局的设置，主要包括设置文字方向、页边距、纸张大小、分栏等。Word 2016 有默认的页面设置，但默认的页面设置并不一定适合所有用户，用户可以根据需要对页面进行重新设置。

1. 设置页边距

设置页边距，包括上、下、左、右边距及页眉和页脚距页边界的距离，在【布局】选项卡【页面设置】选项组中单击【页边距】按钮，在弹出的下拉列表中选择一种页边距样式并单击，即可快速设置页边距。

除此之外，还可以自定义页边距。单击【布局】选项卡下【页面设置】选项组中的【页面设置】按钮，弹出【页面设置】对话框，在【页边距】选项卡下【页边距】区域可以自定义设置"上""下""左""右"页边距，如将"上""下""左""右"页边距均设为"1厘米"，在【预览】区域可以查看设置后的效果。

> **提示**
>
> 如果页边距的设置超出了打印机默认的范围，将出现【Microsoft Word】提示框，单击【调整】按钮自动调整，当然也可以忽略后手动调整。页边距太窄会影响文档的装订，而太宽不仅影响美观还浪费纸张。一般情况下，如果使用A4纸，可以采用Word 2016提供的默认值，具体设置可根据用户的要求设定。

2. 设置纸张的大小和纸张方向

纸张的大小和纸张方向，也影响着文档的打印效果，因此设置合适的纸张在Word文档制作过程中也是非常重要的。设置纸张包括设置纸张的方向和大小，具体操作步骤如下。

第1步 单击【布局】选项卡下【页面设置】选项组中的【纸张方向】按钮，在弹出的下拉列表中可以设置纸张方向为"横向"或"纵向"，如单击【横向】按钮。

第2步 单击【布局】选项卡下【页面设置】选项组中的【纸张大小】按钮，在弹出的下拉列表中可以选择纸张大小，如单击【A5】选项。

3. 设置分栏效果

在对文档进行排版时，常需要将文档进行分栏。在Word 2016中可以将文档分为两栏、三栏或更多栏，具体方法如下。

第1步 使用功能区设置分栏，选择要分栏的文本后，在【布局】选项卡下单击【分栏】按钮，在弹出的下拉列表中选择对应的栏数即可。

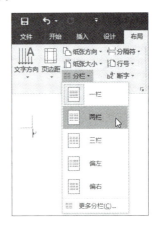

第2步 使用【分栏】对话框，在【布局】选项卡下单击【分栏】按钮，在弹出的下拉列表中选择【更多分栏】选项，弹出【分栏】对话框，在该对话框中显示了系统预设的5种分栏效果。在【栏数（N）】微调框中输入要分栏的栏数，如输入"3"，然后设置栏宽、分隔线后，在【预览】区域预览效果后，单击【确定】按钮即可。

第 12 章
文档编排——使用 Word 2016

12.3 封面设计

Word 2016 中包含了很多漂亮的封面模板，用户可以调用模板直接为文档插入封面，然后再对其进行修改，以便满足具体的需求。

12.3.1 输入标题

在封面中输入标题的操作步骤如下。

第1步 单击【插入】选项卡下【页面】选项组中的【封面】按钮，即可打开【封面】菜单。

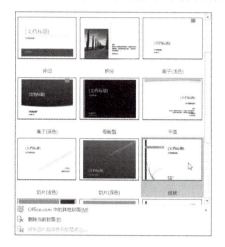

第2步 从菜单中选择需要的封面选项，即可在文档的开头插入封面。

第3步 根据实际情况，在封面中的【文档标题】中输入标题文字，这里输入"美星冰箱"，在【文档副标题】文本框中输入"使用说明书"。

12.3.2 输入日期

在封面中输入日期的操作步骤如下。

第1步 在封面页面中选择【日期】文本框。

第2步 单击【日期】右侧的下三角按钮，弹出【日期】设置面板，在其中选择日期。

第3步 选择完毕后，返回到文档当中，可以看到输入的日期效果。

第4步 删除封面页面当中的多余文本框，并调整文本框的位置，最终的产品说明书封面就制作完成了，最终的效果如下图所示。

12.4 格式化正文

在文档当中输入有关产品说明书的文字信息后，下面最重要的工作就是对正文进行格式化操作，包括字体格式与段落格式等。

12.4.1 设置字体格式

在 Word 2016 中，文本默认为宋体、五号、黑色，用户可以根据不同的内容，对其进行修改，其主要有以下 3 种方法。

1. 使用【字体】选项组设置字体

在【开始】选项卡下的【字体】选项组中单击相应的按钮来修改字体格式是最常用的字体格式设置方法。

2. 使用【字体】对话框来设置字体

选择要设置的文字，单击【开始】选项卡下【字体】选项组右下角的按钮，或单击鼠标右键，在弹出的快捷菜单中选择【字体】选项，都会弹出【字体】对话框，从中可以设置字体的格式。

3. 使用浮动工具栏设置字体

选择要设置字体格式的文本，此时选中的文本区域右上角弹出一个浮动工具栏，单击相应的按钮来修改字体格式。

第 12 章
文档编排——使用 Word 2016

使用上述方法设置产品说明书字体格式的操作步骤如下。

第1步 选中产品说明书第 2 页当中的"前言"文字，单击【宋体】右侧的下拉按钮，在弹出的下拉列表中选择【仿宋】字体样式，并设置字体的大小为【三号】。

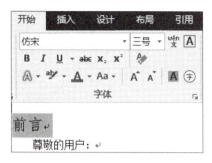

第2步 使用第 1 步的方法设置下面的文字信息，具体效果如下图所示。

12.4.2 设置文字效果

为文字添加艺术效果，可以使文字看起来更加美观或醒目，具体的操作步骤如下。

第1步 选择要设置的文本，在【开始】选项卡下的【字体】选项组中，单击【文本效果和版式】按钮，在弹出的下拉列表中，可以选择文本效果，如选择第 1 行第 3 个效果。

第2步 所选择文本内容即会应用文本效果，如下图所示。

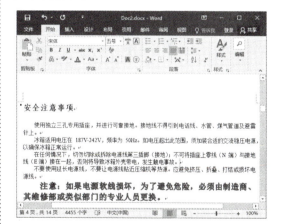

12.4.3 设置段落格式

段落格式是指以段落为单位的格式设置。设置段落格式主要是指设置段落的对齐方式、设置段落缩进以及设置行间距和段落间距等。

1. 段落的对齐方式

Word 2016 中提供了 5 种常用的对齐方式，分别为左对齐、右对齐、居中对齐、两端对齐和分散对齐。通过【开始】选项卡下的【段落】选项组中的对齐方式按钮可以快速设置对齐方式。

另外，在【段落】对话框中也可以设置段落的对齐方式，单击【开始】选项卡下【段落】选项组右下角的按钮或单击鼠标右键，在弹出的快捷菜单中选择【段落】选项，都会弹出【段落】对话框，在【缩进和间距】选项卡下，单击【常规】组中【对齐方式】右侧的下拉按钮，在弹出的列表中可选择需要的对齐方式。

各个对齐方式的效果如下图所示。

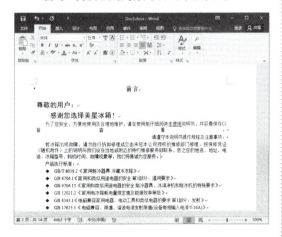

2. 设置项目符号和编号

如果要设置项目符号，只用选择要添加项目符号的多个段落，然后选择【开始】选项卡，在【段落】选项组中单击【项目符号】按钮 ≔ ，从弹出的菜单中选择项目符号库中的符号，当光标置于某个项目符号上时，可在文档窗口中预览设置结果。

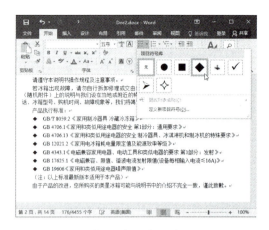

在设置段落的过程中，有时使用编号比使用项目符号更清晰，这时就需要设置这个编号，只需选中要添加编号的多个段落，然后选择【开始】选项卡，在【段落】选项组中单击 ≔ 按钮，从弹出的菜单中选择需要编号类型，即可完成设置操作。

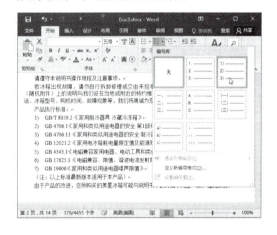

3. 段落的缩进

段落缩进指段落的首行缩进、悬挂缩进和段落的左右边界缩进等。

第1步 选择需要设置样式的段落，单击【开始】选项卡下【段落】组中的【段落】按钮，打开【段落】对话框，选择【缩进和间距】选项卡，在【缩进】选项中可以设置缩进量。例如，在【缩进】项中的【左侧】微调框中输入"15字符"。

第 12 章
文档编排——使用 Word 2016

第2步 单击【确定】按钮，即可对光标所在行左侧缩进 15 个字符。

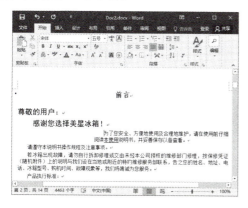

> **提示**
>
> 使用同样的方法，还可以设置段落的右缩进、首行缩进和悬挂缩进等段落效果。

另外，还可以单击【段落】选项组中的【减少缩进量】按钮 和【增加缩进量】按钮 减少或增加段落的左缩进位置，同时还可以选择【页面布局】选项卡，在【段落】选项组中可以设置段落缩进的距离。

4. 设置段间距与行间距

在设置段落时，如果希望增大或是减小各段之间的距离，就可以设置段间距，具体的操作步骤如下。

第1步 选择要设置段间距的段落，然后选择【开始】选项卡，在【段落】选项组中单击【行和段落间距】按钮 ，从弹出的菜单中选择段落设置的行距即可完成。例如，选择"2.0"的数值。

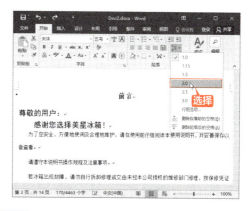

第2步 即可看到选择的段落将会改变行距。

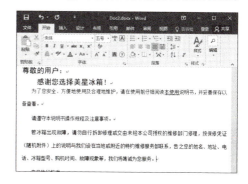

第3步 另外，用户还可以自定义行距的大小。

单击【行和段落间距】按钮 ，从弹出的菜单中选择【行距选项】命令。

第4步 弹出【段落】对话框，单击【行距】文本框右侧的下拉按钮，在弹出的列表中选择【固定值】选项，然后输入行距数值为"25磅"，单击【确定】按钮。

第5步 即可设置段落间的行距为25磅的效果。

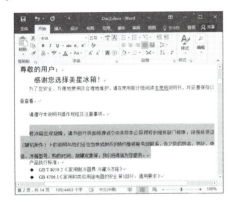

5. 设置段落边框和底纹

除可以为字体添加边框和底纹外，还可以为段落添加边框和底纹，具体操作如下。

第1步 选中要设置边框的段落，单击【开始】选项卡下【段落】选项组中的【下框线】按钮，在弹出的下拉列表中选择边框线的类型，这里选择【外侧框线】选项。

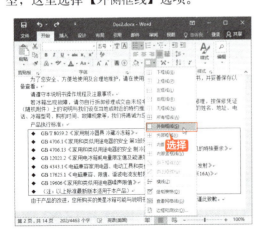

第2步 即可为该段落添加下边框，效果如下图所示。

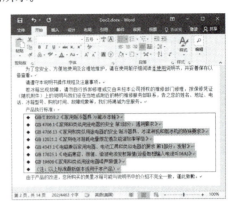

> **提示**
>
> 在选择段落时如果没有把段落标记选择在内的话，则表示为文字添加边框，具体效果如下图所示。另外，如果要清除设置的边框，则需要选择设置的边框内容，然后单击相应的边框按钮即可完成。
>
>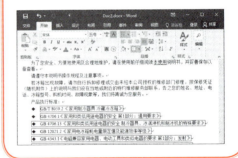

第3步 选中需要设置底纹的段落，单击【开始】选项卡下【段落】选项组中的【底纹】按钮，在弹出的面板中选择底纹的颜色即可，例如本实例选择【灰色】选项。

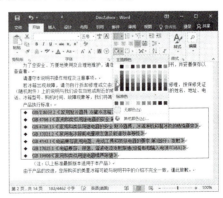

第 12 章
文档编排——使用 Word 2016

第4步 如果想自定义边框和底纹的样式，可以在【段落】选项组中单击【下框线】按钮右侧的向下按钮，在弹出的菜单中选择【边框和底纹】命令。

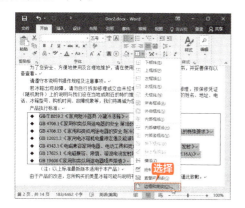

第5步 弹出【边框和底纹】对话框，用户可以设置边框的样式、颜色和宽度等参数。

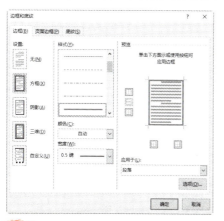

第6步 选择【底纹】选项卡，选择填充的颜色、图案的样式和颜色等参数。

第7步 设置完成后，单击【确定】按钮，即可自定义段落的边框和底纹。

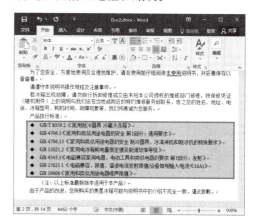

12.5 图文混排

在文档中插入一些图片与表格可以使文档更加生动形象，从而起到美化文档的作用，插入的图片可以是本地图片，也可以是联机图片。

12.5.1 插入图片

通过在文档中添加图片，可以达到图文并茂的效果。

1. 插入本地图片

第1步 将光标定位于需要插入图片的位置，然后单击【插入】选项卡下【插图】选项组中的【图片】按钮。

扩大或缩小图片。

第2步 在弹出的【插入图片】对话框中选择需要插入的图片,单击【插入】按钮,即可插入该图片。

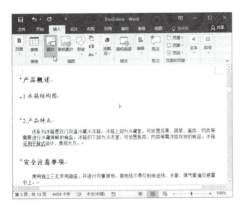

2. 插入联机图片

联机图片是指网络中的图片,通过搜索找到喜欢的图片,将其插入到文档中,其具体操作步骤如下。

第1步 将鼠标光标定位到要插入联机图片的位置,单击【插入】选项卡下【插图】选项组中的【联机图片】按钮。

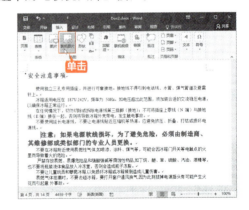

| 提示 |
直接在文件窗口中双击图片,可以快速插入图片。

第3步 即可将所需要的图片插入到文档中。

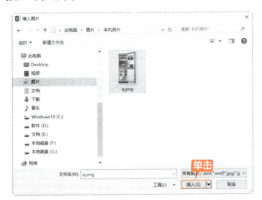

第2步 弹出【插入图片】对话框,在【必应图像搜索】文本框中输入"警告",单击【搜索】按钮。

第4步 将鼠标光标放置在图片的周围,可以

第3步 在搜索的结果中,选择要插入文档中

第 12 章
文档编排——使用 Word 2016

的联机图片，单击【插入】按钮。

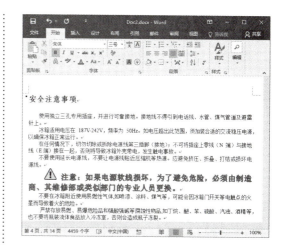

第4步 此时，即可将选择的图片插入文档中，然后调整图片的大小与位置。

12.5.2 插入表格

表格可以使文本结构化，数据清晰化。在 Word 2016 中插入表格的方法比较多，常用的方法有使用表格面板插入表格、使用【插入表格】对话框插入表格和快速插入表格。

1. 创建有规则的表格

使用表格菜单插入表格的方法适合创建规则的、行数和列数较少的表格，具体操作如下。

第1步 将鼠标光标定位至需要插入表格的地方，选择【插入】选项卡，在【表格】组中单击【表格】按钮，在插入表格区域内选择要插入表格的列数和行数，即可在指定的位置插入表格。选中的单元格将以橙色显示，本实例选择 6 列 6 行的表格。

第2步 选择完成后，单击鼠标左键，即可在文档中插入一个 6 列 6 行的表格。

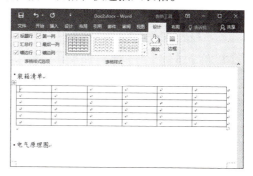

> **提示**
> 此方法最多可以创建 8 行 10 列的表格。

2. 使用【插入表格】对话框创建表格

使用【插入表格】对话框插入表格功能比较强大，可自定义插入表格的行数和列数，并可以对表格的宽度进行调整，具体操作如下。

第1步 将鼠标光标定位至需要插入表格的地方，选择【插入】选项卡，在【表格】组中单击【表格】按钮，在其下拉菜单中选择【插入表格】命令，弹出【插入表格】对话框。输入插入表格的列数和行数，并设置自动调整操作的具体参数。

· 317 ·

自动调整操作中参数的具体含义如下。

①【固定列宽】：设定列宽的具体数值，单位是厘米。当选择为自动时，表示表格将自动在窗口填满整行，并平均分配各列为固定值。

②【根据内容调整表格】：根据单元格的内容自动调整表格的列宽和行高。

③【根据窗口调整表格】：根据窗口大小自动调整表格的列宽和行高。

第2步 单击【确定】按钮，即可在文档中插入一个 9 列 5 行的表格。

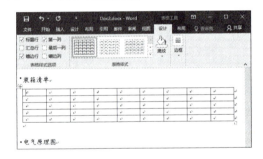

第3步 根据实际情况，在表格中输入文字信息。

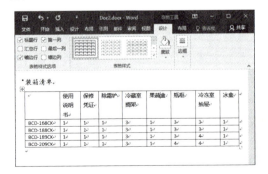

第4步 单击【插入】选项卡，在【表格】组中选择【表格】下拉菜单中的【绘制表格】命令，鼠标指针变为铅笔形状，在单元格中绘制斜线，绘制完成后按【Esc】键退出。

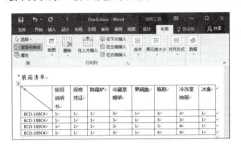

第5步 在斜线两侧输入文字信息。

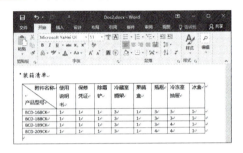

3. 快速创建表格

可以利用 Word 2016 提供的内置表格模型来快速创建表格，但提供的表格类型有限，只适用于建立特定格式的表格。

第1步 将鼠标光标定位至需要插入表格的地方，然后选择【插入】选项卡，在【表格】组中单击【表格】按钮，在弹出的下拉菜单中选择【快速表格】命令，然后在弹出的子菜单中选择理想的表格类型即可。例如，选择【矩阵】选项。

第 12 章
文档编排——使用 Word 2016

第2步 自动按照矩阵模板创建表格,用户只需要添加相应的数据即可。

4. 设置表格样式

为了增强表格的美观效果,可以对表格设置漂亮的边框和底纹,从而美化表格,具体操作如下。

第1步 选择需要美化的表格,单击【设计】选项卡,打开【设计】选项卡的各个功能组。在【表格样式】组中选择相应的样式即可,或者单击【其他】按钮,在弹出的下拉菜单中选择所需要的样式。

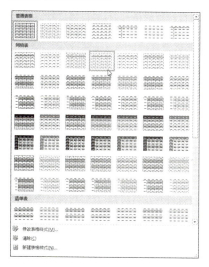

第2步 选择完表格样式的效果如下图所示。

第3步 如果用户对系统自带的表格样式不满意,可以修改表格样式。在【表格样式】组中单击【其他】按钮,在弹出的下拉菜单中选择【修改表格样式】命令。弹出【修改样式】对话框,用户即可设置表格样式的属性、格式、字体、大小和颜色等参数。

第4步 设置完成后单击【确定】按钮,然后输入数据,即可看到修改后的样式。

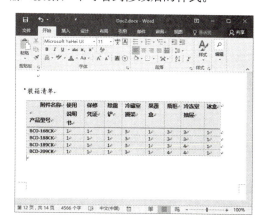

12.6 插入页眉和页脚

在页眉和页脚中可以输入创建文档的基本信息，Word 2016 提供了丰富的页眉和页脚模板，使用户插入页眉和页脚变得更为快捷。

12.6.1 添加页眉

在页眉中可以输入文档名称、章节标题或者作者名称等信息，添加页眉的操作步骤如下。

第1步 单击【页眉和页脚】选项组中的【页眉】按钮，从弹出的下拉菜单中选择要插入的页眉的样式。

第2步 随即在文档中插入一个空白的页眉。

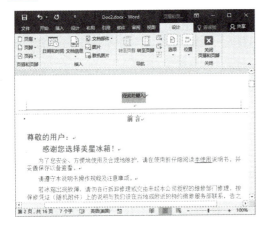

第3步 选择页眉中的【键入文字】文本，然后将其删除。

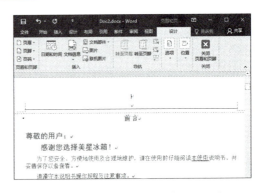

第4步 在【选项】选项组中选择【首页不同】复选框。

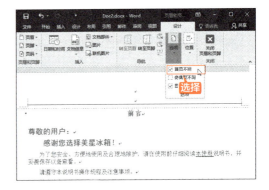

第5步 单击【插入】选项卡下【插图】选项组中的【图片】按钮，打开【插入图片】对话框。

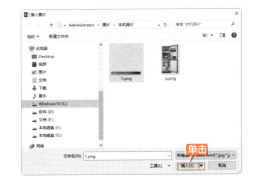

第 12 章
文档编排——使用 Word 2016

第6步 选择要插入的图片，然后单击【插入】按钮，即可在页眉中插入图片。

第7步 选择刚刚插入的图片文件，然后在【大小】选项组中设置图片的大小。

第8步 单击【排列】选项组中的【自动换行】按钮，从弹出的菜单中选择【衬于文字下方】选项。

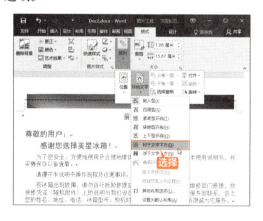

第9步 单击【位置】按钮，从弹出的下拉菜单中选择【其他布局选项】选项，即可打开【布局】对话框，根据实际情况设置相应的选项。

第10步 单击【确定】按钮，即可完成页眉图片的设置操作。

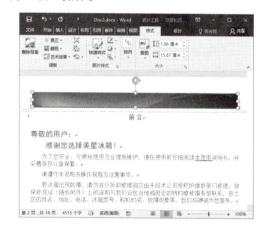

12.6.2 添加页脚

在页脚中可以输入文档的创建时间、页码等信息，不仅能使文档更美观，还能向读者快速传递文档要表达的信息，添加页脚的操作步骤如下。

第1步 单击【页眉和页脚】选项组中的【页脚】按钮，从弹出的下拉菜单中选择要插入的页脚的样式。

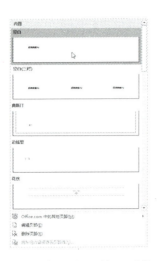

第2步 将鼠标光标定位到第二页的页脚，单击【插入】选项卡下【插图】选项组中的【形状】按钮，即可弹出【形状】菜单。

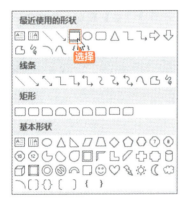

第3步 选择【矩形】选项，然后在页脚合适的位置绘制一个矩形框。

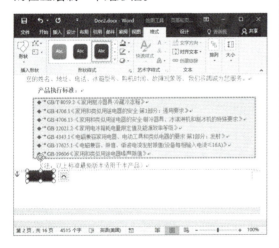

第4步 单击【形状样式】选项组中的【形状

填充】按钮，从弹出的菜单中选择【无填充】选项，即可完成绘制矩形的设置操作。

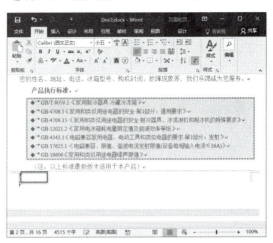

第5步 右击绘制的矩形框，从弹出的快捷菜单中选择【添加文字】选项，然后将鼠标光标定位到该矩形框中。

第6步 在矩形框中输入文字，并设置文字的格式，最终的页脚显示效果如下图所示。

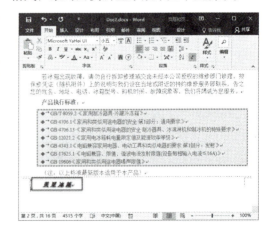

12.6.3 插入页码

在一份多页的 Word 文档中，如果存在目录而没有页码，那么用户就不能快速地找到所需要浏览的内容，Word 2016 中提供有【页面顶端】、【页面底端】、【页边距】和【当前位置】4 类页面格式，供用户插入页码使用，下面以设置页码为例进行讲解，具体操作如下。

第1步 打开需要插入页码的 Word 文档，选择【插入】选项卡，在【页眉和页脚】组中单击【页码】按钮。

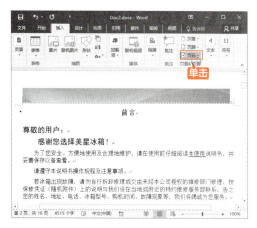

第2步 在弹出的【页码】下拉菜单中选择需要插入页码的位置，此时会弹出包含各种页码样式的列表框，单击列表框中需要插入的页码样式，例如，选择【页面底端】中的【普通数字 2】选项。

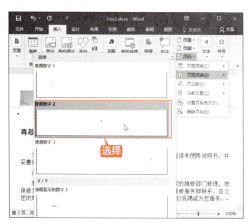

其中包含 4 种页码格式，具体含义如下。

（1）【页面顶端】：在整个 Word 文档的每一个页面顶端，插入用户所选择的页码样式。

（2）【页面底端】：在整个 Word 文档的每一个页面底端，插入用户所选择的页码样式。

（3）【页边距】：在整个 Word 文档的每一个页边距，插入用户所选择的页码样式。

（4）【当前位置】：在当前 Word 文档插入点的位置，插入用户所选择的页码样式。

第3步 即可在页码底端的中间位置插入指定的页码。

第4步 选择插入的页码，然后单击鼠标右键，在弹出的快捷菜单中选择【设置页码格式】命令。

第5步 弹出【页码格式】对话框，选择需要

的编码格式和页码编号,具体设置如下图所示。

设置。

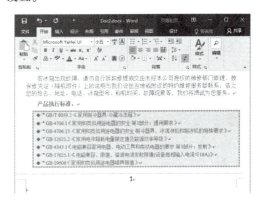

对话框中各个参数的含义如下。

(1)【编号格式】:设置页码的编号格式类型。

(2)【包含章节号】:设置章节号的类型。

(3)【续前节】:接着上一节最后一页的页码编号继续编排。

(4)【起始页码】:从指定页码开始继续编排。

第6步 单击【确定】按钮,便可完成页码的

> **提示**
> 当用户不需要页码时,可以选择【插入】选项卡,然后单击【页眉和页脚】组中的【页码】按钮,在弹出的下拉列表中选择【删除页码】选项,即可将页码删除。

12.7 提取目录

对于长文档来说,查看文档中的内容时,不容易找到需要的文本内容,这时就需要为其创建一个目录,方便查找。

12.7.1 设置段落大纲级别

在 Word 2016 中设置段落的大纲级别是提取文档目录的前提,此外,设置段落的大纲级别不仅能够通过【导航】窗格快速地定位文档,还可以根据大纲级别展开和折叠文档内容。设置段落的大纲级别通常用两种方法。

1. 在【引用】选项卡下设置

在【引用】选项卡下设置大纲级别的具体操作步骤如下。

第1步 在文档中选择"一、前言"文本。单击【引用】选项卡下【目录】选项组中的【添加文字】按钮右侧的下拉按钮,在弹出的下拉列表中选择【2级】选项。

第 12 章
文档编排——使用 Word 2016

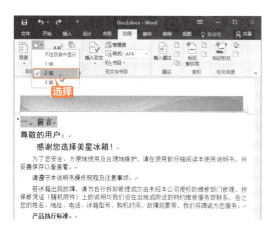

第 2 步 在【视图】选项卡下的【显示】选项组中选中【导航窗格】复选框,在打开的【导航】窗格中即可看到设置大纲级别后的文本。

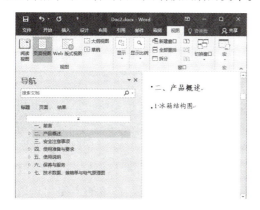

> **提示**
> 如果要设置为【1 级】段落级别,只需要在下拉列表中选择【1 级】选项即可

2. 使用【段落】对话框设置

使用【段落】对话框设置大纲级别的具体操作步骤如下。

第 1 步 在文件中选择"1 冰箱结构图"文本并单击鼠标右键,在弹出的快捷菜单中选择【段落】命令。

第 2 步 打开【段落】对话框,在【缩进和间距】选项卡下的【常规】组中单击【大纲级别】文本框后的下拉按钮,在弹出的下拉列表中选择【3 级】选项。

第 3 步 单击【确定】按钮,即可完成设置,【导航】窗格中即可看到设置大纲级别后的文本。

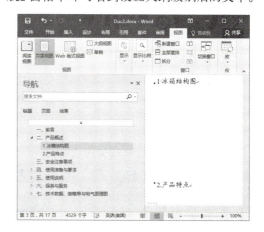

12.7.2 插入目录

插入文档目录可以帮助用户方便、快捷地查阅有关的内容,插入目录就是列出文档中各级标题,以及每个标题所在的页码。

· 325 ·

1. 使用预设样式插入目录

使用 Word 预定义标题样式可以创建目录，具体步骤如下。

第1步 将鼠标光标定位到需要插入目录的位置，然后单击【引用】选项卡下【目录】选项组中的【目录】按钮，即可弹出【目录】下拉菜单。

第2步 从菜单中选择需要的一种目录样式，即可将生成的目录以选择的样式插入。

第3步 将鼠标指针移动到目录的页码上，按【Ctrl】键，鼠标指针就会变为 形状。

第4步 单击鼠标即可跳转到文档中的相应标题处。

2. 修改文档目录

如果用户对 Word 提供的目录样式不满意，则还可以自定义目录样式，具体操作步骤如下。

第1步 将光标定位到目录中，单击【引用】选项卡下【目录】选项组中的【目录】按钮，从弹出的菜单中选择【自定义目录】选项，打开【目录】对话框，选中【显示页码】、【页码右对齐】和【使用超链接而不使用页码】复选框，并单击【格式】下拉列表框，从弹出的菜单中选择【正式】选项，然后在【显示级别】数字微调框中输入要显示的级别。

第2步 单击【确定】按钮，即可弹出是否替换目录提示，然后单击【确定】按钮，即可应用新目录。

第 12 章
文档编排——使用 Word 2016

3. 更新文档目录

编制目录后，如果在文档中进行了增加或删除文本的操作而使页码发生了变化，或者在文档中标记了新的目录项，则需要对编制的目录进行更新。具体的操作步骤如下。

第1步 在产品说明书文档中添加内容。

第2步 右击选中的目录，在弹出的快捷菜单中选择【更新域】命令，或单击目录左上角的【更新目录】按钮。

第3步 弹出【更新目录】提示对话框，在其中选中【更新整个目录】单选按钮。

第4步 单击【确定】按钮即可完成对文档目录的更新。

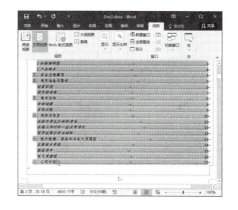

12.8 保存文档

文档创建或修改好后，如果不保存，就不能被再次使用，我们应养成随时保存文档的好习惯。在 Word 2016 中需要保存的文档有：未命名的新建文档，已保存过的文档，需要更改名称、格式或存放路径的文档，以及自动保存文档等。

1. 保存新建文档

在第一次保存新建文档时，需要设置文档的文件名、保存位置和格式等，然后保存到电脑中，具体操作步骤如下。

第1步 单击【快速访问工具栏】上的【保存】按钮，或单击【文件】选项卡，在打开的列表中选择【保存】选项。

> **提示**
>
> 按组合键【Ctrl+S】可快速进入【另存为】界面。

第2步 在【文件】选项列表中,单击【另存为】选项,在右侧的【另存为】区域单击【浏览】按钮。

第3步 在弹出的【另存为】对话框中设置保存路径和保存类型并输入文件名称,然后单击【保存】按钮,即可将文件保存。

2. 另存为文档

如果对已保存过的文档编辑后,希望修改文档的名称、文件格式或存放路径等,则可以使用【另存为】命令,对文件进行保存。例如,将文档保存为 Office 2003 兼容的格式。单击【文件】→【另存为】→【这台电脑】选项,在弹出的【另存为】对话框中,输入要保存的文件名,并选择所要保存的位置,然后在【保存类型】下拉列表框中选择【Word 97-2003 文档(*.doc)】选项,单击【保存】按钮,即可保存为 Office 2003 兼容的格式。

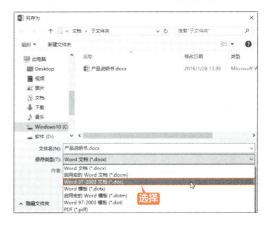

3. 自动保存文档

在编辑文档的时候,Office 2016 会自动保存文档,在用户非正常关闭 Word 的情况下,系统会根据设置的时间间隔,在指定时间对文档自动保存,用户可以恢复最近保存的文档状态。默认"保存自动恢复信息时间间隔"为"10分钟",用户可以单击【文件】→【选项】→【保存】选择,在【保存文档】区域设置时间间隔。

第 12 章
文档编排——使用 Word 2016

4. 保存已保存过的文档

对于已保存过的文档，如果对该文档修改后，单击【快速访问工具栏】上的【保存】按钮 ，或者按【Ctrl+S】组合键可快速保存文档，且文件名、文件格式和存放路径不变。

排版毕业论文

设计毕业论文时需要注意的是文档中同一类别的文本的格式要统一，层次要有明显的区分，要对同一级别的段落设置相同的大纲级别，还要将需要单独显示的页面单独显示。毕业论文主要由首页、正文、目录等组成，因此，在排版毕业论文时，首先需要做的就是做好论文的首页；其次根据论文要求设置正文的字体和段落格式；最后提取目录。如下图所示为一份论文的首页效果。

在制作毕业论文的时候，首先需要为论文添加首页，来描述个人信息。

1. 设计毕业论文首页

第1步 打开随书光盘中的"素材\ch12\毕业论文.docx"文档，将鼠标光标定位至文档最前的位置，按【Ctrl+Enter】组合键，插入空白页面。

第2步 选择新创建的空白页，在其中输入学校信息、个人介绍信息和指导教师名称等信息。

第3步 分别选择不同的信息，并根据需要为不同的信息设置不同的格式，使所有的信息占满论文首页。

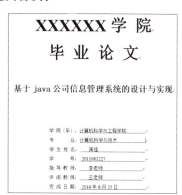

2. 设计毕业论文格式

在撰写毕业论文的时候，学校会统一毕业论文的格式，需要根据提供的格式统一样式。

第1步 选中标题文本，打开【样式】窗格，单击【新建样式】按钮，弹出【根据格式设置创建新样式】窗口，在【名称】文本框中输入新建样式的名称，例如，输入"论文标题1"，在【属性】区域分别根据需求设置字体样式。

第2步 单击【格式】按钮，打开【段落】对话框，将大纲级别设置为【1级】，段前和段后间距设置为"0.5行"，然后单击【确定】按钮，返回【根据格式设置创建新样式】对话框，在中间区域浏览效果，单击【确定】按钮。

第3步 选择其他需要应用该样式的段落，单击【样式】窗格中的【论文标题1】样式，即可将该样式应用到新选择的段落。

第4步 使用同样的方法为其他标题及正文设计样式，最终效果如下图所示

3. 设置页眉并插入页码

在毕业论文中可能需要插入页眉，使文档看起来更美观，同时还需要插入页码。

第1步 单击【插入】选项卡下【页眉和页脚】选项组中的【页眉】按钮，在弹出【页眉】下拉列表中选择【空白】页眉样式。

第2步 在【设计】选项卡下的【选项】选项组中选中【首页不同】和【奇偶页不同】复选框。

第3步 在偶数页页眉中输入内容，并根据需要设置字体样式。

第 12 章
文档编排——使用 Word 2016

`第 4 步` 创建奇数页页眉，并设置字体样式。

`第 5 步` 单击【设计】选项卡下【页眉和页脚】选项组中的【页码】按钮，在弹出的下拉列表中选择一种页码格式，完成页码插入，最后单击【关闭页眉和页脚】按钮。

4. 提取目录

`第 1 步` 将鼠标光标定位至文档第 2 页面最前的位置，单击【插入】选项卡下【页面】选项组中的【空白页】按钮，添加一个空白页，在空白页中输入"目录"文本，并根据需要设置字头样式。

`第 2 步` 单击【引用】选项卡下的【目录】选项组中的【目录】按钮，在弹出的下拉列表中选择【自定义目录】选项，打开【目录】对话框中，在【格式】下拉列表中选择【正式】选项，在【显示级别】微调框中输入或者选择显示级别为"3"，在预览区域可以看到设置后的效果，各选项设置完成后单击【确定】按钮。

`第 3 步` 此时就会在指定的位置建立目录。

`第 4 步` 根据需要，设置目录字体大小和段落间距，至此就完成了毕业论文的排版。

· 331 ·

◇ 给跨页的表格添加表头

当文档中表格内容比较多，需要跨页显示时，就需要给跨页的表格添加表头，具体的操作步骤如下。

第1步 将鼠标光标定位在文档中的表格之中。

第2步 单击【表格工具】→【布局】选项卡下【数据】组中的【重复标题行】按钮。

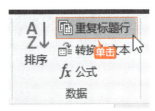

第3步 这样跨页的表格中就添加了表头信息。

◇ 删除页眉中的横线

在添加页眉时，经常会看到自动添加的分割线，有时在排版时，为了美观，需要将分割线删除，具体操作步骤如下。

第1步 双击页眉位置，进入页眉编辑状态，然后单击【开始】选项卡，在样式组中单击【其他】按钮，在弹出的菜单命令中，选择【清除格式】命令。

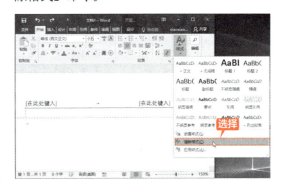

第2步 可看到页眉中的分割线已经被删除。

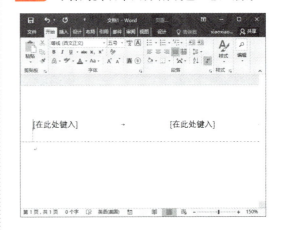

第 13 章

表格制作——使用 Excel 2016

本章导读

Excel 2016 提供了创建工作簿、工作表、输入和编辑数据、计算表格数据、分析表格数据等基本操作，可以方便地记录和管理数据，本章就以制作年度产品销售统计分析表为例介绍使用 Excel 制作表格的方法与技巧。

思维导图

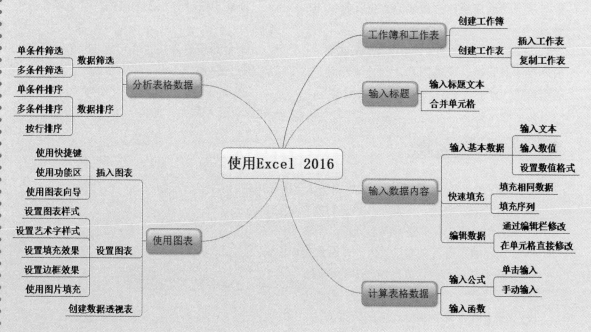

13.1 年度产品销售统计分析表

使用 Excel 2016 可以快速制作各种销售统计分析报表和图表，并对销售信息进行整理和分析。

实例名称：年度产品销售统计分析表	
实例目的：对销售信息进行整理和分析	
素材	素材 \ch13\ 无
结果	结果 \ch13\ 年度产品销售统计分析表 .xlsx
录像	视频教学录像 \13 第 13 章

13.1.1 案例概述

年终或每一年度，销售人员都会对产品的销售情况进行汇总与统一，对来年或下一季度的销售提供数据并进行分析，以达到指导销售的目的，制作年度产品销售统计分析表时，需要注意以下几点。

1. 数据准确

（1）制作年度产品销售统计分析表时，选取单元格要准确，合并单元格时要安排好合并的位置，插入的行和列要定位准确，来确保年度产品销售统计分析表的数据计算的准确。

（2）Excel 中的数据分为数字型、文本型、日期型、时间型、逻辑型等，要分清年度产品销售统计分析表中的数据是哪种数据类型，做到数据输入准确。

2. 便于统计

（1）制作的表格要完整，产品的型号、数量、单价、销售人员等信息要明确，便于统计销售人员的业绩奖。

（2）根据公司情况可以将年度产品销售统计分析表设计成图表类型，还可以给数据进行排序，以及筛选出符合条件的统计信息。

3. 界面简洁

（1）确定统计分析表的布局，避免多余数据。

（2）合并需要合并的单元格，为单元格内容保留合适的位置。

（3）字体不宜过大，单元格的标题与表头一栏可以适当加大、加粗字体。

13.1.2 设计思路

制作年度产品销售统计分析表时可以按以下的思路进行。
（1）创建空白工作簿，并对工作簿进行保存命名。
（2）合并单元格，并调整行高与列宽。
（3）在工作簿中输入文本与数据，并设置文本格式。
（4）使用公式或函数计算出表格中的数据。
（5）使用图表分析年度产品销售统计分析表。
（6）筛选年度产品销售统计中的数据。

第 13 章
表格制作——使用 Excel 2016

(7) 对年度产品销售统计分析表中的数据进行排序。

13.1.3 涉及知识点

本案例主要涉及以下知识点。
(1) 创建空白工作簿。
(2) 合并单元格。
(3) 插入与删除行和列。
(4) 设置文本段落格式。
(5) 页面设置。
(6) 设置条件样式。
(7) 保存与共享工作簿。

13.2 创建工作簿和工作表

在制作年度产品销售统计分析表时，首先要创建空白工作簿和工作表，并对创建的工作簿和工作表进行保存与命名。

13.2.1 创建工作簿

工作簿是指在 Excel 中用来存储并处理工作数据的文件，在 Excel 2016 中，其扩展名是 .xlsx。通常所说的 Excel 文件指的就是工作簿文件。在使用 Excel 时，首先需要创建一个工作簿，具体创建方法有以下几种。

1. 启动自动创建

使用自动创建，可以快速地在 Excel 中创建一个空白的工作簿，在本案例制作年度产品销售统计分析表中，可以使用自动创建的方法创建一个工作簿。

第1步 启动 Excel 2016 后，在打开的界面单击右侧的【空白工作簿】选项。

第2步 系统会自动创建一个名称为"工作簿1"的工作簿。

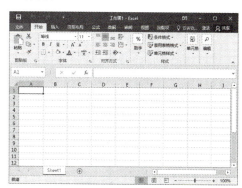

第3步 单击【文件】按钮，在弹出的面板中选择【另存为】→【浏览】选项，在弹出的【另存为】对话框中选择文件要保存的位置，并在【文件名】文本框中输入"年度产品销售统计分析表 .xlsx"，并单击【保存】按钮。

· 335 ·

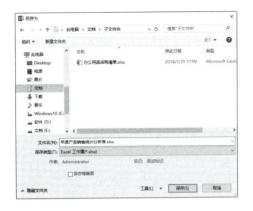

2. 使用【文件】选项卡

如果已经启动 Excel 2016，也可以再次新建一个空白的工作簿。单击【文件】选项卡，在弹出的下拉菜单中选择【新建】选项。在右侧【新建】区域单击【空白工作簿】项，即可创建一个空白工作簿。

3. 使用快速访问工具栏

使用快速访问工具栏，也可以新建空白工作簿。单击【自定义快速访问工具栏】按钮，在弹出的下拉菜单中选择【新建】选项。将【新建】按钮固定显示在【快速访问工具栏】中，然后单击【新建】按钮，即可创建一个空白工作簿。

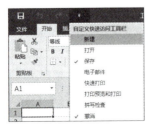

4. 使用快捷键

使用快捷键，可以快速的新建空白工作簿。在打开的工作簿中，按【Ctrl + N】组合键即可新建一个空白工作簿。

5. 使用联机模板创建销售表

启动 Excel 2016 后，可以使用联机模板创建销售表。

第1步 单击【文件】选项卡，在弹出的下拉菜单中选择【新建】选项，在右侧【新建】区域出现【搜索联机模板】选项。

第2步 在【搜索联机模板】搜索框中输入"销售表"，单击【搜索】按钮。

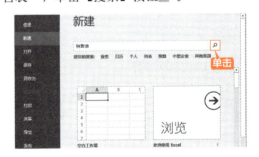

第3步 在弹出的【新建】区域，即是 Excel 2016 中的联机模板，选择【基本销售报表】模板。

第 13 章
表格制作——使用 Excel 2016

第4步 在弹出的【基本销售报表】模板界面，单击【创建】按钮 。

第5步 弹出【正在下载您的模板】界面。

第6步 下载完成后，Excel 自动打开【基本销售报表】模板。

第7步 如果要使用该模板创建年度产品销售统计分析表，只需要更改工作表中的数据并且保存工作簿即可。这里单击【功能区】右上角的【关闭】按钮 ，在弹出的【Microsoft Excel】对话框中单击【不保存】按钮。

第8步 Excel 工作界面返回到"年度产品销售统计分析表"工作簿。

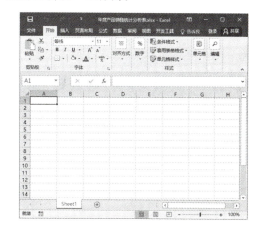

13.2.2 创建工作表

工作表是工作簿里的一个表。Excel 2016 的一个工作簿默认有一个工作表，用户可以根据需要创建工作表。创建工作表的方法主要有两种：一种是插入工作表，另一种是复制工作表。

1. 插入工作表

（1）使用功能区。

第1步 在打开的 Excel 文件中，单击【开始】选项卡下【单元格】组中【插入】按钮的下拉按钮 ，在弹出的下拉列表中选择【插入工作表】选项。

第2步 即可在工作表的前面创建一个新工作表。

· 337 ·

（2）使用快捷菜单插入工作表。

第1步 在Sheet1工作表标签上单击鼠标右键，在弹出的快捷菜单中选择【插入】菜单项。

第2步 弹出【插入】对话框，选择【工作表】图标，单击【确定】按钮。

第3步 即可在当前工作表的前面插入一个新工作表。

（3）使用【新工作表】按钮。

单击工作表名称后的【新工作表】按钮，也可以快速插入新工作表。

2. 复制工作表

用户可以在一个或多个Excel工作簿中复制工作表，有以下两种方法。

（1）使用鼠标复制。

第1步 选择要复制的工作表，按住【Ctrl】键的同时单击该工作表，拖曳鼠标让指针到工作表的新位置，黑色倒三角会随鼠标指针移动。

第2步 释放鼠标左键，工作表即复制到新的位置。

（2）使用快捷菜单复制。

第1步 选择要复制的工作表。在工作表标签上右击，在弹出的快捷菜单中选择【移动或复制工作表】选项。

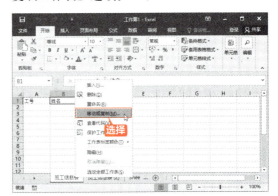

第 13 章
表格制作——使用 Excel 2016

第2步 在弹出的【移动或复制工作表】对话框中选择要复制的目标工作簿和插入的位置，然后选中【建立副本】复选框。

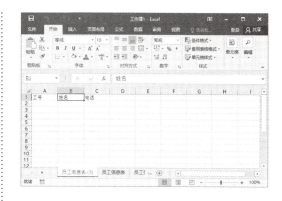

> **提示**
> 每一个工作簿最多可以包括 255 个工作表，在工作表的标签上显示了系统默认的工作表名称为 Sheet1、Sheet2、Sheet3。

第3步 单击【确定】按钮，即可完成复制工作表的操作。

13.3 输入标题

一个完整的表格包括表格标题、数据内容等信息，在制作表格时，首先输入信息就是表格的标题文本。

13.3.1 输入标题文本

表格中的文本内容比较多，可以是汉字、英文字母，也可以是具有文本性质的数字、空格以及其他键盘能输入的符号，下面介绍表格标题文本的输入，具体操作步骤如下。

第1步 在"Sheet1"工作表中单击 A1 单元格，然后在编辑栏中输入文本"2015 年 ×× 商贸公司产品销售统计表"，输入完毕后按【Enter】键即可。

> **提示**
> 如果单元格列宽容纳不下文本字符串，多余字符串会在相邻单元格中显示，若相邻的单元格中已有数据，就截断显示。

第2步 按照相同的方法，输入其他标题性文本信息。

13.3.2 合并单元格

为了使报表的信息更加清楚，经常需要为其添加一个居于首行中央的标题，此时就需要单元格的合并功能，而对于合并之后的单元格，用户也可以根据自己的需要进行拆分单元格的操作，合并单元格的具体操作如下。

1. 使用【设置单元格格式】合并单元格

第1步 选中需要合并的多个单元格，这里选中 A1:G1 单元格区域，右击鼠标在弹出的快捷菜单中选择【设置单元格格式】命令。

第2步 打开【设置单元格格式】对话框，选择【对齐】选项卡，选中【文本控制】区域中的【合并单元格】复选框。

对于合并之后的单元格，要想取消合并，只需选中该单元格，然后右击在弹出的快捷菜单中选择【设置单元格格式】命令，在打开的【设置单元格格式】对话框中的【对齐】选项卡中取消选中【合并单元格】复选框即可。

2. 使用【对齐方式】组合并单元格

第1步 选中需要合并的多个单元格，这里选中 A1:G1 单元格区域。

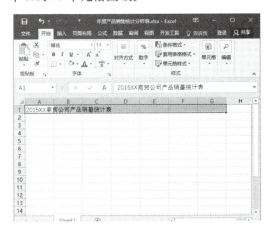

第3步 单击【确定】按钮，即可合并选中的单元格。

第2步 单击【开始】选项卡下【对齐方式】组中的【合并后居中】按钮。

第 13 章
表格制作——使用 Excel 2016

第3步 返回到工作表当中，可以看到选中的单元格被合并，单元格中的文本居中显示。

13.4 输入数据内容

向工作表中输入数据是创建工作表的第一步，工作表中可以输入的数据类型有多种，主要包括文本、数值、小数和分数等，由于数值类型的不同，其采用的输入方法也不尽相同。

13.4.1 输入基本数据

在单元格中输入的数值主要包括两种，分别是文本、数字，下面分别介绍输入的方法。

1. 输入文本

单元格中的文本包括汉字、英文字母、数字和符号等。每个单元格最多可包含 32767 个字符。在单元格中输入文字和数字，Excel 会将它显示为文本形式；若输入文字 Excel 则会作为文本处理，若输入数字，Excel 中会将数字作为数值处理。

选择要输入的单元格，从键盘上输入数据后按【Enter】键，Excel 会自动识别数据类型，并将单元格对齐方式默认设置为"左对齐"。

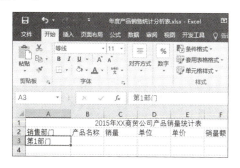

在工作表中，输入其他文本数据。

| 提示 |

如果在单元格中输入的是多行数据，在换行处按【Alt+Enter】组合键，可以实现换行。换行后在一个单元格中将显示多行文本，行的高度也会自动增大。

2. 输入数值

在 Excel 2016 中输入数字是最常见不过的操作了，而且进行数字计算也是 Excel 最基本的功能。在 Excel 2016 的单元格中，数字可用逗号、科学计数法等表示，即当单元格容不下一个格式化的数字时，可用科学计数法显示该数据。

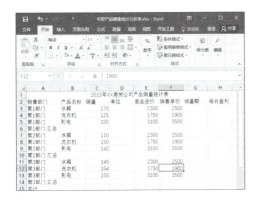

3. 设置数值格式

在 Excel 2016 中可以通过设置数字格式，使数字以不同的样式显示。设置数字格式常用的方法主要包括利用菜单命令、利用格式刷、利用复制粘贴，以及利用条件格式等。

设置数字格式的具体操作步骤如下。

第1步 选择需要设置数据格式的单元格或单元格区域，这里选择 E3:H13 单元格区域。

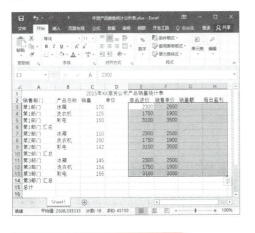

第2步 右击鼠标，在弹出的快捷菜单中选择【设置单元格格式】命令，打开【设置单元格格式】对话框，【分类】列表框中选择【货币】选项，设置【小数位数】为"0"。

第3步 单击【确定】按钮，即可完成数字格式的设置，这样数据的小数位数精确到个位。

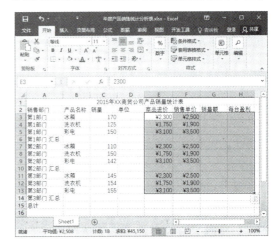

13.4.2 数据的快速填充

在产品销售统计分析表中，用 Excel 2016 的自动填充功能，可以方便、快捷地输入有规律的数据。有规律的数据是指等差、等比、系统预定义的数据填充序列和用户自定义的序列。

1. 填充相同数据

使用填充柄可以在表格中输入相同的数据，相当于复制数据。具体的操作步骤如下。

第1步 选定单元格 D3，在其中输入"台"。

第 13 章
表格制作——使用 Excel 2016

第2步 将鼠标指针指向该单元格右下角的填充柄，然后拖曳鼠标指针至单元格 D13，结果如下图所示。

第3步 删除多余的"台"字，最终的效果如下图所示。

2. 填充序列

使用填充柄还可以填充序列数据，如等差或等比序列。具体操作方法如下。

第1步 选中单元格 A4，将鼠标指针指向该单元格右下角的填充柄。

第2步 待鼠标指针变为 ✚ 形状时，拖曳鼠标指针至单元格 A42，即可进行 Excel 2016 中默认的等差序列的填充。

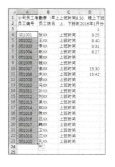

第3步 选中单元格区域 D3:E3，将鼠标指针指向该单元格右下角的填充柄。

第4步 待鼠标指针变为 ✚ 形状时，拖曳鼠标指针至单元格 AH3，即可进行等差序列填充。

> **提示**
>
> 填充完成后，单击【自动填充选项】按钮右侧的下拉按钮，在弹出的下拉列表中，可以选择填充的方式。

13.4.3 编辑数据

在工作表中输入数据，需要修改时，可以通过编辑栏修改数据或者在单元格中直接修改。

1. 通过编辑栏修改

选择需要修改的单元格，编辑栏中即显示该单元格的信息。单击编辑栏后即可修改。如将 A6 单元格中的内容"第 1 部门 汇总"改为"汇总"。

2. 在单元格中直接修改

选择需要修改的单元格，然后直接输入数据，原单元格中的数据将被覆盖，也可以双击单元格或者按【F2】键，单元格中的数据将被激活，然后即可直接修改。

13.5 计算表格数据

公式和函数是 Excel 2016 的重要组成部分，有着非常强大的计算功能，为用户计算工作表中的数据提供了很大的方便。

13.5.1 输入公式

使用公式计算数据的首要条件就是在 Excel 表格中输入公式，常见的输入公式的方法有单击输入和手动输入两种，下面分别进行介绍。

1. 单击输入

单击输入更加简单、快速，不容易出问题。可以直接单击单元格引用，而不是完全靠手动输入。例如，要在单元格 H3 中输入公式 "=F3-E3"，具体操作如下。

第1步 选择单元格 H3，输入等号 "="，此时状态栏里会显示 "输入" 字样。

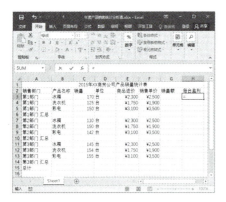

第2步 单击单元格 F3，此时 F3 单元格的周围会显示一个活动虚框，同时单元格引用出现在单元格 H3 和编辑栏中。

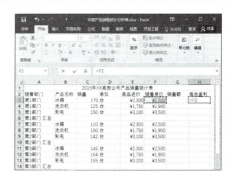

第3步 输入减号 "—"。

第4步 再单击单元格 E3，将单元格 E3 添加到公式中。

第 13 章
表格制作——使用 Excel 2016

第5步 单击编辑栏中的✓按钮，或按【Enter】键结束公式的输入，在 H3 单元格中即可计算出 F3 和 E3 单元格中值的差。

第6步 使用填充功能复制公式到其他单元格，计算出其他行的每台盈利值。

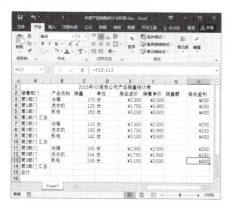

2. 手动输入

手动输入公式是指用手动来输入公式。

在选定的单元格中输入等号（=），后面输入公式。输入时，字符会同时出现在单元格和编辑栏中。如这里需要计算产品的销售额，就可以在编辑栏中直接输入"=C3*F3"，然后按下【Enter】键，即可计算出销售额数值。

使用填充柄功能向下复制公式，即可计算出其他行的销售额。

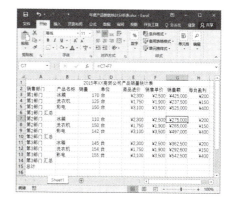

13.5.2 输入函数

Excel 函数是一些已经定义好的公式，通过参数接受数据并返回结果，在 Excel 2016 中，输入函数的方法有手动输入和使用函数向导输入两种方法，其中手动输入函数和输入普通的公式一样，这里不再赘述，下面介绍使用函数向导输入函数，具体操作如下。

第1步 选定 H6 单元格，在【公式】选项卡中，单击【函数库】选项组中的【插入函数】按钮，或者单击编辑栏上的【插入函数】按钮，弹出【插入函数】对话框。

第2步 在【或选择类别】下拉列表中选择【全部】选项，在【选择函数】列表框中选择【SUBTOTAL】选项（部分求和函数），列表框的下方会出现关于该函数功能的简单提示。

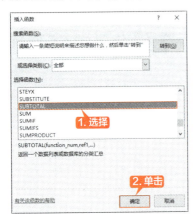

第3步 单击【确定】按钮，弹出【函数参数】对话框，在【Tunction_num】文本框中输入数值"9"。

第4步 单击【Ref1】后面的 按钮，返回到工作表中，单击H3单元格，选取H3单元格中的数值。

第5步 使用同样的方法，添加其他单元格中的数值，具体效果如下图所示。

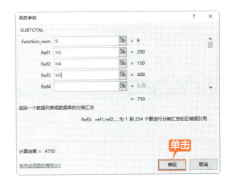

第6步 单击【确定】按钮，即可计算出H3:H6单元格区域中的总和。

|提示|
对于函数参数，可以直接输入数值、单元格或单元格区域引用，也可以使用鼠标在工作表中选定单元格或单元格区域，如下图所示为引用单元格区域函数的输入方法。

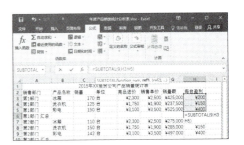

第7步 使用相同的函数，计算出其他部门的每台盈利总和。

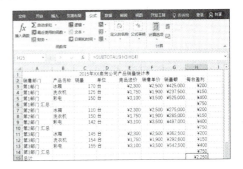

13.6 使用图表

在对产品的销售数据进行分析时，除了对数据本身进行分析外，经常使用图表来直观地表示产品销售状况，从而方便分析数据。

13.6.1 插入图表

在 Excel 2016 之中，用户可以使用 3 种方法创建图表，分别是使用快捷键创建、使用功能区创建和使用图表向导创建，下面进行详细介绍。

1. 使用快捷键创建图表

通过【F11】键或【Alt+F1】组合键都可以快速地创建图表。不同的是，前者可创建工作表图表，后者可创建嵌入式图表。其中，嵌入式图表就是与工作表数据在一起或者与其他嵌入式图表在一起的图表，而工作表图表是特定的工作表，只包含单独的图表。

使用快捷键创建图表的具体操作步骤如下。

第1步 选择产品销售统计分析表中的单元格区域 A2:C5。

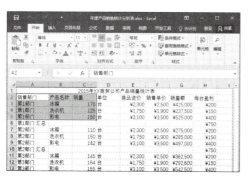

第2步 按【F11】键，即可插入一个名为"Chart1"的工作表图表，并根据所选区域的数据创建该图表。

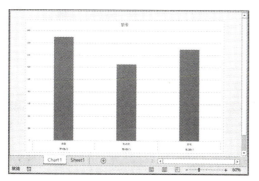

第3步 单击【Sheet1】标签，返回到工作表中，选择同样的区域，按下【Alt+F1】组合键，即可在当前工作表中创建一个嵌入式图表。

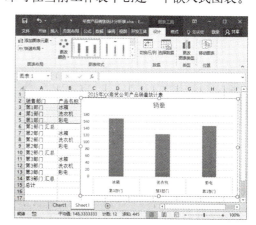

2. 使用功能区创建图表

使用功能区创建图表是最常用的方法，具体的操作步骤如下。

第1步 选择产品销售统计分析表中的单元格区域 A2:C5。在【插入】选项卡中，单击【图表】组的【柱形图】按钮，在弹出的下拉列表框中选择【三维簇状柱形图】选项。

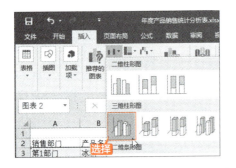

第2步 此时即创建一个簇状柱形图。

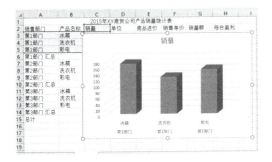

3. 使用图表向导创建图表

使用图表向导也可以创建图表，具体的操作步骤如下。

第1步 选择单元格区域 A2:C5，在【插入】选项卡中，单击【图表】组中的 按钮，弹出【插入图表】对话框。

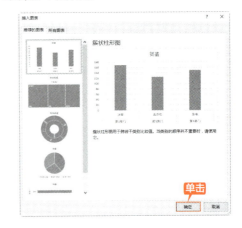

第2步 在该对话框中选择任意一种图表类型，单击【确定】按钮，即可在当前工作表中创建一个图表。

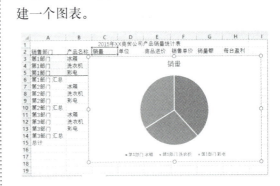

13.6.2 设置图表

为了使图表美观，可以设置图表的格式，Excel 2016 提供有多种图表格式，直接套用即可快速地美化图表。

1. 设置图表样式

在 Excel 2016 中创建图表后，系统会根据创建的图表，提供多种图表样式，对图表可以起到美化的作用。

第1步 选中产品销售统计分析表中的图表。

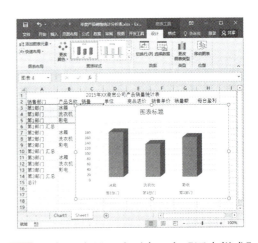

第2步 选择【布局】选项卡，在【图表样式】选项组中单击【更改颜色】按钮，在弹出的颜色面板中选择需要更改的颜色块。

第 13 章
表格制作——使用 Excel 2016

第3步 返回到 Excel 工作界面中，可以看到更改颜色后的图表显示效果。

第2步 即可为图表的标题添加艺术字样式效果。

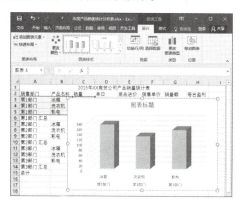

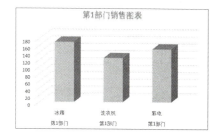

第4步 单击【图表样式】组中的【其他】按钮，打开【图表样式】面板，在其中选择需要的图表样式。

| 提示 |
当只选中整个图表，设置艺术字样式时，可以为整个图表中的文字应用该艺术字样式。

3. 设置填充效果

在【设置图表区格式】对话框中可以设置图表区域的填充效果来美化图表，具体步骤如下。

第1步 选中图表，单击鼠标右键，在弹出的快捷菜单中选择【设置图表区域格式】菜单项。

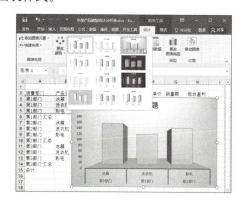

2. 设置艺术字样式

用户可以为图表中的文字添加艺术字样式，从而美化图片，具体步骤如下。

第1步 选中图表中的标题，单击【格式】选项卡下【艺术字样式】组中的【快速样式】按钮，在弹出的下拉列表中选择一种艺术字样式。

第2步 弹出【设置图表区格式】窗格，在【填充线条】选项卡下【填充】组中选中【图案填充】单选按钮，并在【图案】区域中选择一种图案。

第3步 关闭【设置图表区格式】窗格，图表最终效果如下图所示。

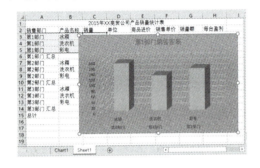

4. 设置边框效果

设置边框效果的具体步骤如下。

第1步 选中图表，单击鼠标右键，在弹出的快捷菜单中选择【设置图表区域格式】菜单项，弹出【设置图表区格式】窗格，在【填充线条】选项卡下【边框】组中选中【实线】单选按钮，在【颜色】下拉列表中选择【红色】，设置【宽度】为"2磅"，如下图所示。

第2步 关闭【设置图表区格式】窗格，设置边框后的效果如下图所示。

5. 使用图片填充图表

使用图片填充图表的具体步骤如下。

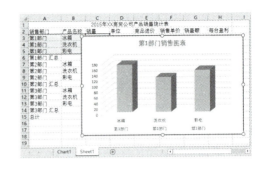

第1步 选中图表，单击鼠标右键，在弹出的快捷菜单中选择【设置图表区域格式】菜单项，弹出【设置图表区格式】窗格，在【填充线条】选项卡下【填充】组中选中【图片或纹理填充】单选按钮，单击【文件】按钮 ，如下图所示。

第2步 弹出【插入图片】对话框，在其中选择需要的背景图片，单击【插入】按钮。

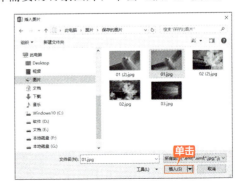

第3步 关闭【设置图表区格式】窗格，最终使用图片填充效果如下图所示。

第 13 章
表格制作——使用 Excel 2016

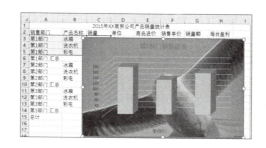

13.6.3 创建数据透视表

数据透视表是一种可以快速汇总大量数据的交互式方法，使用数据透视表可以深入分析数值数据。创建数据透视表的具体操作如下。

第1步 选中产品销售统计分析表单元格区域 A2：H15，然后单击【插入】选项卡下【表格】组中的【数据透视表】按钮。

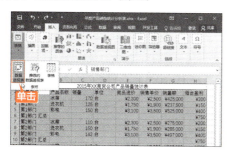

第2步 即可打开【创建数据透视表】对话框，此时在【表/区域】文本框中显示选中的数据区域，然后在【选择放置数据透视表的位置】区域内选中【新工作表】单选按钮。

第3步 单击【确定】按钮，即可创建一个数据透视表框架，并打开【数据透视表字段】任务窗口。

第4步 将"每台盈利"字段拖曳至【Σ值】区域中，将"产品名称"拖曳至【列】区域中，将"销售部门"拖曳至【行】区域中。

第5步 单击【关闭】按钮，即可在新工作中创建一个数据透视表。

13.7 分析表格数据

使用 Excel 2016 可以对表格中的数据进行简单分析，分析表格数据通常使用数据的筛选与排序功能。

13.7.1 数据的筛选

使用筛选功能可以将满足用户条件的数据单独显示，Excel 2016 提供了多种筛选方法，用户可以根据需要进行单条件筛选或多条件筛选。

1. 单条件筛选

单条件筛选是将符合一项条件的数据筛选出来。例如，在产品销售统计分析表中，要将产品为"冰箱"的销售记录筛选出来。具体的操作步骤如下。

第1步 将鼠标光标定位年度产品销售统计分析表中的数据区域内任意单元格。

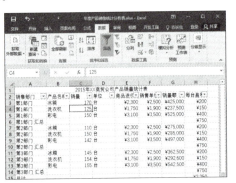

第2步 在【数据】选项卡中，单击【排序和筛选】组中的【筛选】按钮，进入自动筛选状态，此时在标题行每列的右侧会出现一个下拉按钮。

第3步 单击【产品名称】列右侧的下拉按钮，在弹出的下拉列表框中取消选中【全选】复选框，选中【冰箱】复选框，然后单击【确定】按钮。

第4步 此时系统将筛选出产品为"冰箱"的销售记录，其他记录则被隐藏起来，如下图所示。

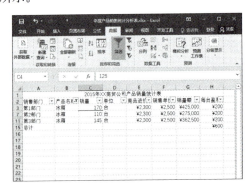

> **提示**
> 进行筛选操作后，在列标题右侧的下拉按钮上将显示"漏斗"图标，将鼠标光标定位在"漏斗"图标上，即可显示出相应的筛选条件。

第 13 章
表格制作——使用 Excel 2016

2. 多条件筛选

多条件筛选是将符合多个条件的数据筛选出来。例如，将销售表中品牌分别为"海尔"和"美的"的销售记录筛选出来，具体的操作步骤如下。

第1步 单击【排序和筛选】组中的【筛选】按钮，进入自动筛选状态。单击【销售部门】列右侧的下拉按钮，在弹出的下拉列表框中取消选中【全选】复选框，选中【第1部门】和【第3部门】复选框，然后单击【确定】按钮。

第2步 此时系统将筛选出第1部门和第3部门的销售记录，其他记录则被隐藏起来。

| 提示 |

若要清除筛选，在【数据】选项卡中，单击【排序和筛选】组中的【清除】按钮 清除 即可。

13.7.2 数据的排序

通过 Excel 2016 的排序功能可以将数据表中的内容按照特定的规则排序；Excel 2016 提供了多种排序方法，用户可以根据需要进行单条件排序或多条件排序，也可以按照行、列排序等。

1. 单条件排序

单条件排序是依据一个条件对数据进行排序。例如，要对产品销售统计分析表中的"销量"进行升序排序，具体的操作步骤如下。

第1步 将鼠标光标定位在【销售】列中的任意单元格。

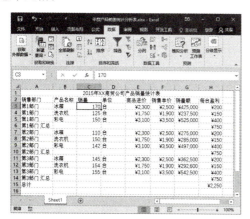

第2步 在【数据】选项卡中，单击【排序和筛选】组中的【升序】按钮，即可对该列进行升序排序。

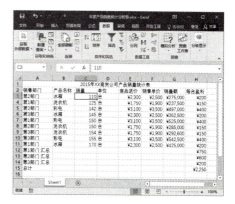

| 提示 |

若单击【降序】按钮，即可对该列进行降序排序。

· 353 ·

第3步 此外，将鼠标光标定位在要排序列的任意单元格，右击鼠标，在弹出的快捷菜单中依次选择【排序】→【升序】或【降序】命令，也可快速排序，如下图所示。

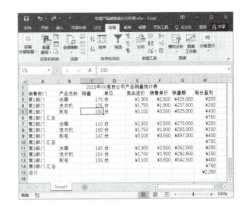

提示
右击鼠标，在弹出的快捷菜单中依次选择【排序】→【自定义排序】命令，也可弹出【排序】对话框。

第4步 或者在【开始】选项卡的【编辑】选项组中，单击【排序和筛选】的下拉按钮，在弹出的下拉列表框中选择【升序】或【降序】选项，同样可以进行排序，如下图所示。

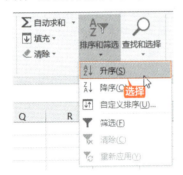

提示
由于数据表中有多列数据，如果仅对一列或几列排序，则会打乱整个数据表中数据的对应关系，因此应谨慎使用排序操作。

2. 多条件排序

多条件排序是依据多个条件对数据表进行排序。例如，要对产品销售统计分析表中的"销量"进行升序排序，在对销售额进行升序排序，具体的操作步骤如下。

第1步 将鼠标光标定位在产品销售统计分析表数据区域中的任意单元格，然后在【数据】选项卡中，单击【排序和筛选】组中的【排序】按钮 ↓。

第2步 弹出【排序】对话框，单击【主要关键字】右侧的下拉按钮，在弹出的下拉列表框中选择【销量】选项，使用同样的方法，设置【排序依据】和【次序】分别为【数值】和【升序】选项。

第3步 单击【添加条件】按钮，将添加一个次要关键字。

第4步 这是次要关键字为"销售额"，排序依据为【数值】，次序为【升序】。

第 13 章
表格制作——使用 Excel 2016

第5步 设置完成后，单击【确定】按钮，此时系统将按设置的条件进行升序排序。

| 提示 |

在 Excel 2016 中，多条件排序最多可设置 64 个关键字。如果进行排序的数据没有标题行，或者让标题行也参与排序，在【排序】对话框中取消选中【数据包含标题】复选框即可。

3. 按行排序

在 Excel 2016 中，所有的排序默认是对列进行排序，用户可通过设置，使其对行进行排序，具体的操作步骤如下。

第1步 将光标定位在数据区域中的任意单元格，在【数据】选项卡中，单击【排序和筛选】组中的【排序】按钮，弹出【排序】对话框。

第2步 单击【选项】按钮，弹出【排序选项】对话框，选中【按行排序】单选按钮，单击【确定】按钮。

| 提示 |

若选中【区分大小写】复选框，排序将区分大小写。若选中【笔画排序】单选按钮，在对汉字进行排序时，将按笔画进行排序。

第3步 返回到【排序】对话框，单击【主要关键字】右侧的下拉按钮，在弹出的下拉列表框中可选择对第几行进行排序，例如，选择"行 3"，然后设置排序依据和次序。

第4步 设置完成后，单击【确定】按钮，此时系统将对第 3 行按数值进行升序排序。

| 提示 |

如果表格中的数据是由函数或公式计算出来的，在排序后会使单元格的引用发生错误，就会出现公式错误的信息提示，因此，一般对行不要排序。

· 355 ·

制作进销存管理 Excel 表

企业进销存管理报表能够有效辅助企业解决业务管理、分销管理、存货管理、营销计划的执行和监控、统计信息的收集等方面的业务问题。对于一些小型企业来说，产品的进销存量不太大，没有那么复杂，没有必要花钱购买一套专业的进销存软件，所以利用 Excel 制作简单的进销存表格就是一个很好的选择。

一个进销存表至少要包括物料编号、名称、数量、单价和总金额等信息，制作这类表格时，要做到数据准确、重点突出、分类简洁使读者快速明了表格信息，可以方便地对表格进行编辑操作。如下图所示为一个简单的企业进销存报表。

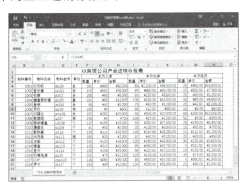

下面就以制作工作计划进度表为例进行介绍。具体操作步骤如下。

1. 创建空白工作簿

新建空白工作簿，重命名工作表。

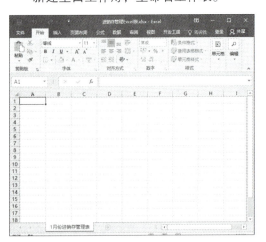

2. 输入标题文本

输入进销存表中的标题文本，合并单元格并调整行高与列宽。

3. 文本段落格式化

设置工作簿中的文本段落格式，文本对齐方式，并设置边框。

4. 输入表格中数值及设置数据的格式

在进销存报表中，根据表格的布局来设置表格中的数据格式，并根据实际情况输入物品信息。

◇【F4】键的妙用

Excel 中有个快捷键的作用极为突出，那就是【F4】键，作为"重复键"，【F4】键可重复上一步的操作，从而避免许多重复性操作。使用【F4】键的具体操作如下。

第1步 启动 Excel 2016，新建一个空白文档，然后选中需要进行操作的单元格 C3，利用【Ctrl+1】组合键打开【设置单元格格式】对话框，选择【填充】选项卡，最后在【背景色】面板中选择需要的颜色。

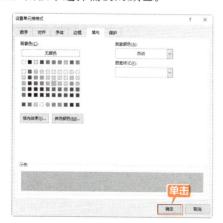

第2步 单击【确定】按钮，即可将选中的单元格底纹设置为选择的颜色。

第3步 选中目标单元格 D4，然后按【F4】键，即可重复上一步的操作，将选中的单元格底纹设置为相同的颜色。

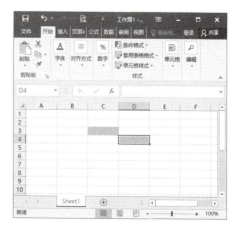

第4步 重复使用【F4】键，即可设置多个相同底纹的单元格。

· 357 ·

◇ 筛选多个表格的重复值

如果多个表格中有重复值，并且需要将这些重复值筛选出来，可以使用下面介绍的方法，从所有部门的员工名单中筛选出编辑部的员工，具体的操作如下。

第1步 打开随书光盘中的"素材 \ch13\ 筛选多个表格中的重复值 .xlsx"文件。

第2步 选中单元格区域 A2：A13，然后单击【数据】选项卡下的【排序和筛选】组中的【高级】按钮，即可打开【高级筛选】对话框。

第3步 选中【方式】区域内的【将筛选结果复制到其他位置】单选按钮，然后单击【条件区域】文本框右侧的按钮，即可打开【高级筛选－条件区域】对话框，拖动鼠标选中"Sheet2"工作表中的单元格区域 A2：A8。

第4步 单击按钮，即可返回到【高级筛选】对话框，然后按照相同的方法选择"复制到"的单元格区域。

第 13 章
表格制作——使用 Excel 2016

第5步 单击【确定】按钮，即可筛选出两个表格中的重复值。

◇ 巧妙制作斜线表头

在 Excel 工作表中制作斜线表头的具体操作如下。

第1步 启动 Excel 2016，新建一个空白文档，然后选中需要添加斜线表头的单元格，并利用【Ctrl +1】组合键打开【设置单元格格式】对话框，选择【边框】选项卡，最后单击【边框】区域内的□按钮。

第2步 单击【确定】按钮，即可在选中的单元格内添加斜线头。

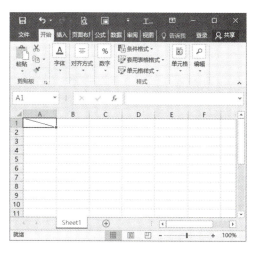

第3步 选中单元格 A1，并按照文本的显示顺序输入文本，如这里输入"科目姓名"。

第4步 将鼠标光标放在"科目"与"姓名"之间，然后利用【Alt+Enter】组合键强制换行。

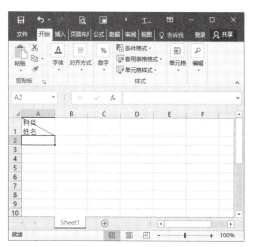

· 359 ·

第5步 双击单元格 A1，并将鼠标光标放在"科目"的左侧，然后按空格键，根据实际情况确定按的次数即可调整文本的位置。

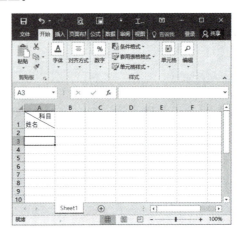

第14章
演示文稿 —— 使用 PowerPoint 2016

📖 本章导读

PowerPoint 2016是微软公司推出的Office 2016办公系列软件的一个重要组成部分，主要用于幻灯片制作，可以用来创建和编辑用于幻灯片播放、会议和网页的演示文稿，并可以使会议或授课变得更加直观、丰富，本章就以制作新年工作计划暨年终总结为例介绍使用PowerPoint制作演示文稿的方法与技巧。

🔗 思维导图

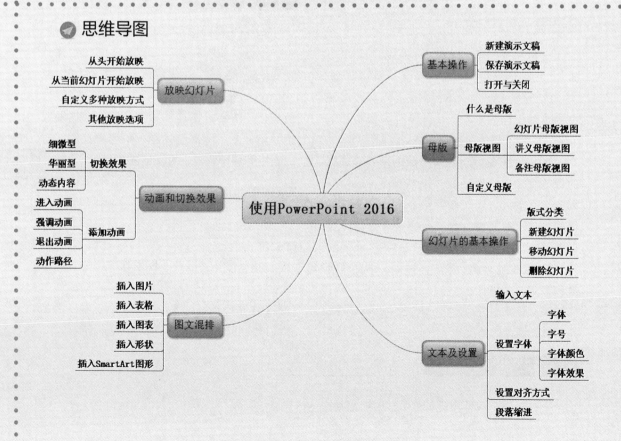

14.1 新年工作计划暨年终总结

新年工作计划是人们对新的一年工作计划的展望，年终总结是人们对一年来的工作、学习进行回顾和分析，从中找出经验和教训，引出规律性认识，以指导今后工作和实践活动的一种应用文体，年终总结包括一年来的情况概述、成绩和经验、存在的问题和教训等。

实例名称：	新年工作计划与总结	
实例目的：	从中找出经验和教训	
	素材	素材\ch14\无
	结果	结果\ch14\新年工作计划暨年终总结.pptx
	录像	视频教学录像\14 第 14 章

14.1.1 案例概述

一份美观、全面的新年工作计划和年终总结 PPT，既可以提高自己的认识，也可以获得观众的认可，制作新年工作计划暨年终总结时，需要注意以下几点。

1. 内容要全面

一份完整的年终总结要包括以下几个方面。

(1) 总结必须有概述和叙述。这部分内容主要是对工作的主客观条件、有利和不利条件以及工作的环境和基础等进行分析。

(2) 成绩和缺点。这是总结的中心，总结的目的就是要肯定成绩，找出缺点，成绩有哪些，有多大，表现在哪些方面，是怎样取得的；缺点有多少，表现在哪些方面，是什么性质的，怎样产生的，都应讲清楚。

(3) 经验和教训。做过一件事，总会有经验和教训，为便于今后的工作，须对以往工作的经验和教训进行分析、研究、概括、集中，并上升到理论的高度来认识。

(4) 今后的打算。根据今后的工作任务和要求，吸取前一年工作的经验和教训，明确努力方向，提出改进措施等。

2. 数据要直观

(1) 忌长篇大作，"年终总结"应实事求是，少讲空话，切实转变工作作风，新年工作计划要从实际出来，提出的目标要高于往年。

(2) 如今是数字时代，故数据是多多益善，但切记"数字是枯燥的"，应该把数据做成折线统计图、扇形统计图、条形统计图、对比表格等种种直观、可视的图表。

3. 界面要简洁

(1) 确定演示文稿的布局，避免多余幻灯片。

(2) 尽量添加图片、图表与表格等直观性元素。

(3) 字体不宜过大，字数不宜过多，但首张幻灯片的标题可以适当加大加粗字体。

14.1.2 设计思路

制作新年工作计划暨年终总结时可以按以下的思路进行。

第 14 章
演示文稿——使用 PowerPoint 2016

(1) 创建空白演示文稿，并对演示文稿进行保存命名。
(2) 设计幻灯片母版类型，以方便幻灯片的统一制作与修改。
(3) 新建幻灯片，并根据实际情况在幻灯片中输入文本，并设置文本格式。
(4) 使用图片、表格、图表等元素美化幻灯片。
(5) 为幻灯片添加切换效果，为幻灯片元素添加动画效果。
(6) 使用不同的方法放映幻灯片。

14.1.3 涉及知识点

本案例主要涉及以下知识点。
(1) 创建空白演示文稿。
(2) 幻灯片母版的设计。
(3) 新建幻灯片。
(4) 设置文本与段落格式。
(5) 在幻灯片中添加图片、图表等元素。
(6) 为幻灯片添加动画效果。
(7) 放映幻灯片。

14.2 演示文稿的基本操作

美轮美奂的演示文稿给人一种美的享受，如果想掌握精美演示文稿的制作，就需要先了解演示文稿的基本操作。

14.2.1 新建演示文稿

在 PowerPoint 2016 中，新建演示文稿的方法有多种。

1. 启动自动创建

当启动 PowerPoint 2016 后，系统默认新建一个空白演示文稿。

2. 通过【文件】选项卡创建

第1步 在启动的演示文稿中选择【文件】选项卡，进入到【文件】界面。

第2步　选择【新建】选项,进入到【新建】界面。

第3步　单击【空白演示文稿】选项,即可创建空白演示文稿。

3. 使用模板创建演示文稿

使用系统自带的模板可以创建演示文稿,具体的操作步骤如下。

第1步　在【新建】界面中,会显示出系统自带的所有模板样式。

14.2.2 保存演示文稿

演示文稿编辑完毕后就需要保存起来,具体的操作步骤如下。

第1步　选择【文件】选项卡,在打开的界面中选择【另存为】选项,然后双击【这台电脑】按钮,打开【另存为】对话框,在【文件名】文本框中输入文件的名称,然后在【保存类型】下拉列表中选择演示文稿的保存类型。

第2步　选择需要的模板样式,打开模板创建对话框。

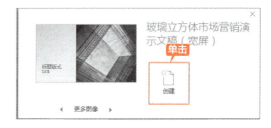

第3步　单击【创建】按钮,即可创建一个演示文稿。

第 14 章
演示文稿——使用 PowerPoint 2016

第2步 单击【保存】按钮，即可完成演示文稿的保存操作。

如果打开的演示文稿是已经保存的，那么重新编辑之后，如果保存在原来的位置上的话，就直接单击快速访问工具栏中的【保存】按钮即可。如果是重新保存到别的位置，只用按照保存新建演示文稿的方法进行保存即可。

除此之外，PowerPoint 2016 还提供了自动保存功能，这个功能可以有效地减少因断电或死机所造成的损失，具体的操作步骤如下。

第1步 选择【文件】选项卡，在打开的界面中单击【选项】按钮，打开【PowerPoint 选项】对话框。

第2步 选择【保存】选项卡，然后在【保存演示文稿】组中选中【保存自动恢复信息时间间隔】复选框，并在右侧的数字微调框中输入自动保存的时间。

第3步 单击【确定】按钮，即可完成设置操作，这样系统就会在每间隔时间内自动保存该演示文稿。

14.2.3 打开与关闭演示文稿

用户如果要查看编辑过的演示文稿只有打开才能查看，查看后还需要将演示文稿关闭起来，这是一个连贯性的操作，缺了哪一步都是不完整。

1. 打开演示文稿

如果要查看编辑以前的演示文稿，就需要选择【文件】选项卡，在打开的界面中选择【打开】选项，然后双击【计算机】按钮，打开【打开】对话框，定位到要打开的文档的路径下，然后选中要打开的演示文稿，最后单击【打开】按钮，即可打开需要查看的演示文稿。

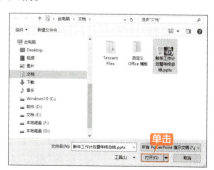

2. 关闭演示文稿

演示文稿编辑保存之后就可以将其关闭，

· 365 ·

这个关闭的方法也不只一种,还可以选择【文件】选项卡,然后单击【关闭】按钮,即可关闭演示文稿,也可以单击文档右上角的 ✕ 按钮关闭演示文稿。

14.3 PPT 母版的设计

母版幻灯片控制整个演示文稿的外观,包括颜色、字体、背景、效果和其他所有内容,用户可以在幻灯片母版上插入形状或其他图形等内容,它就会自动显示在所有幻灯片上。

14.3.1 母版的定义

幻灯片母版是幻灯片层次结构中的顶层幻灯片,用于存储有关演示文稿的主题和幻灯片版式的信息,包括背景、颜色、字体、效果、占位符大小和位置。

每个演示文稿至少包含一个幻灯片母版。修改和使用幻灯片母版的主要优点是可以对演示文稿中的每张幻灯片(包括以后添加到演示文稿中的幻灯片)进行统一的样式更改。使用幻灯片母版时,无须在多张幻灯片上重复输入相同的信息,这样可以为用户节省很多时间。

14.3.2 认识母版视图

PPT 的母版视图包括幻灯片母版视图、讲义母版视图和备注母版视图 3 种。

1. 幻灯片母版视图

通过幻灯片母版视图可以快速制作出多张具有特色的幻灯片,包括设计母版的占位符大小、背景颜色,以及字体大小等,设计幻灯片母版的具体操作步骤如下。

第1步 单击【视图】选项卡下【母版视图】组中的【幻灯片母版】按钮。

第2步 进入【幻灯片母版】设计环境中,在【幻灯片母版】选项卡中可以设置占位符的大小及位置、背景设计和幻灯片的方向等。

第3步 在【幻灯片母版】选项卡下【背景】组中单击【背景样式】按钮,在弹出的下拉列表中选择合适的背景样式。

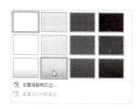

第4步 单击合适的背景样式，即可应用于当前幻灯片上。

第5步 单击要更改的占位符，当四周出现小节点时，可拖动四周的任意一个节点更改大小。

第6步 在【开始】选项卡下【字体】组中可以对占位符中的文本进行字体样式、字号和颜色的设置。

第7步 在【开始】选项卡下【段落】组中可以对占位符中的文本进行对齐方式等设置。

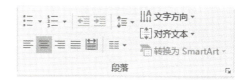

第8步 设置完毕后，单击【幻灯片母版】选项卡下【关闭】组中的【关闭母版视图】按钮，退出幻灯片母版视图。

2. 讲义母版视图

讲义母版视图可以将多张幻灯片显示在一张幻灯片中，用于打印输出。

第1步 单击【视图】选项卡下【母版视图】组中的【讲义母版】按钮。

第2步 随即进入讲义母版视图中。

第3步 单击【讲义母版】选项卡下【页面设置】组中的【幻灯片大小】按钮，在弹出的下拉列表中选择【自定义幻灯片大小】选项，打开【幻灯片大小】对话框，在其中可以设置幻灯片的大小、方向等。

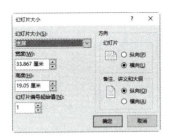

第4步 单击【讲义方向】下面的下拉按钮，在弹出的下拉列表中可以设置讲义的方向，包括纵向与横向。

第5步 单击【每页幻灯片数量】下拉按钮，在弹出的下拉列表中可以设置每页包含的幻灯片数量。

第6步 单击【讲义母版】选项卡下【占位符】组中的【页脚】、【页眉】、【日期】和【页码】复选框，则可以在占位符中显示页眉页脚、日期和页码信息。

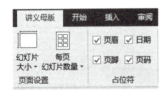

第7步 设置完毕后，单击【讲义母版】选项卡下【关闭】组中的【关闭母版视图】按钮，退出幻灯片母版视图。

3. 备注母版视图

备注母版视图主要用于显示用户在幻灯片中的备注，可以是图片、图表或表格等。设置备注母版的具体操作步骤如下。

第1步 单击【视图】选项卡下【母版视图】组中的【备注母版】按钮。

第2步 选中备注文本区的文本，单击【开始】选项卡，在此选项卡的功能区中用户可以设置文字的大小、颜色和字体等。

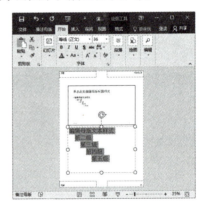

第3步 单击【备注母版】选项卡，在弹出的功能区中单击【关闭母版视图】按钮。

第 14 章
演示文稿——使用 PowerPoint 2016

第4步 返回到普通视图，在【备注】窗格中输入要备注的内容。

第5步 输入完毕，然后单击【视图】选项卡下【演示文稿视图】组中的【备注页】按钮，查看备注的内容及格式。

14.3.3 自定义母版

一般情况下，在制作演示文稿之前，先创建幻灯片母版，创建或自定义幻灯片母版包括创建幻灯片母版、设置母版背景和设置占位符等操作。

创建或自定义幻灯片母版的具体操作步骤如下：

第1步 打开"新年工作计划暨年终总结"演示文稿，单击【视图】选项卡下【母版视图】组中的【幻灯片母版】按钮。

第2步 进入【幻灯片母版】视图中，在其下面的各组中可以设置占位符的大小及位置、背景设计和幻灯片的方向等。

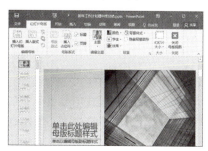

第3步 单击【幻灯片母版】选项卡下【背景】组中的【背景样式】按钮，在弹出的下拉列表中选择合适的背景样式。如选择"样式10"选项。

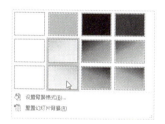

第4步 选择的背景样式即可应用于当前幻灯片上。

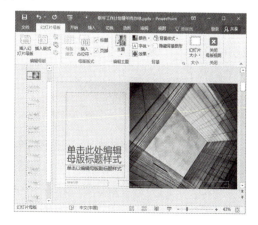

· 369 ·

第5步 在幻灯片中单击要更改的占位符，当四周出现小节点时，可拖动四周的任意一个节点更改占位符的大小。

第6步 在【开始】选项卡下【字体】组中可以对占位符中的文本进行字体样式、字号和颜色的设置。

第7步 在【开始】选项卡下【段落】组中可对占位符中的文本进行对齐方式等设置。

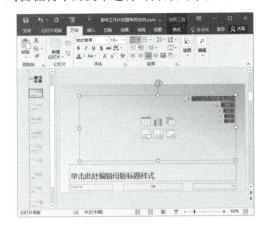

第8步 设置完毕，单击【幻灯片母版】选项卡下【关闭】组中的【关闭母版视图】按钮即可使空白幻灯片中的版式一致。

14.4 幻灯片的基本操作

在幻灯片演示文稿中，用户可以对演示文稿中的每一张幻灯片进行编辑操作，如常见的插入、移动和删除等。

14.4.1 认识幻灯片版式分类

幻灯片版式主要包括幻灯片上显示的全部内容，如占位符、字体格式等。PowerPoint 2016 中包含标题幻灯片、标题和内容、节标题等 11 种内置幻灯片版式，这些版式均显示有添加文本或图形的各种占位符的位置，在 PowerPoint 2016 工作界面中单击【开始】选项卡下【幻灯片】组中的【版式】按钮，即可在打开的面板中查看幻灯片的版式类型。

第 14 章
演示文稿——使用 PowerPoint 2016

在 PowerPoint 2016 中使用幻灯片版式的具体操作步骤如下。

第1步 打开"新年工作计划暨年终总结"演示文稿,选择第 2 张幻灯片。

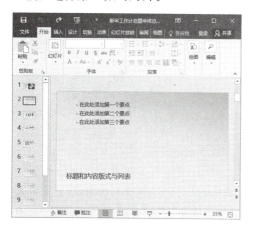

第2步 单击【开始】选项卡下【幻灯片】组中的【版式】按钮右侧的下拉按钮。

第3步 在弹出的版式面板中选择一个幻灯片版式,如此处选择【内容与标题】幻灯片。

第4步 即可将演示文稿中第 2 张幻灯片的版式更换为内容与标题版式的幻灯片。

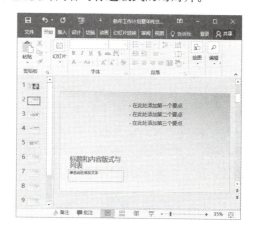

14.4.2 新建幻灯片

演示文稿通常是由多张幻灯片组成的,因此在编辑演示文稿的过程中,随着内容的不断增加,常常需要新建幻灯片。

1. 通过功能区的【开始】选项卡新建幻灯片

第1步 打开"新年工作计划暨年终总结"演示文稿,进入 PowerPoint 工作界面。

第2步　单击【开始】选项卡，在【幻灯片】组中单击【新建幻灯片】按钮即可直接新建一个幻灯片。

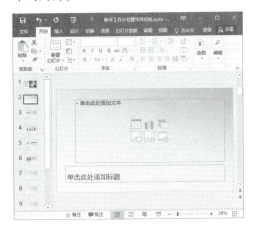

第2步　系统即可自动创建一个新幻灯片，且其缩略图显示在【幻灯片／大纲】窗格中。

2. 使用鼠标右键新建幻灯片

第1步　在【幻灯片／大纲】窗格的【幻灯片】选项卡下的缩略图上或空白位置右击，在弹出的快捷菜单中选择【新建幻灯片】选项。

3. 使用快捷键新建幻灯片

使用【Ctrl+N】组合键也可以快速创建新的幻灯片。

14.4.3 移动幻灯片

移动幻灯片可以改变幻灯片演示的播放顺序。移动幻灯片的方法是：在大纲编辑窗口中使用鼠标直接拖动幻灯片即可。

此外，在幻灯片浏览视图中单击要移动的幻灯片，然后按住鼠标左键不放，将其拖曳至合适的位置之后释放鼠标也可以实现幻灯片的移动操作。

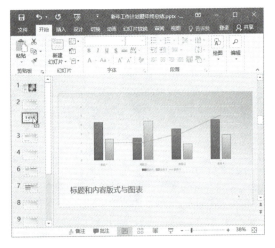

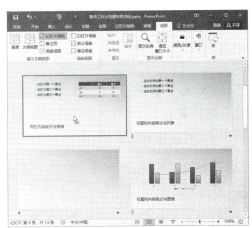

14.4.4 删除幻灯片

对于不再需要的幻灯片可以将其删除，具体的操作步骤如下。

第1步 选中需要删除的幻灯片。

第2步 直接按下【Delete】键，或单击鼠标右键在弹出的快捷菜单中选择【删除幻灯片】菜单项。

第3步 即可删除选中的幻灯片。

另外，如果不小心误删除了某一张幻灯片，则可单击【快速工具栏】中的【撤销】按钮恢复幻灯片。

14.5 文本的输入和格式化设置

编辑演示文稿的第一步就是向演示文稿中输入文本信息，这个内容包括文字、各类符号、公式等。

14.5.1 在幻灯片首页输入标题

在幻灯片首页中输入标题的具体操作步骤如下。

第1步 打开需要输入文字的演示文稿，单击提示输入标题的占位符，此时占位符中会出现闪烁的光标。

第2步 在占位符中输入标题"2016年工作计划暨 2015 年工作总结"，然后单击占位符外的任意位置即可完成输入。

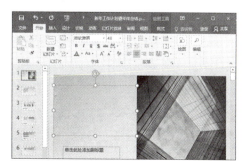

第3步 单击"单击此处添加副标题"占位符,在其中输入相应的内容。

14.5.2 在文本框中输入内容

文本框是输入文本的地方,在幻灯片中可以插入横排和竖排两种类型的文本框,还可以对文本框进行复制、删除及设置文本框样式等操作。幻灯片中"文本占位符"的位置是固定的,如果想在幻灯片的其他位置输入文本,可以通过绘制一个新的文本框来实现。

在文本框中输入文本的具体操作步骤如下。

第1步 选中第2张幻灯片,删除该幻灯片中的占位符。

第2步 单击【插入】选项卡,进入到【插入】界面,然后单击【文本】选项组中的【文本框】按钮,从弹出的菜单中选择【横排文本框】选项。

第3步 在要添加文本框的位置绘制一个横排文本框。

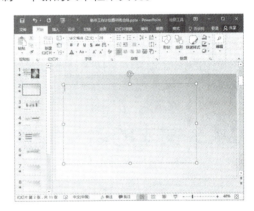

第4步 在绘制的横排文本框中输入幻灯片的文本信息。

第5步 调整幻灯片文本框的大小,最终的显示效果如下图所示。

14.5.3 设置字体

对于文字的设置，主要包括对字体格式、字体大小、字体样式与颜色的设置，在选中要设置的字体后，可以在【开始】选项卡【字体】组中或【字体】对话框中进行设置。

1. 字体设置

选中需要设置的字体，然后单击【开始】选项卡【字体】组中的【字体】按钮，即可打开【字体】对话框。

下面介绍【字体】对话框中各个命令的作用与使用方法。

（1）【西文字体】和【中文字体】命令：PowerPoint 默认的字体为宋体，用户如果需要对字体进行修改，可以先选中文本，单击【中文字体】命令，在下拉菜单中选择当前文本所需要的字体类型。

（2）【字体样式】命令：通过【字体样式】命令可以对文字应用一些样式，如加粗、倾斜或下划线等，可使当前文本更加突出、醒目。

如果需要对文字应用样式，可以先选中文本，单击【字体样式】下拉按钮，在弹出的下拉菜单中选择当前文本所需要的字体样式即可。

（3）【大小】命令：如果需要对文字的大小进行设定，可以先选中文本，在【大小】文本框中输入精确的数值来确定当前文本所需要的字号。

下面通过具体的实例介绍PowerPoint中字体设置和颜色设置等的操作方法。

第1步 打开"新年工作计划暨年终总结"演示文稿，并选中要进行字体设置的文本。

第2步 单击【开始】选项卡下【字体】组中的字体下拉按钮，在弹出的下拉列表中选择"黑体"。

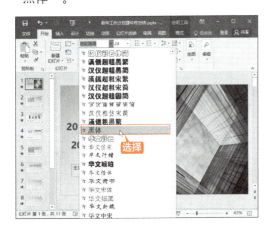

第3步 即可将选中的文字字体设置为黑体。

第4步 单击【开始】选项卡下【字体】组中的字号下拉按钮，在弹出的下拉列表中选择"28"。即可将文字的字号设置为28。

第5步 单击【开始】选项卡下【字体】组中的【倾斜】按钮 I 。

第6步 即可将字体设置倾斜样式。

2. 颜色设置

PowerPoint 2016默认的文字颜色为黑色。如果需要设定字体的颜色，可以先选中文本。

第1步 在【字体】对话框中单击【字体颜色】

第 14 章
演示文稿——使用 PowerPoint 2016

按钮 ，在弹出的下拉菜单中选择所需要的颜色。

第2步 【字体颜色】下拉列表中包括【主题颜色】、【标准色】和【其他颜色】3个区域的选项。

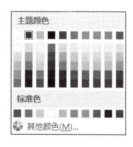

第3步 单击【主题颜色】和【标准色】区域的颜色块可以直接选择所需要的颜色。单击【其他颜色】选项，弹出【颜色】对话框。该对话框包括【标准】和【自定义】两个选项卡。在【标准】选项卡下可以直接单击颜色球指定颜色。

第4步 单击【自定义】选项卡，可以在【颜色】区域指定要使用的颜色，也可以在【红色】、【绿色】和【蓝色】文本框中直接输入精确的数值指定颜色。

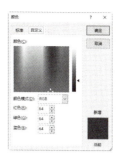

下面通过具体的实例介绍 PowerPoint 2016 中字体设置和颜色设置等的操作方法。

第1步 打开"新年工作计划暨年终总结"演示文稿，并选中要进行字体颜色的文本。

第2步 单击【开始】选项卡下【字体】组中的【字体颜色】下拉按钮，从弹出的下拉列表中选择需要的颜色，如选择标准色中的"浅蓝色"。

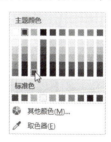

第3步 字体颜色即可设置为浅蓝色，最终效果如下图所示。

14.5.4 设置对齐方式

段落对齐方式包括左对齐、右对齐、居中对齐、两端对齐和分散对齐等。单击【段落】组右下角的【段落】按钮，在弹出的【段落】对话框中也可以对段落进行对齐方式的设置。

下面通过具体的实例介绍 PowerPoint 2016 中设置段落对齐的操作方法，操作步骤如下。

第1步 打开"新年工作计划暨年终总结"演示文稿。

第2步 左对齐。选中幻灯片中的文本，单击【开始】选项卡下【段落】组中的【左对齐】按钮，即可将文本进行左对齐。

第3步 右对齐。选中幻灯片中的文本，单击【开始】选项卡下【段落】组中的【右对齐】按钮，即可将文本进行右对齐。

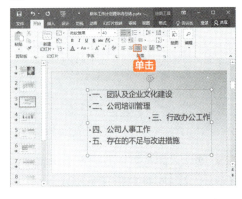

第4步 居中对齐。选中幻灯片中的文本，单击【开始】选项卡下【段落】组中的【居中对齐】按钮，即可将文本进行居中对齐。

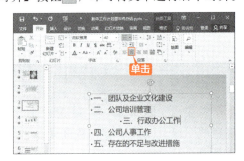

第5步 分散对齐。选中幻灯片中的文本，单击【开始】选项卡下【段落】组中的【分散对齐】按钮，即可将文本进行分散对齐。

> **提示**
> 左对齐和两端对齐区别不是很明显时，可以观察右侧文字与文本框边缘的间隙区别。

14.5.5 设置文本的段落缩进

段落缩进方式主要包括左缩进、右缩进、悬挂缩进和首行缩进等。将鼠标光标定位在要设置的段落中，单击【开始】选项卡下【段落】组右下角的按钮，弹出【段落】对话框，在【缩进】区域可以设定缩进的具体数值。

下面通过具体的实例介绍 PowerPoint 2016 中设置段落缩进的操作方法。

第 1 步 打开"新年工作计划暨年终总结"演示文稿。。

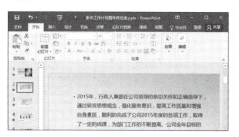

第 2 步 设置悬挂缩进方式。将鼠标光标定位在要设置的段落中，打开【段落】对话框，在【缩进】区域的【特殊格式】下拉列表中选择【悬挂缩进】选项，在【文本之前】文本框中输入"2 厘米"，【度量值】文本框中输入"2 厘米"。

第 3 步 单击【确定】按钮，完成段落的悬挂缩进。

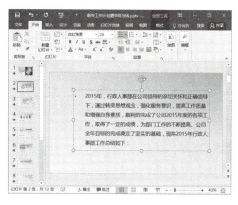

第 4 步 设置首行缩进方式。将鼠标光标定位在要设置的段落中，打开【段落】对话框，在【缩进】区域的【特殊格式】下拉列表中选择【首行缩进】选项，在【度量值】文本框中输入"2 厘米"。

第 5 步 单击【确定】按钮，完成段落的首行缩进设置。

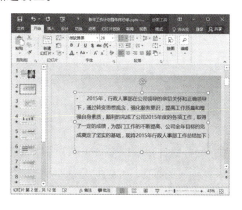

14.6 图文混排

在幻灯片中加入图表、图片或表格，可以使幻灯片的内容更丰富。同时，如果能在制作的幻灯片中插入各种多媒体元素，幻灯片的内容将会更加富有感染力。

14.6.1 插入图片

在制作幻灯片时，适当插入一些图片，可达到图文并茂的效果，插入图片的具体步骤如下。

第1步 打开"新年工作计划暨年终总结"演示文稿，单击【开始】选项卡下【幻灯片】选项组中的【新建幻灯片】按钮，在弹出的下拉列表中选择【标题和内容】幻灯片。

第2步 新建一个"标题和内容"幻灯片。

第3步 单击幻灯片编辑窗口中的【图片】按钮，或单击【插入】选项卡下【图片】选项组中的【图片】按钮。

第4步 打开【插入图片】对话框，在【查找范围】下拉列表中选择图片所在的位置，然后在下面的列表框中选择需要使用的图片。

第5步 单击【插入】按钮，插入图片的效果如图所示。

1. 调整图片的大小

在幻灯片中插入图片之后，还可以调整图片的大小，具体的操作步骤如下。

第 14 章
演示文稿——使用 PowerPoint 2016

第1步 选中插入的图片，将鼠标移至图片四周的尺寸控制点上。

第2步 按住鼠标左键拖曳，就可以更改图片的大小。

> **提示**
> 用户也可以在【格式】选项卡的【大小】选项组中输入具体的数值更改图片的大小。
>

第3步 如果需要旋转图片，可以先选中图片，然后将鼠标指针移至绿色的控制点上，当鼠标指针变为形状时，按鼠标左键不松并移动，即可旋转图片。

2. 为图片设置样式

插入图片后，还可以为图片设置样式，如为图片添加阴影、发光等增强效果，也可以为图片设置样式来更改图片的亮度、对比度或模糊度等。选择要设置样式的图片后，可以通过【图片工具】→【格式】选项卡→【图片样式】组中的选项为图片设置样式。

为图片设置样式的具体操作步骤如下。

第1步 选择要添加效果的图片，单击【图片工具】→【格式】选项卡→【图片样式】组中左侧的【其他】按钮，在弹出的菜单中选择【棱台透视】选项。

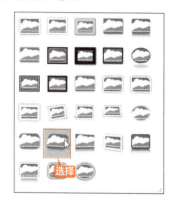

第2步 即可将图片设置为棱台透视样式。

· 381 ·

14.6.2 插入表格

在幻灯片中创建表格的方法不止一种，但使用最为广泛的就是通过对话框的方式来创建，具体的操作步骤如下。

第1步 打开"新年工作计划暨年终总结"演示文稿，选中第6张幻灯片。

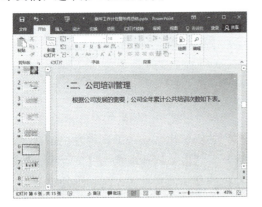

第2步 单击【插入】选项卡下【表格】组中的【插入表格】按钮，打开【插入表格】对话框，在【列数】微调框中输入插入表格的列数，在【行数】微调框中输入表格的行数。

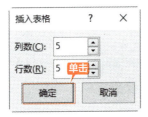

第3步 单击【确定】按钮，即可插入表格。

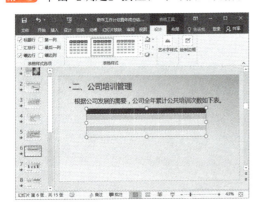

第4步 根据实际情况在表格中输入相应的内容。

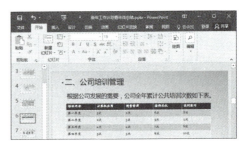

表格插入完毕之后，还需要对插入的表格进行编辑，如设置表格的外观，调整表格中文本的格式等。

1. 设置表格的外观样式

第1步 选定要设置的表格，然后单击【设计】选项卡，在【表格样式】选项组中单击 按钮，从弹出的菜单中选择一种表格样式。

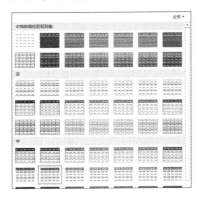

第2步 即可为所选表格设置了外观。

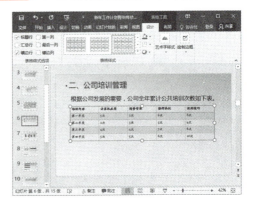

2. 设置表格中的文本格式

设置表格中的文本格式的具体操作步骤如下。

第1步 选中要设置字体格式的表格文本，单击【开始】选项卡下【字体】组中的按钮，打开【字体】对话框，从中设置中文字体、大小和颜色。

第2步 单击【确定】按钮，即可完成字体的设置操作。

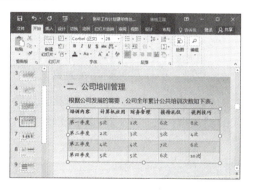

第3步 单击【段落】选项组中的【居中】按钮，即可实现文字的居中显示。

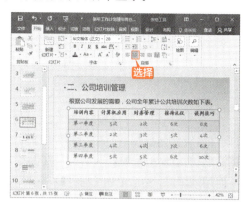

第4步 用户如果对系统提供的默认字体不满意，可以对表格设置快速文字样式，只用选中需要设置样式的文字，然后单击【设计】选项卡下【艺术字样式】组中的【快速样式】按钮，从弹出的菜单中选择需要的样式，即可为表格中的文字设置相应的样式。

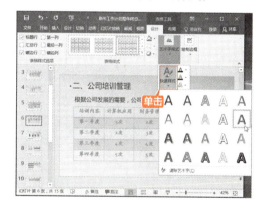

14.6.3 插入图表

图表比文字更能直观地显示数据，且图表的类型也是各式各样的，如圆环图、折线图和柱形图等。插入图表的具体步骤如下。

第1步 打开"新年工作计划暨年终总结"演示文稿，选中第10张幻灯片。

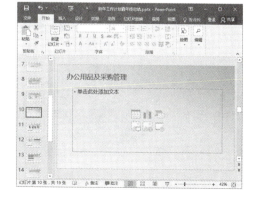

第2步 单击幻灯片编辑窗口中的【插入图表】按钮，或单击幻灯片编辑窗口中的【插入】选项卡下【插图】选项组中的【插入图表】按钮。

第3步 打开【插入图表】对话框，在其中选择要使用的图形，然后单击【确定】按钮即可。

第4步 单击【确定】按钮后会自动弹出Excel 2016软件的界面，根据提示可以输入所需要显示的数据。

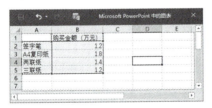

第5步 输入完毕，关闭Excel表格即可插入一个图表。

1. 编辑图表中的数据

插入图表后，可以根据个人总结的资料编辑图表中的数据。具体的操作步骤如下。

第1步 选择要编辑的图表，单击【设计】选项卡下【数据】选项组中的【编辑数据】按钮。

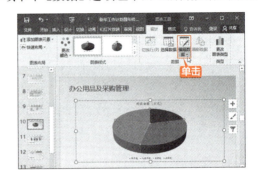

第2步 PowerPoint 2016会自动打开Excel 2016软件，然后在工作表中直接单击需要更改的数据，再输入新的数据。

第3步 输入完毕，幻灯片中的图表中会显示输入的新数据。关闭Excel 2016软件后，会自动返回幻灯片中显示编辑结果。

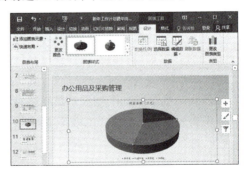

2. 更改图表的样式

在PowerPoint 2016中创建的图表会自动采用PowerPoint 2016默认的样式。如果需要调整当前图表的样式，可以先选中图表，然后选择【设计】选项卡下【图表样式】选项组中的任意一种样式即可。PowerPoint 2016 提供的图表样式如下图所示。

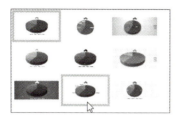

3. 更改图表类型

PowerPoint 2016 默认的图表类型为柱状图，用户可以根据需要选择其他的图表类型。具体的操作步骤如下。

第1步 选择图表，单击【设计】选项卡下【类型】选项组中的【更改图表类型】按钮。

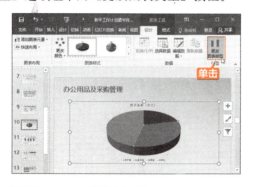

第2步 在弹出的【更改图表类型】对话框中选择其他类型的图表样式。

第3步 单击【确定】按钮，即可更改图表的类型。

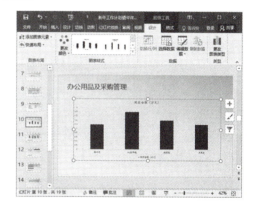

14.6.4 插入形状

在幻灯片中可以插入一个或多个形状，当插入一个或多个形状后，还可以在其中添加文字，并设置形状样式等，在幻灯片中插入的形状主要包括线条、矩形、基本形状、箭头总汇、公式形状、流程图、星与旗帜、标注和动作按钮等。

在 PowerPoint 2016 工作界面中单击【开始】选项卡下【绘图】组中的【形状】按钮，在弹出的下拉菜单中可以选择相应的形状选项，从而在幻灯片中绘制形状。

1. 插入形状

第1步 打开"新年工作计划暨年终总结"演示文稿，选中第 12 张幻灯片。

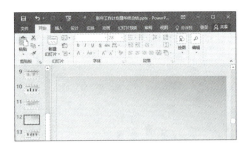

第2步 单击【开始】选项卡下【绘图】组中的【形状】按钮，在弹出的下拉菜单中选择【基本形状】区域的【矩形】形状。

第3步 此时鼠标指针在幻灯片中的形状显示为"+"，在幻灯片空白位置处单击，按住鼠标左键不放并拖动到适当位置处释放鼠标左键。绘制的矩形形状如下图所示。

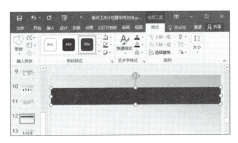

2. 设置形状的样式

在幻灯片中插入形状之后，还可以设置形状的样式，包括设置形状的颜色、填充颜色轮廓以及形状的效果等，具体的操作步骤如下。

第1步 选择绘制的矩形形状，单击【绘图工具】→【格式】选项卡下【形状样式】组中的【形状填充】按钮，在弹出的下拉菜单中选择【标准色】区域的【浅蓝】选项。

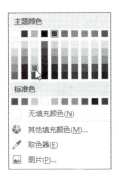

第2步 随即矩形内部即被浅蓝色填充。

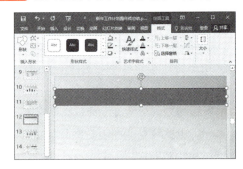

第3步 单击【绘图工具】→【格式】选项卡下【形状样式】组中的【形状轮廓】按钮，在弹出的下拉菜单中选择【标准色】区域的【红色】选项。

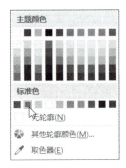

第4步 随即矩形轮廓即显示为红色。

第 14 章
演示文稿——使用 PowerPoint 2016

第5步 单击【绘图工具】→【格式】选项卡下【形状样式】组中的【形状效果】按钮,在弹出的下拉菜单中选择【预设】子菜单中的【预设1】选项。

第6步 完成对矩形使用【预设1】的效果如下图所示。

> **提示**
> 用户还可以快速设置形状的样式,在【形状样式】组中单击【其他】按钮,在弹出的下拉列表中选择系统预设的形状样式。

3. 在形状中添加文字

除了可以在文本框中添加文字外,还可以在绘制或插入的形状添加文字。具体操作方法如下。

第1步 选中绘制的形状,右击鼠标,在弹出的快捷菜单中选择【编辑文字】命令。

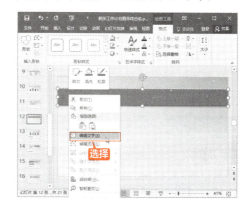

第2步 直接输入文字,如"(一)、调整组织结构,根据人员需求开展招聘工作"。

第3步 选中输入的文字,在【开始】选项卡下【字体】组中更改文字的字号、颜色等格式。

14.6.5 插入 SmartArt 图形

SmartArt 图形是信息和观点的视觉表示形式，可以通过从多种不同布局中进行选择来创建 SmartArt 图形，从而快速、轻松和有效地传达信息。

1. 插入 SmartArt 图形

在 PowerPoint 2016 中，通过使用 SmartArt 图形，可以创建组织结构图，具体操作方法如下。

第1步 打开"新年工作计划暨年终总结"演示文稿，选中第 3 张幻灯片。

第2步 单击【幻灯片】窗格中的【插入 SmartArt 图形】按钮，或单击功能区的【插入】选项卡下【插图】组中的【SmartArt】按钮。

第3步 打开【插入图表】对话框，在其中选择【层次结构】区域的【组织结构图】图样。

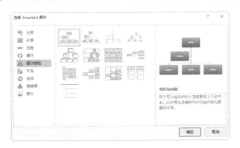

第4步 单击【确定】按钮，即可在幻灯片中创建一个组织结构图，同时出现一个【文本】窗格。

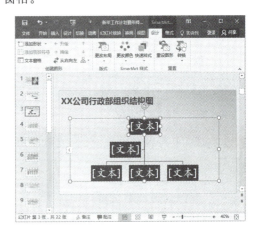

第5步 创建组织结构图后，可以直接单击幻灯片的组织结构图中"文本"直接输入文字内容。

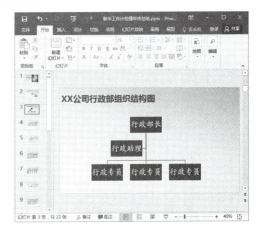

2. 添加与删除形状

在演示文稿中创建 SmartArt 图形后，可以在现有的图形中添加或删除形状。

第1步 单击幻灯片中的 SmartArt 图形，并单击距要添加新形状位置最近的现有形状。

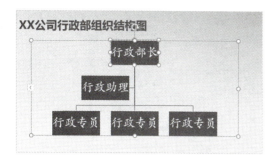

第2步 单击【SmartArt 工具】→【设计】选项卡下【创建图形】组中的【添加形状】按钮，在弹出的下拉菜单中选择【在后面添加形状】选项。

第3步 即可在所选择形状的后面添加一个新的形状，且该新形状处于被选中状态。

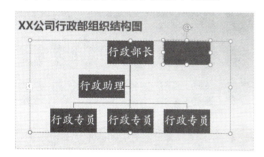

第4步 在新添加的形状中输入文本。

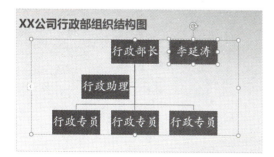

第5步 使用相同的方法添加其他职位人员名称。

提示

要从 SmartArt 图形中删除形状，单击要删除的形状，然后按【Delete】键即可。若要删除整个 SmartArt 图形，单击 SmartArt 图形的边框，然后按【Delete】键即可。

3. 更改形状的样式

插入的 SmartArt 图形的形状不是一成不变的，用户还可以根据自己的需要更改形状的样式，具体的操作步骤如下。

第1步 选择"李延涛"形状。

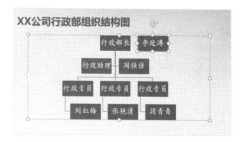

第2步 单击【SmartArt 工具】→【格式】选项卡下【形状样式】组中的【形状填充】按钮，在弹出的下拉菜单中选择【标准色】区域的【蓝色】选项。

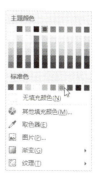

第3步 "李延涛"形状即被蓝色填充。

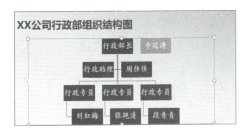

第4步 单击【SmartArt 工具】→【格式】选项卡下【形状样式】组中的【形状轮廓】按钮，在弹出的下拉菜单中选择【虚线】子菜单中的【方点】选项。

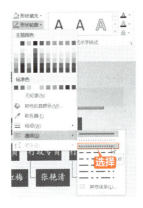

第5步 "李延涛"形状轮廓即显示方点的样式。

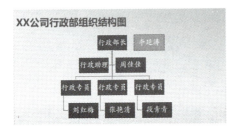

第6步 继续选中"李延涛"形状，单击【SmartArt 工具】→【格式】选项卡下【形状样式】组中的【形状效果】按钮，在弹出的下拉菜单中选择【预设】子菜单中的【预设4】选项。

第7步 返回到幻灯片当中，可以看到设置之后的显示效果。

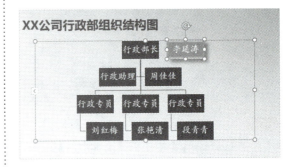

第8步 选择其他名称的形状，单击【SmartArt 工具】→【格式】选项卡下【形状样式】组中左侧的【其他】按钮，在弹出的菜单中选择主题样式。

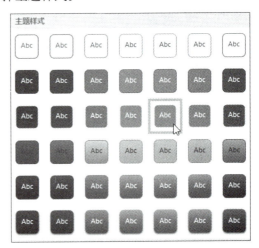

第9步 更改形状部分样式后的效果如下图所示。

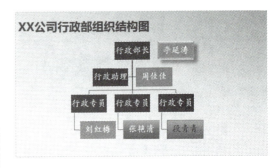

第 14 章
演示文稿——使用 PowerPoint 2016

14.7 添加动画和切换效果

在放映演示文稿之前,如果能够设计好幻灯片放映的切换效果,并添加一定的动画效果,则可以在一定程度上增强幻灯片的展示效果。

14.7.1 添加幻灯片切换效果

1. 添加细微型切换效果

幻灯片的切换效果包括细微型切换效果、华丽型切换效果和动态内容切换效果,这几种切换效果的添加方法是一样的。下面以添加细微型切换效果为例,来介绍添加幻灯片切换效果的方法,具体操作如下。

第1步 打开"新年工作计划暨年终总结"演示文稿,切换到普通视图状态,选择演示文稿中的一张幻灯片缩略图作为要向其添加切换效果的幻灯片。

第2步 单击【转换】选项卡下【切换到此幻灯片】组中的【其他】按钮,在弹出的下拉列表的【细微型】区域中选择一个细微型切换效果,如选择【分割】选项,即可为选中的幻灯片添加分割的切换效果。

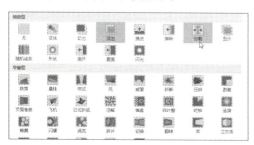

第3步 添加过细微型分割效果的幻灯片在放映时即可显示此切换效果,下面是切换效果时的部分截图。

|提示|

如果需要向演示文稿中的所有幻灯片应用相同的幻灯片切换效果,可以单击【转换】选项卡下【计时】组中的【全部应用】按钮来实现。

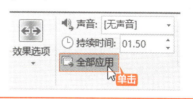

2. 为切换效果添加声音

为幻灯片切换效果添加声音的具体操作方法如下。

第1步 选中演示文稿中的一张幻灯片缩略图,单击【转换】选项卡下【计时】组中的【声音】按钮。

第2步 从弹出的下拉列表中选择需要的声音效果，如选择【风铃】选项即可为切换效果添加风铃声音效果。

3. 设置效果的持续时间

在切换幻灯片时，用户可以为其设置持续的时间，从而控制切换的速度，以便查看幻灯片的内容，操作步骤如下。

第1步 选中演示文稿中的一张幻灯片缩略图，在【转换】选项卡下【计时】组中，单击【持续时间】文本框。

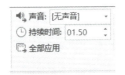

第2步 在【持续时间】文本框中输入所需的速度，如输入"01.50"，也可将持续时间的速度更改为下图所示的"03.00"。

4. 设置换片方式

用户在放映幻灯片时，可以根据需要设置换片的方式，在 PowerPoint 2016 中换片方法主要有两种，分别是单击鼠标时切换和自动切换，用户可以在【转换】选项卡下【计时】组的【换片方式】区域可以设置幻灯片的换片方式。

下面通过一个具体的实例来介绍设置单击鼠标时换片的具体操作步骤。

第1步 打开"新年工作计划暨年终总结"演示文稿，选择演示文稿中的第2张幻灯片。

第2步 在【转换】选项卡下【计时】组的【换片方式】区域中选中【单击鼠标时】复选框，可以设置单击鼠标来切换放映演示文稿中幻灯片的换片方式。

第3步 选择演示文稿中的第3张幻灯片。

第4步 在【转换】选项卡下【计时】组的【换片方式】区域取消【单击鼠标时】复选框选中状态，选择【设置自动换片时间】复选框，并设置换片时间为5秒。

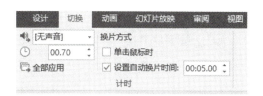

第5步 设置第3张幻灯片换片至第4张幻灯片的切换时间后，放映幻灯片时第3张幻灯片将在5秒后自动切换至第4张幻灯片。

另外，如果【单击鼠标时】复选框和【设置自动换片时间】复选框同时都选中，这样切换时既可以单击鼠标切换，也可以在设置的自动切换时间后切换。

14.7.2 添加动画

1. 创建进入动画

PowerPoint 2016 为用户提供了多种动画元素，如进入、强调、退出以及路径等，使用这些动画效果可以让观众的注意力集中在要点或控制信息上，还可以提高幻灯片的趣味性。下面以创建进入动画为例，来介绍为幻灯片添加动画的方法，具体的操作步骤如下。

第1步 打开新年工作计划暨年终总结演示文稿，选择幻灯片中要创建进入动画效果的文字。

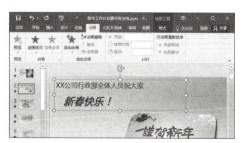

第2步 单击【动画】选项卡下【动画】组中的【其他】按钮，弹出如下图所示的下拉列表。

第3步 在下拉列表的【进入】区域中选择【缩放】选项，创建此进入动画效果。

第4步 添加动画效果后，文字对象前面将显示一个动画编号标记 1 。

第5步 如果【进入】动画区域中没有自己想要的动画效果，则可以【动画】下拉列表中选择【更多进入效果】菜单项。

第6步 随即打开【添加进入效果】对话框，在其中选择需要添加的进入动画效果，最后单击【确定】按钮即可。

2. 创建路径动画

在 PowerPoint 2016 工作界面中选择【动画】选项卡，在【动画】组中可以选择多种【路径】动画类型。为对象创建动作路径动画后，可以使对象上下移动、左右移动或者沿着星形或圆形图案移动，具体的操作步骤如下。

第1步 选择幻灯片中要创建路径动画效果的对象，如选择图片对象。

第2步 单击【动画】选项卡下【动画】组中的【其他】按钮，在弹出的下拉列表的【路径】区域中选择【弧形】选项。

第3步 即可为此对象创建"弧形"效果的路径动画效果。

第4步 如果【路径】动画区域中没有自己想要的动画效果，则可以在【动画】下拉列表中选择【其他动作路径】菜单项。

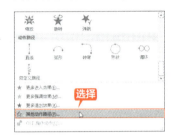

第5步 随即打开【添加动作路径】对话框，在其中选择需要添加的动作路径，最后单击【确定】按钮即可。

> **提示**
>
> 在幻灯片中创建动画后，还可以在【动画窗格】中设置动画的相关效果，如效果的类型、多个动画效果之间的相对顺序、受影响对象的名称以及效果的持续时间。

第 14 章
演示文稿——使用 PowerPoint 2016

14.8 放映幻灯片

默认情况下，幻灯片的放映方式为普通手动放映，读者可以根据实际需要，设置幻灯片的放映方法，如自动放映、自定义放映和排列计时放映等。

14.8.1 从头开始放映

放映幻灯片一般是从头开始放映的，从头开始放映的具体操作步骤如下。

第1步 打开"新年工作计划暨年终总结"演示文稿。

第2步 单击【幻灯片放映】选项卡下【开始放映幻灯片】组中的【从头开始】按钮。

第3步 系统从头开始播放幻灯片。

第4步 单击鼠标，或按【Enter】键或空格键即可切换到下一张幻灯片。

> **提示**
> 按键盘上的上、下、左、右方向键也可以向上或向下切换幻灯片。

14.8.2 从当前幻灯片开始放映

在放映幻灯片时可以从选定的当前幻灯片开始放映，具体操作步骤如下。

第1步 打开"新年工作计划暨年终总结"演示文稿，选中第3张幻灯片。

第2步 单击【幻灯片放映】选项卡下【开始放映幻灯片】组中的【从当前幻灯片开始】按钮。

第3步 系统即可从当前幻灯片开始播放幻灯片。

14.8.3 自定义多种放映方式

利用 PowerPoint 2016 的【自定义幻灯片放映】功能，可以为幻灯片设置多种自定义放映方式。设置自动放映的具体操作步骤如下。

第1步 打开"新年工作计划暨年终总结"演示文稿，单击【幻灯片放映】选项卡下【开始放映幻灯片】组中的【自定义幻灯片放映】按钮，在弹出的下拉菜单中选择【自定义放映】菜单项。

第2步 弹出【自定义放映】对话框，单击【新建】按钮。

第3步 弹出【定义自定义放映】对话框。在【在演示文稿中的幻灯片】列表框中选择需要放映的幻灯片，然后单击【添加】按钮即可将选中的幻灯片添加到【在自定义放映中的幻灯片】列表框中。

第4步 单击【确定】按钮，返回到【自定义放映】对话框。

第5步 单击【放映】按钮，可以查看自动放映效果。

14.8.4 其他放映选项

通过使用【设置幻灯片放映】功能，读者可以自定义放映类型、换片方式和笔触颜色等参数。设置幻灯片放映方式的具体操作步骤如下。

第1步 打开"新年工作计划暨年终总结"演示文稿，单击【幻灯片放映】选项卡下【设置】组中的【设置幻灯片放映】按钮。

第2步 弹出【设置放映方式】对话框，单击【放映选项】区域中【绘图笔颜色】右侧的下拉按钮，在弹出的下拉列表中选择【其他颜色】选项。

第3步 在弹出的【颜色】对话框中选择【自定义】选项卡，在【红色】、【绿色】和【蓝色】文本框中分别输入数值"250""150"和"50"。

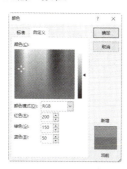

第4步 单击【确定】按钮，返回【设置放映方式】对话框。并设置【放映幻灯片】区域下的页数为"从1到10"。

第5步 单击【确定】按钮即可关闭【设置放映方式】对话框。单击【幻灯片放映】选项卡下【开始放映幻灯片】组中的【从头开始】按钮。

第6步 幻灯片进入放映模式，在幻灯片中右击鼠标，在弹出的快捷菜单中选择【指针选项】→【笔】命令。

第7步 用户在屏幕上书写文字，可以看到笔触的颜色发生了变化。同时在浏览幻灯片时，幻灯片的放映总页数也发生了相应的变化，即只放映1～10张。

设置并放映房地产楼盘宣传活动策划案

宣传策划的核心是打造品牌，为品牌推广服务，一份完成的宣传活动策划案包括活动目的、活动对象、活动时间与地点等。房地产楼盘的宣传活动策划案，主要包括楼房户型介绍、小区周边配套基础设施介绍、投资升值空间介绍等，在制作这样的演示文稿时，要以图片和数字为主，文字介绍为辅，使读者快速明了演示文稿的信息。如下图所示为房地产楼盘宣传活动策划案演示文稿的首页。

1. 设计楼盘介绍PPT母版

第1步 启动 PowerPoint 2016，新建一个空白演示文稿，如下图所示。

第2步 在【视图】选项卡中，单击【母版视图】组中的【幻灯片母版】按钮，切换到幻灯片母版视图，并在左侧列表中单击选择第一张幻灯片。

第3步 通过插入图片、设置母版标题文本框中字体与段落格式来创建幻灯片母版，最终的效果如下图所示。

2. 设计楼盘介绍首页幻灯片

第1步 在【单击此处添加标题】文本框中输入文本"海滨国际"，并设置文字的大小、位置及格式。

第2步 在【插入】选项卡中，单击【插图】组中的【形状】按钮，在弹出的下拉列表中选择【矩形】选项，在幻灯片中插入矩形，并设置形状样式。

第3步 在形状中输入文本，并设置文本的颜色、大小等格式。

第 14 章
演示文稿——使用 PowerPoint 2016

第4步 在首页幻灯片中插入两张图片，在【图片工具】→【格式】选项卡下的【图片样式】组中设置图片样式。

3. 制作其他幻灯片

第1步 单击【开始】选项卡下【新建幻灯片】按钮，在弹出的下拉列表中选择新建幻灯片的版式，新建其他幻灯片。

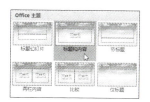

第2步 通过插入图片、形状、文字等方法来添加幻灯片内容，并设置幻灯片内容的格式，来美化其他幻灯片效果。

第3步 最后制作演示文稿的结束幻灯片效果，至此，就完成了房地产楼盘宣传活动策划案的制作。

4. 放映幻灯片

第1步 单击【幻灯片放映】选项卡下【开始放映幻灯片】组中的【从头开始】按钮。

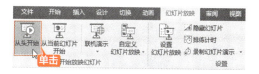

第2步 系统从头开始播放幻灯片。

第3步 单击鼠标，或按【Enter】键或空格键即可切换到下一张幻灯片。

◇ 巧用【Ctrl】和【Shift】键绘制图形

在绘制图形的过程，有些图形并不能一次性绘制出来，需要借助【Ctrl】和【Shift】键来完成绘制，如在绘制长方形或椭圆形时，按下【Shift】键，可以绘制正方形或圆形。

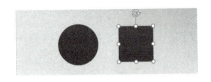

◇ 使用取色器为PPT配色

PowerPoint 2016具有取色器功能，相当于Photoshop中的吸管功能，使用该功能可以快速为PPT配色，操作步骤如下。

第1步 启用PowerPoint 2016，在幻灯片中绘制一个形状，如下图所示。

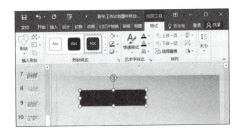

第2步 单击【绘图工具】→【格式】选项卡下【形状样式】组中的【形状填充】按钮，在弹出的下拉列表中选择【取色器】选项。

第3步 鼠标指针变成吸管形状，并在右上方的正方形中显示取色效果。

第4步 单击鼠标左键，即可完成取色操作。

◇ 使用格式刷快速复制动画效果

在PowerPoint 2016中，可以使用格式刷快速复制一个对象的动画，并将其应用到另一个对象，使用格式化快速复制动画效果的具体操作方法如下。

第1步 打开"新年工作计划暨年终总结"演示文稿，单击选中幻灯片中创建过动画的对象。

第2步 单击【动画】选项卡下【高级动画】组中的【动画刷】按钮，此时幻灯片中的鼠标指针变为动画刷的形状。

第3步 在幻灯片中，用动画刷单击"××公司行政部组织结构图"即可复制"××公司行政部全体人员祝大家新春快乐！"动画效果到此对象上。

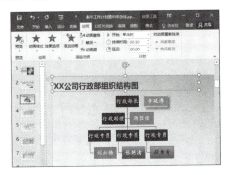

第 4 篇

高手秘籍篇

第 15 章　安全优化——电脑的优化与维护
第 16 章　高手进阶——备份与还原

本篇主要介绍高手秘籍,通过本篇的学习,读者可以学习电脑的优化与维护以及备份与还原等操作。

第15章
安全优化——电脑的优化与维护

本章导读

随着计算机的不断使用,很多空间被浪费,用户需要及时优化系统和管理系统,包括电脑进程的管理和优化、电脑磁盘的管理与优化、清除系统垃圾文件、查杀病毒等,从而提高计算机的性能。本章就为读者介绍电脑系统安全与优化的方法。

思维导图

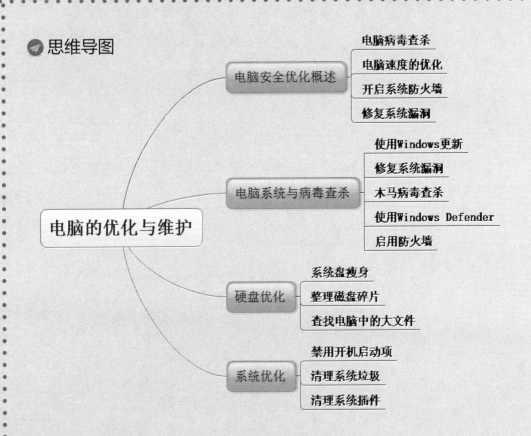

第 15 章
安全优化——电脑的优化与维护

15.1 电脑安全优化概述

随着电脑大范围的普及和应用，电脑安全优化问题已经是电脑使用者面临的最大问题，而且电脑病毒也不断出现，且迅速蔓延，这就要求用户要做好系统安全的防护，并及时优化系统，从而提高电脑的性能。对电脑安全优化主要从以下几个方面进行。

1. 电脑病毒查杀

使用杀毒软件可以保护电脑系统安全，可以说杀毒软件是电脑安全必备的软件之一。随着电脑用户对病毒危害的认识，杀毒软件也被逐渐地重视起来，各式各样的杀毒软件如雨后春笋般出现在市场中，使用杀毒软件可以保护电脑不受病毒木马的入侵，常见的杀毒软件有 360 杀毒、瑞星杀毒等。

2. 电脑速度的优化

对电脑速度进行优化是系统安全优化的一个方面，用户可以通过整理磁盘碎片、更改软件的安装位置、减少启动项、转移虚拟内存和用户文件的位置、禁止不同的服务、更改系统性能设置，以及对网络进行优化等来实现。

3. 开启系统防火墙

防火墙可以是软件，也可以是硬件，它能够检查来自 Internet 或网络的信息，然后根据防火墙设置阻止或允许这些信息通过计算机。可以说防火墙是内部网络、外部网络及专用网络与外网之间的保护屏障。

4. 修复系统漏洞

使用软件对修复系统漏洞是常用的优化系统的方式之一。目前，网络上存在多种软件都能对系统漏洞进行修复，如优化大师、360 安全卫士等。

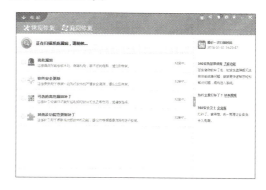

15.2 实战 1：电脑系统与病毒查杀

信息化社会面临着电脑系统安全问题的严重威胁，如系统漏洞木马病毒等，本节就来介绍电脑系统安全的防护与病毒木马的查杀。

15.2.1 使用 Windows 更新

Windows 更新是系统自带的用于检测系统最新的工具，使用 Windows 更新可以下载并安装系统更新，具体的操作步骤如下。

第1步 单击【开始】按钮，在打开的【开始屏幕】中选择【设置】选项。

第2步 打开【设置】窗口，在其中可以看到有关系统设置的相关功能。

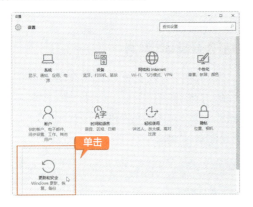

第3步 单击【更新和安全】图标，打开【更新和安全】窗口，在其中选择【Windows 更新】选项。

第4步 单击【检查更新】按钮，即可开始检查网上是否存在有更新文件。

第5步 检查完毕后，如果存在有更新文件，则会弹出如下图所示的信息提示，提示用户有可用更新，并自动开始下载更新文件。

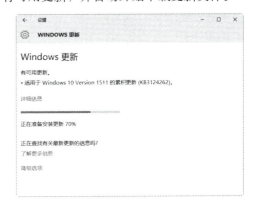

第 15 章
安全优化——电脑的优化与维护

第6步 下载完毕后，系统会自动安装更新文件，安装完毕后，会弹出如下图所示的信息提示框。

第7步 单击【立即重新启动】按钮，立即重新启动电脑，重新启动完毕后，再次打开【Windows 更新】窗口，在其中可以看到"你的设备已安装最新的更新"信息提示。

第8步 单击【高级选项】超链接，打开【高级选项】设置工作界面，在其中可以设置更新的安装方式。

第9步 单击【查看更新历史记录】超链接，打开【查看更新历史记录】窗口，在其中可以查看最近的更新历史记录。

15.2.2 修复系统漏洞

系统漏洞是指 Windows 操作系统在逻辑设计上的缺陷或在编写时产生的错误，这个缺陷或错误可以被不法者或者电脑黑客利用，通过植入木马、病毒等方式来攻击或控制整个电脑，从而窃取电脑中的重要资料和信息，甚至破坏电脑系统。

修复系统漏洞的操作步骤如下。

第1步 双击桌面上的 360 安全卫士图标，打开【360 安全卫士】工作界面。

· 405 ·

第2步 单击【查找修复】按钮,打开如下图所示的工作界面。

第3步 单击【漏洞修复】按钮,打开【漏洞修复】工作界面,在其中开始扫描系统中存在的漏洞。

第4步 如果存在漏洞按照软件指示进行修复即可,如果没有系统漏洞,则会弹出如下图所示的工作界面。

15.2.3 木马病毒查杀

使用360安全卫士还可以查询系统中的木马文件,以保证系统安全,使用360安全卫士查杀木马的操作步骤如下。

第1步 在360安全卫士的工作界面中单击【查杀修复】按钮,进入360安全卫士查杀修复工作界面,在其中可以看到360安全卫士为用户提供了3种查杀方式。

第3步 扫描完成后,给出扫描结果,对于扫描出来的危险项,用户可以根据实际情况自行清理,也可以直接单击【一键处理】按钮,对扫描出来的危险项进行处理。

第2步 单击【快速扫描】按钮,开始快速扫描系统关键位置。

第 15 章
安全优化——电脑的优化与维护

第2步 这里选择快速扫描方式，单击【360杀毒】工作界面中的【快速扫描】按钮，即可开始扫描系统中的病毒文件。

第4步 单击【一键处理】按钮，开始处理扫描出来的危险项，处理完成后，弹出【360木马查杀】对话框，在其中提示用户处理成功。

第3步 在扫描的过程中如果发现木马病毒，则会在下面的列表框中显示扫描出来的木马病毒，并列出其威胁对象、威胁类型、处理状态等。

如果发现电脑运行不正常，用户首先分析原因，然后利用杀毒软件进行杀毒操作。下面以"360杀毒"查杀病毒为例讲解如何利用杀毒软件杀毒。

使用360杀毒软件杀毒的具体操作步骤如下。

第1步 在【病毒查杀】选项卡中360杀毒为用户提供了3个查杀病毒的方式，即快速扫描、全盘扫描和自定义扫描。

第4步 扫描完成后，选择【系统异常项】复选框，单击【立即处理】按钮，即可删除扫描出来的木马病毒或安全威胁对象。

15.2.4 使用 Windows Defender

Windows Defender 是 Windows 10 的一项功能，主要用于帮助用户抵御间谍软件和其他潜在的有害软件的攻击，但在系统默认情况下，该功能是不开启的。下面介绍如何开启 Windows Defender 功能。

具体的操作步骤如下。

第1步 单击【开始】按钮，从弹出的快捷菜单中选择【控制面板】菜单项，即可打开【控制面板】窗口。

第2步 单击【Windows Defender】超链接，即可打开【Windows Defender】窗口，提示用户"此应用已经关闭,不会监视你的计算机"。

第3步 在【控制面板】窗口中单击【安全性与维护】超链接，打开【安全性与维护】窗口。

第4步 单击【间谍软件和垃圾软件防护】后面的【立即启用】按钮，弹出如下图所示对话框。

第5步 单击【是，我信任这个发布者，希望运行此应用】超链接，即可启用 Windows Defender 服务。

15.2.5 启用防火墙

Windows 操作系统自带的防火墙做了进一步的调整，更改了高级设置的访问方式，增加了更多的网络选项，支持多种防火墙策略，让防火墙更加便于用户使用。

启用防火墙的操作步骤如下。

第1步 单击【开始】按钮，从弹出的快捷菜单中选择【控制面板】菜单项，即可打开【控制面板】窗口。

第 15 章
安全优化——电脑的优化与维护

第 2 步 单击【Windows 防火墙】链接，即可打开【Windows 防火墙】窗口，在左侧窗格中可以看到【允许应用或功能通过 Windows 防火墙】、【更改通知设置】、【启用或关闭 Windows 防火墙】、【高级设置】和【还原默认设置】等链接。

第 3 步 单击【启用或关闭 Windows 防火墙】链接，均可打开【自定义各类网络的设置】窗口，其中可以看到【专用网络设置】和【公用网络设置】两个设置区域，用户可以根据需要设置 Windows 防火墙的打开、关闭以及 Windows 防火墙阻止新程序时是否通知我等。

第 4 步 一般情况下，系统默认选中【Windows 防火墙阻止新应用时通知我】复选框，这样防火墙发现可信任列表以外的程序访问用户电脑时，就会弹出【Windows 防火墙已经阻止此应用的部分功能】对话框。

第 5 步 如果用户知道该程序是一个可信任的程序，则可根据使用情况选择【专用网络】和【公用网络】选项，然后单击【允许访问】按钮，就可以把这个程序添加到防火墙的可信任程序列表中了。

第 6 步 如果电脑用户希望防火墙阻止所有的程序，则可以选中【阻止所有传入连接，包括位于允许列表中的应用】复选框，此时 Windows 防火墙会阻止包括可信任程序在内的大多数程序。

· 409 ·

| 提示 |

有时即使同时选中【Windows 防火墙阻止新应用时通知我】复选框，操作系统也不会给出任何提示。不过，即使操作系统的防火墙处于这种状态，用户仍然可以浏览大部分网页、收发电子邮件以及查阅即时消息等。

15.3 实战 2：硬盘优化

磁盘用久了，总会产生这样或那样的问题，要想让磁盘高效的工作，就要注意平时对磁盘的管理。

15.3.1 系统盘瘦身

在没有安装专业的清理垃圾的软件前，用户可以手动清理磁盘垃圾临时文件，为系统盘瘦身。具体操作步骤如下。

第1步 选择【开始】→【所有应用】→【Window 系统】→【运行】命令，在【打开】文本框中输入"cleanmgr"命令，按【Enter】键确认。

第2步 弹出【磁盘清理：驱动器选择】对话框，单击【驱动器】下面的向下按钮，在弹出的下拉菜单中选择需要清理临时文件的磁盘分区，单击【确定】按钮。

第3步 弹出【磁盘清理】对话框，并开始自动计算清理磁盘垃圾。

第4步 弹出【Windows10（C:）的磁盘清理】对话框，在【要删除的文件】列表中显示扫描出的垃圾文件和大小，选择需要清理的临时文件，单击【清理系统文件】按钮。

第5步 系统开始自动清理磁盘中的垃圾文件，并显示清理的进度。

15.3.2 整理磁盘碎片

随着时间的推移，用户在保存、更改或删除文件时，卷上会产生碎片。磁盘碎片整理程序是重新排列卷上的数据并重新合并碎片数据，有助于计算机更高效地运行。在Windows10操作系统中，磁盘碎片整理程序可以按计划自动运行，用户也可以手动运行该程序或更改该程序使用的计划。

具体操作步骤如下。

第1步 选择【开始】→【所有应用】→【Windows管理工具】→【碎片整理和优化驱动器】选项。

第2步 弹出【优化驱动器】对话框，在其中选择需要整理碎片的磁盘，单击【分析】按钮。

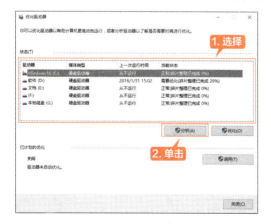

第3步 系统先分析磁盘碎片的多少，然后自动整理磁盘碎片，磁盘碎片整理完成后，单击【关闭】按钮即可。

第4步 单击【启用】按钮，打开【优化驱动器】对话框，在其中可以设置优化驱动器的相关参数，如【频率】、【日期】、【时间】和【驱动器】等，最后单击【确定】按钮，系统会根据预先设置好的计划自动整理磁盘碎片并优化驱动器。

15.3.3 查找电脑中的大文件

使用360安全卫士的查找系统大文件工具可以查找电脑中的大文件,具体操作步骤如下。

第1步 双击桌面上的360安全卫士快捷图标,打开360安全卫士窗口。

第2步 单击右下角的【更多】按钮,打开【全部工具】工作界面。

第3步 单击【查找大文件】图标,打开【电脑清理查找大文件】窗口。

第4步 在其中选择需要查找大文件的磁盘。

第5步 单击【扫描大文件】按钮,即可开始扫描磁盘中的大文件。

第6步 扫描完毕后,会在打开的界面中列出扫描的结果。

第7步 选择不需要的大文件。

第8步 单击【删除】按钮,打开信息提示框,提示用户仔细辨别将要删除的文件是否确实无用。

第9步 单击【我知道了】按钮,打开如下图所示界面。

第 15 章
安全优化——电脑的优化与维护

的大文件删除，从而释放出更多的磁盘空间。

第 10 步 单击【立即删除】按钮，即可将选中

15.4 实战 3：系统优化

电脑使用一段时间后，会产生一些垃圾文件，包括被强制安装的插件、上网缓存文件、系统临时文件等，这就需要通过各种方法来对系统进行优化处理了，本节就来介绍如何对系统进行优化。

15.4.1 禁用开机启动项

在电脑启动的过程中，自动运行的程序叫做开机启动项，开机启动程序会浪费大量的内存空间，并减慢系统启动速度，因此，要想加快开关机速度，就必须禁用一部分开机启动项。

具体的操作步骤如下。

第 1 步 按下键盘上的【Ctrl+Alt+Delete】组合键，打开【任务管理器】界面，

第 2 步 单击【任务管理器】选项，打开【任务管理器】窗口。

在其中可以看到系统当中的开机启动项列表。

第 4 步 选择开机启动项列表框中需要禁用的启动项，单击【禁用】按钮，即可禁用该启动项。

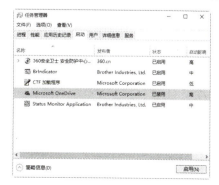

第 3 步 选择【启动】选项卡，进入【启动】界面，

15.4.2 清理系统垃圾

360安全卫士是一款完全免费的安全类上网辅助工具软件，拥有木马查杀、恶意插件清理、漏洞补丁修复、电脑全面体检、垃圾和痕迹清理、系统优化等多种功能。

使用360安全卫士清理系统垃圾的操作步骤如下。

第1步 双击桌面上的360安全卫士快捷图标，打开360安全卫士工作界面。

第2步 在360安全卫士工作界面的左下角存在有3个按钮，分别是【查杀修复】、【电脑清理】、【优化加速】，这里单击【电脑清理】按钮，进入电脑清理工作界面。

第3步 在电脑清理工作界面中包括多个清理类型，这里单击【一键扫描】按钮选择所有的清理类型，开始扫描电脑系统中的垃圾文件。

第4步 扫描完成后，在电脑清理工作界面中显示扫描的结果。

第5步 单击【一键清理】按钮，开始清理系统垃圾，清理完成后，在电脑清理工作界面中给出清理完成的信息提示。

第6步 单击工作界面右下角的【自动清理】按钮，打开【自动清理设置】对话框，在其中开启自动清理功能，并设置自动清理的时间和清理内容，最后单击【确定】按钮即可。

15.4.3 清理系统插件

系统插件过多会影响系统的运行速度，下面介绍通过清理系统插件来优化电脑系统的方法，具体操作步骤如下。

第 15 章
安全优化——电脑的优化与维护

第1步 双击桌面上的360安全卫士快捷图标，打开 360 安全卫士窗口，单击【电脑清理】按钮，进入电脑清理工作界面。

第2步 单击【清理插件】按钮，进入【清理插件】界面。

第3步 单击【开始扫描】按钮，即可开始扫描系统中的插件。

第4步 扫描完毕后，在【清理插件】界面中显示扫描出来的插件，选中需要清理的插件。

第5步 单击【立即清理】按钮，即可将选中的插件清理掉，并给出清理完毕后的信息提示。

修改桌面文件的默认存储位置

用户在使用电脑时一般都会把系统安装到 C 盘，而很多的桌面图标也随之产生在 C 盘，当桌面文件越来越多时，不仅影响开机速度，而且电脑的响应时间也会变长；当系统崩溃需要重装电脑时，桌面文件就会丢失。桌面文件的存储位置默认放置在 C 盘，如果用户把桌面文件存储路径修改到其他盘符，所遇到的上述问题就不会存在了，那么如何修改桌面文件的默认存储位置呢，下面介绍详细的设置步骤。如下图所示为桌面文件默认的存储位置。

修改桌面文件默认储存位置的操作步骤如下。

第1步 双击桌面上的【此电脑】图标,打开【此电脑】窗口。

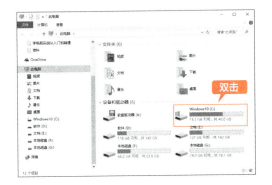

第2步 双击系统盘,在其中找到桌面文件默认的存储位置。

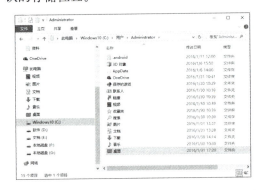

第3步 右击桌面图标,在弹出的快捷菜单中选择【属性】命令。

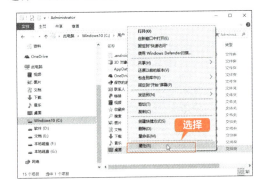

第4步 打开【桌面属性】对话框,在其中选择【位置】选项卡,进入【位置】设置界面,在其中可以看到桌面文件保存的位置。

第5步 单击【移动】按钮,打开【选择一个目标】对话框,在其中选择桌面文件更改后的位置,这里选择【本地磁盘(G:)】。

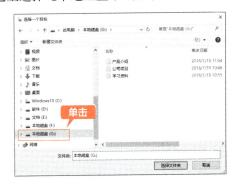

第6步 单击【选择文件夹】按钮,返回到【桌面属性】对话框中,在其中可以看到桌面文件更改后的保存位置。

第7步 单击【确定】按钮,即可完成修改桌面文件默认存储位置的操作。

第 15 章
安全优化——电脑的优化与维护

◇ 管理鼠标的右键菜单

电脑长期使用的过程中，鼠标的右键菜单会越来越长，占了大半个屏幕，看起来绝对不美观、不简洁，这是由于安装软件时附带的添加右键菜单功能而造成的，那么怎么管理右键菜单呢，使用 360 安全卫士的右键管理功能可以轻松管理鼠标的右键菜单，具体的操作步骤如下。

第1步 在 360 安全卫士的【全部工具】操作界面中单击【右键管理】图标。

第2步 打开【右键菜单管理】窗口。

第3步 单击【开始扫描】按钮，开始扫描右键菜单，扫描完毕后，在【右键菜单管理】窗口中显示出扫描的结果。

第4步 选中需要删除的右键菜单前面的复选框。

第5步 单击【删除】按钮，打开信息提示框，提示用户是否确定要删除已经选择的右键菜单。

第6步 单击【是】按钮，即可将选中的右键菜单删除。

◇ 启用和关闭快速启动功能

使用系统中的"启用快速启动"功能，可以加快系统的开机启动速度，启用和关闭快速启动功能的操作步骤如下。

第1步 单击【开始】按钮，在打开的【开始屏幕】中选择【控制面板】选项，打开【控制面板】窗口。

第2步 单击【电源选项】图标，打开【电源选项】设置界面。

第3步 单击【选择电源按钮的功能】超链接，打开【系统设置】窗口，在【关机设置】区域中选中【启用快速启动（推荐）】复选框，单击【保存修改】按钮，即可启用快速启动功能。

第4步 如果想要关闭快速启动功能，则可以取消【启用快速启动（推荐）】复选框的选中状态，然后单击【保存修改】按钮即可。

第 16 章
高手进阶——备份与还原

本章导读

计算机用久了,总会出现这样或者那样的问题,例如,系统遭受病毒与木马的攻击,系统文件丢失,或者有时会不小心删除系统文件等,都有可能导致系统崩溃或无法进入操作系统,这时用户就不得不重装系统,但是如果系统进行了备份,那么就可以直接将其还原,以节省时间。本章就来介绍如何对系统进行备份、还原和重装。

思维导图

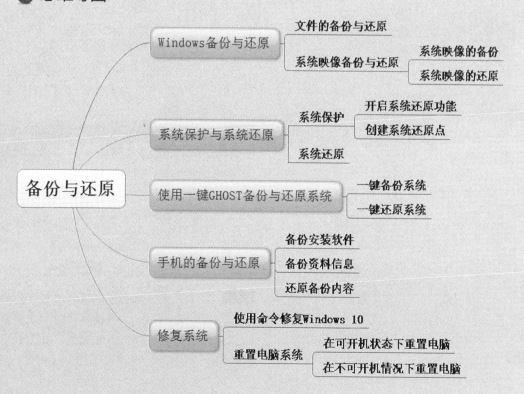

16.1 实战1：Windows 备份与还原

Windows 10 操作系统自带的备份还原功能更加强大，既可以备份和还原文件，又可以备份和还原系统。

16.1.1 文件的备份与还原

由于木马和病毒入侵或个人的误操作，可能会使系统中的文件丢失。为了解决这个问题，用户有必要对文件进行备份，当原文件丢失后，还可以通过备份文件来恢复。

1. 备份文件

Windows 10 操作系统为用户提供了备份文件的功能，用户只需通过简单的设置，就可以确保文件不会丢失。备份文件的具体操作步骤如下。

（1）弹出【备份或还原文件】窗口。

第1步 右击【开始】按钮，在打开的快捷菜单中选择【控制面板】命令，弹出【控制面板】窗口。

第2步 在【控制面板】窗口中单击【查看方式】右侧的下拉按钮，在打开的下拉列表中选择【小图标】选项。

第3步 单击【备份和还原】链接，弹出【备份或还原文件】窗口，在【备份】下面显示【尚未设置 Windows 备份】信息，表示还没有创建备份。

（2）设置备份。

第1步 单击【设置备份】按钮，弹出【设置备份】对话框，系统开始启动 Windows 备份，并显示启动的进度。

第2步 启动完毕后，将弹出【选择要保存备份的位置】对话框，在【保存备份的位置】列表框中选择要保存备份的位置。如果想保存在网络上的位置，可以选择【保存在网络上

第 16 章
高手进阶——备份与还原

按钮。这里将保存备份的位置设置为本地磁盘（G:），因此选择【本地磁盘（G:）】选项。

第3步 单击【下一步】按钮，弹出【您希望备份哪些内容?】对话框，选中【让我选择】单选按钮。如果选中【让 Windows 选择（推荐）】单选按钮，则系统会备份库、桌面上以及在计算机上拥有用户账户的所有人员的默认 Windows 文件夹中保存的数据文件。

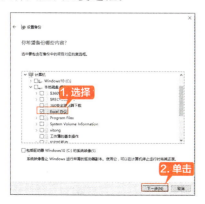

第4步 单击【下一步】按钮，在打开的对话框中选择需要备份的文件，如选择【Excel 办公】文件夹左侧的复选框。

第5步 单击【下一步】按钮，弹出【查看备份设置】对话框，在【计划】右侧显示自动备份的时间。

第6步 单击【更改计划】按钮，弹出【你希望多久备份一次】对话框，单击【哪一天】右侧的下拉按钮，在打开的下拉菜单中选择【星期二】选项。

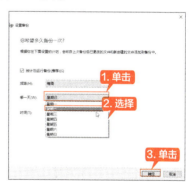

（3）备份文件。

第1步 单击【确定】按钮，返回到【查看备份设置】对话框。

· 421 ·

第2步 单击【保存设置并运行备份】按钮，在弹出【备份和还原】窗口中，系统开始自动备份文件并显示备份的进度。

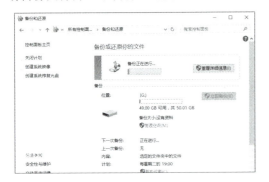

第3步 备份完成后，将弹出【Windows备份已成功完成】对话框。单击【关闭】按钮即可完成备份操作。

2. 还原文件

还原文件的具体操作步骤如下。

第1步 利用上述的方法弹出【备份和还原】对话框，在【备份】类别中可以看到备份文件详细信息。

第2步 单击【还原我的文件】按钮，弹出【浏览或搜索要还原的文件或文件夹的备份】对话框。

第3步 单击【选择其他日期】链接，弹出【还原文件】对话框，在【显示如下来源的备份】下拉列表中选择【上周】选项，然后选择【日期和时间】组合框中的"2016/1/29 12：54：49"选项，即可将所有的文件都还原到选中日期和时间的版本，单击【确定】按钮。

第4步 返回到【浏览或搜索要还原的文件或文件夹的备份】对话框。

第 16 章
高手进阶——备份与还原

第5步 如果用户想要查看备份的内容，可以单击【浏览文件】或【浏览文件夹】按钮，在打开的对话框中查看备份的内容。这里单击【浏览文件】按钮，弹出【浏览文件的备份】对话框，在其中选择备份文件。

第6步 单击【添加文件】按钮，返回到【浏览或搜索要还原的文件或文件夹的备份】对话框，可以看到选择的备份文件已经添加到对话框中的列表框中。

第7步 单击【下一步】按钮，弹出【你想在何处还原文件】对话框，在其中选中【在以下位置】单选按钮。

第8步 单击【浏览】按钮，弹出【浏览文件夹】对话框，选择文件还原的位置，单击【确定】按钮。

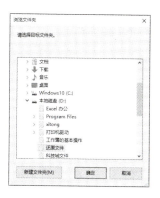

第9步 返回到【还原文件】对话框。单击【还原】按钮，系统开始自动还原备份的文件。

第10步 当出现【已还原文件】对话框时，单击【完成】按钮，即可完成还原操作。

16.1.2 系统映像备份与还原

Windows 10 操作系统为用户提供了系统映像的备份与还原功能，使用该功能，用户可以备份和还原整个操作系统。

1. 系统映像的备份

具体操作步骤如下。

第1步 在【控制面板】窗口中，单击【备份和还原（Windows）】链接。

第2步 弹出【备份和还原】窗口，单击【创建系统映像】链接。

第3步 弹出【你想在何处保存备份？】对话框，这里有 3 种类型的保存位置，包括【在硬盘上】、【在一张或多张 DVD 上】和【在网络位置上】，本实例选中【在硬盘上】单选按钮，单击【下一步】按钮。

第4步 弹出【你要在备份中包括哪些驱动器？】对话框，这里采用默认的选项，单击【下一步】按钮。

第5步 弹出【确认你的备份设置】对话框，单击【开始备份】按钮。

第 16 章
高手进阶——备份与还原

第6步 系统开始创建系统映象，并显示备份的进度，如下图所示。

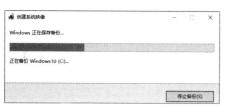

第7步 备份完成后，单击【关闭】按钮即可。

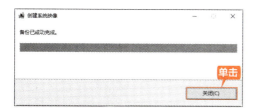

2. 系统映像的还原

完成系统映像的备份后，如果系统出现问题，可以利用映像文件进行还原操作，具体操作步骤如下。

第1步 按【Windows+I】组合键，打开【设置】窗口，选择【更新和安全】→【恢复】选项，并在右侧窗口中单击【立即重启】按钮。

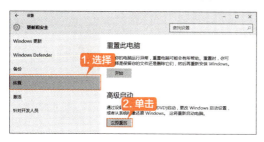

第2步 电脑重启，选择【疑难解答】→【高级选项】→【系统映像恢复】选项，进入【系统映像恢复】界面，并根据提示输入当前Windows账户和密码。弹出【选择系统镜像备份】对话框，单击【下一步】按钮。

第3步 弹出【选择其他的还原方式】对话框，采用默认设置，直接单击【下一步】按钮。

第4步 弹出【你的计算机将从以下系统映像中还原】对话框，单击【完成】按钮。

· 425 ·

第5步 弹出提示信息对话框，单击【是】按钮。

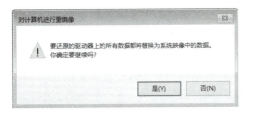

第6步 系统映像的还原操作完成后，弹出【是否要立即重新启动计算机？】对话框，单击【立即重新启动】按钮即可。

16.2 实战 2：系统保护与系统还原

Windows 10 操作系统内置了系统保护功能，并默认打开保护系统文件和设置的相关信息，当系统出现问题时，就可以方便地恢复到创建还原点时的状态。

16.2.1 系统保护

保护系统前，需要开启系统的还原功能，然后再创建还原点。

1. 开启系统还原功能

具体的操作步骤如下。

第1步 右键单击电脑桌面上的【此电脑】图标，在打开快捷菜单命令中，选择【属性】命令。

第2步 在打开的窗口中，单击【系统保护】超链接。

第3步 弹出【系统属性】对话框，在【保护设置】列表框中选择系统所在的分区，并单击【配置】按钮。

第 16 章
高手进阶——备份与还原

第4步 弹出【系统保护本地磁盘】对话框，选中【启用系统保护】单选按钮，单击鼠标调整【最大使用量】滑块到合适的位置，然后单击【确定】按钮。

第2步 弹出【系统保护】对话框，在文本框中输入还原点的描述性信息，再单击【创建】按钮。

第3步 即可开始创建还原点。

第4步 创建还原点的时间比较短，稍等片刻就可以了。创建完毕后，将打开"已成功创建还原点"提示信息，单击【关闭】按钮即可。

2. 创建系统还原点

用户开启系统还原功能后，默认打开保护系统文件和设置的相关信息，保护系统。用户也可以创建系统还原点，当系统出现问题时，就可以方便地恢复到创建还原点时的状态。

第1步 在上面打开的【系统属性】对话框中，选择【系统保护】选项卡，然后选择系统所在的分区，再单击【创建】按钮。

16.2.2 系统还原

在为系统创建好还原点之后，一旦系统遭到病毒或木马的攻击，致使系统不能正常运行，这时就可以将系统恢复到指定还原点。

下面介绍如何还原到创建的还原点，具体操作步骤如下。

第1步 弹出【系统属性】对话框，在【系统保护】选项卡下，然后单击【系统还原】按钮。

程序】对话框。

第2步 即可弹出【还原系统文件和设置】对话框，单击【下一步】按钮，如下图所示。

第5步 稍等片刻，扫描完成后，将打开详细的被删除的程序和驱动信息，用户可以查看所选择的还原点是否正确，如果不正确可以返回重新操作。

第3步 弹出【将计算机还原到所选事件之前的状态】对话框，选择合适的还原点，一般选择距离出现故障时间最近的还原点即可，单击【扫描受影响的程序】按钮。

第6步 单击【关闭】按钮，返回到【将计算机还原到所选事件之前的状态】对话框，确认还原点选择是否正确，如果还原点选择正确，则单击【下一步】按钮，弹出【确认还原点】对话框。

第4步 弹出【正在扫描受影响的程序和驱动

第7步 如果确认操作正确，则单击【完成】按钮，则打开提示框提示"启动后，系统还原不能中断。您希望继续吗？"，单击【是】按钮。电脑自动重启后，还原操作会自动进行，还原完成后再次自动重启电脑，登录到桌面后，将会打开系统还原提示框提示"系统还原已成功完成。"，单击【关闭】按钮，即可完成将系统恢复到指定还原点的操作。

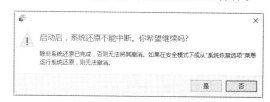

16.3 实战3：使用一键GHOST备份与还原系统

使用一键GHOST的一键备份和一键还原功能来备份和还原系统是非常便利的，本节将来学习这些知识。

16.3.1 一键备份系统

使用一键GHOST备份系统的操作步骤如下。

第1步 下载并安装一键GHOST后，即可弹出【一键备份系统】对话框，此时一键GHOST开始初始化。初始化完毕后，将自动选中【一键备份系统】单选项，单击【备份】按钮。

第2步 弹出【一键GHOST】提示框，单击【确定】按钮。

第3步 系统开始重新启动，并自动打开GRUB4DOS菜单，在其中选择第一个选项，表示启动一键GHOST。

第4步 系统自动选择完毕后，接下来会弹出【MS-DOS一级菜单】界面，在其中选择第一个选项，表示在DOS安全模式下运行GHOST 11.2。

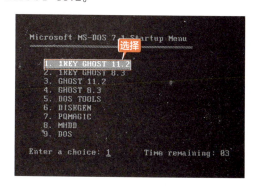

第5步 选择完毕后，接下来会弹出【MS-DOS 二级菜单】界面，在其中选择第一个选项，表示支持 IDE/SATA 兼容模式。

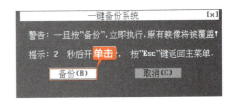

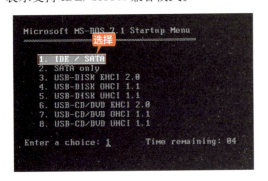

第7步 此时，开始备份系统如下图所示。

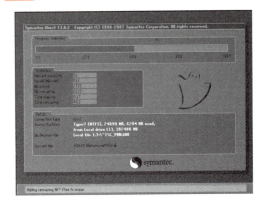

第6步 根据 C 盘是否存在映像文件，将会从主窗口自动进入【一键备份系统】警告窗口，提示用户开始备份系统。选择【备份】按钮。

16.3.2 一键还原系统

使用一键 GHOST 还原系统的操作步骤如下。

第1步 弹出【一键 GHOST】对话框。单击【恢复】按钮。

第3步 系统开始重新启动，并自动打开 GRUB4DOS 菜单，在其中选择第一个选项，表示启动一键 GHOST。

第2步 弹出【一键 GHOST】对话框，提示用户电脑必须重新启动，才能运行【恢复】程序。单击【确定】按钮。

第4步 系统自动选择完毕后，接下来会弹出【MS-DOS 一级菜单】界面，在其中选择

第 16 章
高手进阶——备份与还原

第一个选项，表示在 DOS 安全模式下运行 GHOST 11.2。

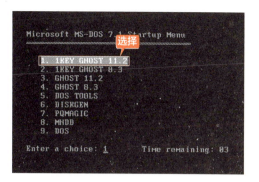

第5步 选择完毕后，接下来会弹出【MS-DOS 二级菜单】界面，在其中选择第一个选项，表示支持 IDE/SATA 兼容模式。

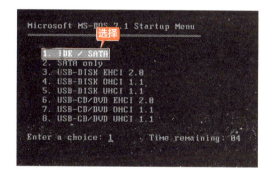

第6步 根据 C 盘是否存在映像文件，将会从主窗口自动进入【一键恢复系统】警告窗口，提示用户开始恢复系统。选择【恢复】按钮，即可开始恢复系统。

第7步 此时，开始恢复系统，如下图所示。

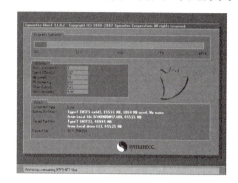

第8步 在系统还原完毕后，将打开一个信息提示框，提示用户恢复成功，单击【Reset Computer】按钮重启电脑，然后选择从硬盘启动，即可将系统恢复到以前的系统。至此，就完成了使用 GHOST 工具还原系统的操作。

16.4 实战 4：手机的备份与还原

有时用户需要对手机进行恢复到出厂设置状态，就意味着手机里所有的资料都将会被删除，此时用户可以提前将手机的内容进行备份操作，需要恢复时再进行还原操作即可。

16.4.1 备份安装软件

利用 360 手机助手，可以备份手机中安装的软件，具体操作步骤如下：

第1步 启动 360 手机助手，将手机用数据线和电脑正确连接好，连接成功后，在窗口中可以看到手机中安装软件的个数。

第2步 在窗口的下方单击【备份】按钮，在弹出下拉菜单中选择【手机备份】命令。

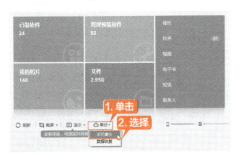

第3步 弹出【选择您想要备份的内容】对话框，选择【应用】复选框，即可备份手机中的软件。

第4步 单击【更多设置】按钮，弹出【备份－更多选项】对话框，单击【更改】按钮，即可修改备份文件的路径，单击【确定】按钮，确认备份路径的修改。

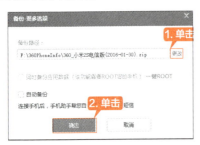

第5步 返回到【选择您想要备份的内容】对话框，单击【筛选】按钮，弹出【备份－选择备份的应用】对话框，将需要备份的软件左侧的复选框选中，即可自定义备份的软件，不需要备份的软件，取消其左侧的复选框即可，单击【确定】按钮。

第6步 返回到【选择您想要备份的内容】对话框，单击【备份】按钮，即可开始备份操作，并显示软件备份的个数。

第7步 备份完成后，提示信息为"恭喜您，备份成功"，单击【完成】按钮。

第 16 章
高手进阶——备份与还原

16.4.2 备份资料信息

对于手机中联系人，短信和通话记录等信息，读者可以在 16.4.1 小节中的【选择您想要备份的内容】对话框中，选择【联系人】、【短信】和【通话记录】左侧的复选框，单击【备份】按钮，即可备份上述的资料信息。

如果想备份手机中的图片，歌曲和文档等文件资料时，也可以通过 360 手机助手来完成。具体操作步骤如下。

第1步 在 360 手机助手主界面中单击【文件】选项。

第2步 弹出【文件管理】窗口，选择需要备份的文件，右击并在弹出的快捷菜单中选择【导出】命令。

第3步 弹出【浏览文件夹】对话框，选择需要保存的位置，单击【确定】按钮。

第4步 系统将自动将选择的文件备份到指定的位置，导出完成后，单击【确定】按钮。

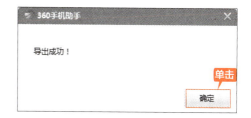

16.4.3 还原备份内容

如果是备份的资料文件，直接复制到手机中即可。如果是备份的安装软件，联系人信息，短信信息和电话记录等信息，需要将备份文件进行还原操作，具体操作步骤如下。

第1步 在360手机助手主界面中，单击【备份】按钮，在弹出的下拉菜单中选择【数据恢复】命令。

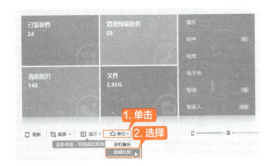

第2步 弹出【选择您想要恢复的数据】对话框，选择需要还原的内容。

第3步 备份内容还原成功后，提示信息"恭喜您，恢复成功"，单击【完成】按钮。

16.5 实战 5：修复系统

对于系统文件出现丢失或者文件异常的情况，可以通过命令或者充值的方法来修复系统。

16.5.1 使用命令修复 Windows 10

SFC 命令是 Windows 操作系统中使用频率比较高的命令，主要作用是扫描所有受保护的系统文件并完成修复工作。该命令的语法格式如下：

SFC [/SCANNOW] [/SCANONCE] [/SCANBOOT] [/REVERT] [/PURGECACHE] [/CACHESIZE=x]

各个参数的含义如下。

/SCANNOW：立即扫描所有受保护的系统文件。
/SCANONCE：下次启动时扫描所有受保护的系统文件。
/SCANBOOT：每次启动时扫描所有受保护的系统文件。
/REVERT：将扫描返回到默认设置。
/PURGECACHE：清除文件缓存。
/CACHESIZE=x：设置文件缓存大小。

下面以最常用的 sfc/scannow 为例进行讲解，具体操作步骤如下。

第1步 右击【开始】按钮，在弹出的快捷菜单中选择【命令提示符（管理员）（A）】命令。

第 16 章
高手进阶——备份与还原

第 2 步 弹出管理员命令提示符窗口，输入命令"sfc/scannow"，按【Enter】键确认。

第 3 步 开始自动扫描系统，并显示扫描的进度。

第 4 步 在扫描的过程中，如果发现损坏的系统文件，会自动进行修复操作，并显示修复后的信息。

16.5.2 重置电脑系统

重置电脑可以在电脑出现问题时方便地将系统恢复到初始状态，而不需要重装系统。

1. 在可开机状态下重置电脑

在可以正常开机并进入 Windows 10 操作系统后重置电脑的具体操作步骤如下。

第 1 步 在桌面上右击【开始】按钮，在打开的快捷菜单中选择【设置】命令，弹出【设置】窗口，选择【更新和安全】选项。

第 2 步 弹出【更新和安全】窗口，在左侧列表中选择【恢复】选项，在右侧窗口中单击【立即重启】按钮。

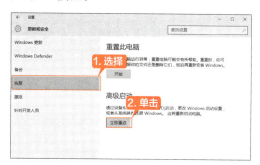

· 435 ·

第3步 弹出【选择一个选项】界面，单击选择【保留我的文件】选项。

第4步 弹出【将会删除你的应用】界面，单击【下一步】按钮。

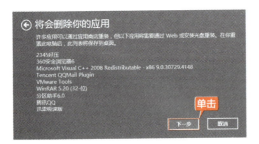

第5步 弹出【警告】界面，单击【下一步】按钮。

第6步 弹出【准备就绪，可以重置这台电脑】界面，单击【重置】按钮。

第7步 电脑重新启动，进入【重置】界面。

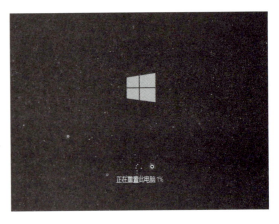

第8步 重置完成后会进入 Windows 安装界面。

第9步 安装完成后自动进入 Windows 10 桌面以及看到恢复电脑时删除的应用列表。

2. 在不可开机情况下重置电脑

如果 Windows 10 操作系统出现错误，开机后无法进入系统，此时可以在不开机的情况下重置电脑，具体操作步骤如下。

第 16 章
高手进阶——备份与还原

第1步 在开机界面单击【更改默认值或选择其他选项】链接。

第2步 进入【选项】界面，单击【选择其他选项】选项。

第3步 进入【选择一个选项】界面，单击【疑难解答】选项。

第4步 在打开的【疑难解答】界面单击【重置此电脑】按钮即可。其后的操作与在可开机的状态下重置电脑操作相同，这里不再赘述。

重装电脑系统

1. 系统无法启动

导致系统无法启动的原因有多种，如 DOS 引导出现错误、目录表被损坏或系统文件 Nyfs.sys 文件丢失等。如果无法查找出系统不能启动的原因或无法修复系统以解决这一问题时，就需要重装系统了。

2. 系统运行变慢

系统运行变慢的原因有很多，如垃圾文件分布于整个硬盘而又不便于集中清理和自动清理，或者是计算机感染了病毒或其他恶意程序而无法被杀毒软件清理等，这样就需要对磁盘进行格式化处理并重装系统了。

3. 系统频繁出错

众所周知，操作系统是由很多代码和程序组成的，在操作过程中可能因为误删除某个文件或者是被恶意代码改写等原因，致使系统出现错误，此时如果该故障不便于准确定位或轻易解决，就需要考虑重装系统了。

在重装系统之前，用户需要做好充分的准备，以避免重装之后造成数据的丢失等严重后果。整个思路如下。

(1) 备份重要的数据。

在因系统崩溃或出现故障而准备重装系统前，首先应该想到的是备份好自己的数据。这时，一定要静下心来，仔细罗列一下硬盘中需要备份的资料，把它们一项一项地写在一张纸上，然后逐一对照进行备份。如果硬盘不能启动，这时需要考虑用其他启动盘启动系统，然后复制自己的数据，或将硬盘挂接到其他电脑上进行备份。但是，最好的办法是在平时就养成每天备份重要数据的习惯，这样就可以有效避免硬盘数据不能恢复的现象。

(2) 格式化磁盘。

重装系统时，格式化磁盘是解决系统问题最有效的办法，尤其是在系统感染病毒后，最好不要只格式化C盘，如果有条件将硬盘中的数据都能备份或转移，尽量将整个硬盘都进行格式化，以保证新系统的安全。

(3) 牢记安装序列号。

安装序列号相当于一个人的身份证号，标识该安装程序的身份，如果不小心丢掉自己的安装序列号，那么在重装系统时，如果采用的是全新安装，安装过程将无法进行下去。正规的安装光盘的序列号会在软件说明书或光盘封套的某个位置上。但是，如果用的是某些软件光盘中提供的测试版系统，那么这些序列号可能存在于安装目录中的某个说明文本中，如 SN.TXT 等文件。因此，在重装系统之前，首先将序列号读出并记录下来以备稍后使用。

重装系统的具体操作步骤如下。

第1步 将 Windows 10 操作系统的光盘放入光驱，直接运行目录中的 setup.exe 文件，在许可协议界面，单击选中【我接受许可条款】复选框，并单击【接受】按钮。

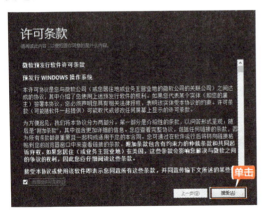

第2步 进入【正在确保你已准备好进行安装】界面，检查安装环境界面，检测完成，单击【下一步】按钮。

第3步 进入【你需要关注的事项】界面，在显示结果界面即可看到注意事项，单击【确认】

按钮，然后单击【下一步】按钮。

第4步 如果没有需要注意的事项则会出现下图所示界面，单击【安装】按钮即可。

> **提示**
> 如果要更改升级后需要保留的内容。可以单击【更改要保留的内容】链接，在下图所示的窗口中进行设置。

◇ 制作 U 盘系统启动盘

如果必须使用 U 盘安装系统，读者首先就要制作 U 盘系统启动盘，制作 U 盘启动盘的工具有多种，本节将介绍目前最为简单的 U 盘制作工具 U 启动，该工具最大的优势是不需要任何技术基础，一键制作，自动完成制作，平时当 U 盘使用，需要的时候就是修复盘，完全不需要光驱和光盘，携带方便。

具体操作步骤如下。

第1步 把准备好的 U 盘插在电脑 USB 接口上，打开 U 启动 6.8 版 U 盘启动盘制作工具，

第5步 即可开始重装 Windows 10，显示【安装 Windows 10】界面。

第6步 电脑会重启几次后，即可进入 Windows 10 界面，表示完成重装。

在弹出的工具主界面中，选择【默认模式（隐藏启动）】选项，在【请选择】中选择需要制作启动盘的 U 盘，其他采用默认设置，单击【一键制作启动 U 盘】按钮。

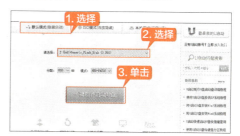

第2步 弹出【信息提示】对话框，单击【是】

按钮，在制作启动盘之前，读者需要把U盘上的资料备份一份，因为在制作的过程中会删除U盘上的所有数据。

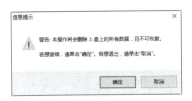

第3步 开始写入启动的相关数据，并显示写入的进度。

第4步 制作完成后，弹出【信息提示】对话框，提示U盘已经制作完成，如果需要在模拟器中测试，可以单击【是】按钮。

第5步 弹出U启动软件的系统安装的模拟器，读者可以模拟操作一遍，从而验证U盘启动盘是否制作成功。

第6步 在电脑中打开U盘启动盘，可以看到其中有【GHO】和【ISO】两个文件夹，如果安装的系统文件为GHO文件，则将其放入【GHO】文件夹中；如果安装的系统文件为ISO文件，则将其放入【ISO】文件夹中。至此，U盘启动盘已经制作完毕。

◇ 如何为电脑安装多系统

下面再来介绍一下安装多操作系统的原则。

（1）由低到高原则。从低版本到高版本逐步安装各个操作系统，是安装多操作系统的基本原则。

（2）单独分区原则。尽量使每个操作系统单独存在于一个分区之中，避免发生文件的冲突，同时应避免格式化分区，以防分区中的数据丢失。

（3）独有的格式原则。在Windows的各个版本中，Windows 98只支持FAT的文件格式，Windows 2000/XP支持FAT32和NTFS两种文件格式，Windows 7及以上版本的系统只支持NTFS文件格式，因此，在格式化硬盘时一定要按照操作系统的要求进行。

（4）多重启动原则。在Windows 7和Windows 10之间进行多重启动配置时，应最后安装Windows 10系统，否则启动Windows 10所需要的重要文件将被覆盖。

（5）指定操作系统安装位置原则。在操作系统中安装其他操作系统时，可以指定新装操作系统的安装位置，如果在DOS中安装多操作系统某些系统将被默认安装在C盘中，C盘中原有文件将被覆盖，从而无法安装多操作系统。